Oracle
从入门到精通

创客诚品
郑彬彬　郑秋生　编著

U0390819

北京希望电子出版社
Beijing Hope Electronic Press
www.bhp.com.cn

创客诚品

内 容 简 介

本书内容包括 Oracle 概述，Oracle 体系结构，SQL Plus 命令，SQL 语言基础，PL/SQL 编程，过程、函数、触发器和包，管理控制文件和日志文件，管理表空间和数据文件，数据表对象，其他数据对象，表分区与索引分区，用户管理与权限分配，Oracle 系统调优，优化 SQL 语句，Oracle 数据备份与恢复，数据导出和导入，Oracle 的闪回技术，企业人事管理系统等。为使读者能够轻松领会 Oracle 管理数据库的精髓，在涉及的程序代码处均给出了详细的注释，以便快速提高读者的开发技能。

本书结构合理、内容详实，详细介绍了 Oracle 语言的基础知识与实际运用。对于广大程序设计人员来讲，是一本实用性很强的程序设计工具书。

本书是学习 Oracle 语言必备的工具书，也可作为各培训机构、软件公司编程人员的参考书，以及各大中专院校相关专业的教材。

图书在版编目（CIP）数据

Oracle 从入门到精通 / 创客诚品，郑彬彬，郑秋生编著 . -- 北京：北京希望电子出版社，2017.9

ISBN 978-7-83002-493-2

Ⅰ.①O… Ⅱ.①创… ②郑… ③郑… Ⅲ.①关系数据库－数据库管理系统 Ⅳ.① TP311.138

中国版本图书馆 CIP 数据核字 (2017) 第 137824 号

出版：北京希望电子出版社		封面：多 多	
地址：北京市海淀区中关村大街 22 号中科大厦 A 座 10 层		编辑：全 卫	
邮编：100190		校对：王丽锋	
网址：www.bhp.com.cn		开本：787mm×1092mm 1/16	
电话：010-62978181（总机）转发行部		印张：25	
010-82702675（邮购）		字数：593 千字	
传真：010-62543892		印刷：固安县京平诚乾印刷有限公司	
经销：各地新华书店		版次：2018 年 12 月 1 版 2 次印刷	

定价：65.00 元

前言

　　大部分学习编程的读者都要在职场中依次经历程序员、软件工程师、架构师等职位的磨炼，在程序员的成长道路上每天都会不断地修改代码、寻找并解决Bug，不停地进行程序测试和完善项目。虽然这份工作与诸多产业的工作相比有着光鲜的收入，但是程序员的付出也是非常辛苦的，无论从时间成本上还是脑力耗费上，程序员都要付出比其他一般职业高出几倍的汗水，但是只要在研发过程中稳扎稳打，并勤于总结和思考，最终会得到可喜的收获。

选择一本合适的书

　　对于一名想从事程序开发的初学者来说，如何能快速高效地提升自己的程序开发技术呢？买一本适合自己的程序开发教程进行学习是最简单直接的办法。但是市场上面向初学者的编程类图书中，大多都是以基础理论讲解为主，内容非常枯燥无趣，读者阅读后仍旧对实操无从下手，如何能将理论知识应用到实战项目，独立地掌控完整的项目，是初学者迫切需要解决的问题，为此，笔者特编写了程序设计"从入门到精通"系列图书。

本系列内容设置

　　遵循循序渐进的学习思路，第一批主要推出以下课程：

课程	学习课时	内容概述
C# 从入门到精通	64	C# 是由 C 和 C++ 衍生出来的面向对象的编程语言。它不仅继承了 C 和 C++ 的强大功能，还去掉了它们的一些复杂特性（比如不允许多重继承）。最终以其强大的操作能力、优雅的语法风格、创新的语言特性和便捷的面向组件编程的支持成为 .NET 开发的首选语言
C 语言从入门到精通	60	C 语言是一种计算机程序设计语言，它既具有高级语言的特点，又具有汇编语言的特点。之所以命名为 C，是因为 C 语言源自 Ken Thompson 发明的 B 语言，而 B 语言则源自 BCPL 语言。C 语言可以作为工作系统设计语言，编写系统应用程序，也可以作为应用程序设计语言，编写不依赖计算机硬件的应用程序

课程	学习课时	内容概述
Java 从入门到精通	60	Java 是一种可以撰写跨平台应用程序的面向对象的程序设计语言，它具有卓越的通用性、高效性、平台移植性和安全性，广泛应用于 PC、数据中心、游戏控制台、科学超级计算机、移动电话和互联网，同时拥有全球最大的开发者专业社群
SQL Server 从入门到精通	64	SQL 全称 Structured Query Language（结构化查询语言），是一种数据库查询和程序设计语言，用于存取数据以及查询、更新和管理关系数据库系统；同时也是数据库脚本文件的扩展名。结构化查询语言是高级的非过程化编程语言，允许用户在高层数据结构上工作。结构化查询语言语句可以嵌套，这使它具有极大的灵活性和强大的功能
Oracle 从入门到精通	32	Oracle 全称 Oracle Database，又称 Oracle RDBMS，是甲骨文公司的一款关系数据库管理系统，是目前最流行的客户 / 服务器或 B/S 体系结构的数据库之一。Oracle 系统运行的稳定性强，兼容性好，主流的操作系统下都可以安装，安全性比较好，有一系列的安全控制机制，对大量数据的处理能力强，运行速度较快，对数据有完整的恢复和备份机制，主要适用于大型项目的开发

本书特色

☞ **零基础入门轻松掌握**

为了满足初级编程入门读者的需求，本书采用"从入门到精通"基础大全图书的写作方法，科学安排知识结构，内容由浅入深，循序渐进逐步展开，让读者平稳地从基础知识过渡到实战项目。

☞ **理论+实践完美结合，学+练两不误**

200多个基础知识+近200个实战案例+2个完整项目实操，可轻松掌握"基础入门—核心技术—技能提升—完整项目开发"四大学习阶段的重点难点。每章都提供课后练习，学完即可进行自我测验，真正做到举一反三，提升编程能力和逻辑思维能力。

☞ **讲解通俗易懂，知识技巧贯穿全书**

知识内容不是简单的理论罗列，而是在讲解过程中随时插入一些实战技巧，让读者知其然并知其所以然，掌握解决问题的关键。

☞ **同步高清多媒体教学视频，提升学习效率**

本书赠送所有实例的代码和每章的重点案例教学视频，扫码回复oracle即可获得，这些视频能解决读者在随书操作中遇到的问题，还能帮助读者快速理解所学知识。

☞ **程序员入门必备海量开发资源库**

为了给读者提供一个全面的"基础+实例+项目实战"学习套餐，本书配套DVD光盘中不仅提供了本书中所有案例的源代码，还提供了项目资源库、面试资源库和测试题资源库等海量素材。

☞ **QQ群在线答疑+微信平台互动交流**

笔者为了方便给读者解惑答疑，提供了QQ群、微信平台等技术支持，以便于读者之间相互交流学习。

程序开发交流QQ群： 324108015

微信学习平台： 微信扫一扫，关注"德胜书坊"，即可获得更多让你惊叫的代码和海量素材！

作者团队

创客诚品团队由多位程序开发工程师、高校计算机专业教师组成。团队核心成员有多年的教学经验，后加入知名科技有限公司担任高端工程师。现为程序设计类畅销图书作者，曾在"全国计算机图书排行榜"同品类图书排行中身居前列，深受广大工程设计人员的好评。

本书由郑彬彬、郑秋生、杜献峰、徐飞、李晓楠、潘磊老师编写，他们都是Oracle教学方面的优秀教师，将多年的教学经验和技术都融入了本书编写中，在此对他们的辛勤工作表示衷心的感谢，也特别感谢中原工学院教务处对本书的大力支持。

读者对象

- 初学编程的入门自学者
- 刚毕业的莘莘学子
- 初中级数据库管理员或程序员
- 大中专院校计算机专业教师和学生

- 程序开发爱好者
- 互联网公司编程相关职位的"菜鸟"
- 程序测试及维护人员
- 计算机培训机构的教师和学员

致谢

转眼间，从开始策划到完成写作已经过去了半年，这期间对程序代码做了多次调试，对正文稿件做了多次修改，最后尽心尽力地完成了本次书稿的编写工作。在此首先感谢选择并阅读本系列图书的读者朋友，你们的支持是我们最大的动力来源。其次感谢参与这次编写的各位老师，感谢为顺利出版给予支持的出版社领导及编辑，感谢为本书付出过辛苦劳作的所有人。

本人编写水平毕竟有限，书中难免有错误和疏漏之处，恳请广大读者给予批评指正。

最后感谢您选择购买本书，希望本书能成为您编程学习的引领者。

从基本概念到实战练习最终升级为完整项目开发，本书能帮助零基础的您快速掌握程序设计！

编　者

READ THE INSTRUCTIONS
阅 读 说 明

在学习本书之前，请您先仔细阅读"阅读说明"，这里说明了书中各部分的重点内容和学习方法，有利于您正确地使用本书，让您的学习更高效。

目录层级分明。 由浅入深，结构清晰，快速理顺全书要点

实战案例丰富全面。 193个实战案例搭配理论讲解，高效实用，让你快速掌握问题重难点

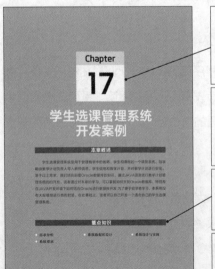

真正掌握项目全过程。 本书最后提供完整项目实操练习，模拟全真商业项目环境，让你在面试中脱颖而出

解析帮你掌握代码变容易！ 丰富细致的代码段与文字解析，让你快速进入数据库开发情景，直击代码常见问题

章前页重点知识总结。 每章的章前页上均有重点知识罗列，清晰了解每章内容

"TIPS"贴心提示！ 技巧小版块，贴心帮读者绕开学习陷阱

CONTENTS
目 录

Chapter

03

SQL语言基础

Chapter 04

数据库管理

Chapter 05

Oracle数据库体系结构

Chapter 06 SQL*Plus工具

Chapter 07 PL/SQL编程基础

Chapter 08 游标和异常处理

Chapter 09 存储过程、函数、触发器和包

Chapter 10

Oracle系统优化

Chapter 11

Oracle数据库备份与恢复

Chapter 12 数据的导入/导出

Chapter 13 数据库安全管理

Chapter
14

RMAN工具的应用

Chapter
15

闪回技术

Chapter 16

Oracle数据库的连接

Chapter 17

学生选课管理系统开发案例

附录

Oracle从入门到精通
全书案例汇总

Chapter 04　数据库管理

Chapter 05　Oracle数据库体系结构

Chapter 06　SQL*PLUS工具

Chapter 07　PL/SQL编程基础

Chapter 08　游标和异常处理

Chapter 09　存储过程、函数、触发器和包

Chapter 10　Oracle系统优化

Chapter 12　数据的导入/导出

Chapter

01

数据库技术学习准备

本章概述

　　数据库技术已成为计算机科学的一个重要分支，是数据管理的最新技术。许多信息系统都是以数据库为基础建立的，数据库已成为计算机信息系统的核心技术和重要基础。数据库已经成为存储数据、管理信息、共享资源的最先进和最常用的技术。本章将介绍数据库系统的基本概念，数据管理技术的发展过程、数据模型、数据库系统设计、数据库应用系统结构和数据库的规范化理论等，最后还阐述了高级数据库技术的相关知识。通过本章可以了解为什么要使用数据库技术以及数据库技术的重要性。本章是学习后面各章节的预备和基础。

重点知识

- 数据库的基本概念
- 数据库系统结构
- 数据库的规范化
- 数据库设计

1.1 数据库的基本概念

> 数据库技术是计算机技术中发展最为迅速的领域之一，已成为存储数据、管理信息和共享资源的最常用和最先进的技术。

1.1.1 数据管理的发展历程

自计算机产生以来，人类社会进入了信息时代，数据处理的速度及规模的需求远远超出了过去人工或机械方式的能力范围，计算机以其快速准确的计算能力和海量的数据存储能力在数据处理领域得到了广泛的应用。随着数据处理的工作量呈几何方式增加，数据管理技术应运而生，其演变过程随着计算机硬件或软件的发展速度以及计算机应用领域的不断拓宽而不断变化。总的来说，数据管理的发展经历了人工管理、文件管理和数据库管理3个阶段。

1. 人工管理阶段

计算机没有应用到数据管理领域之前，数据管理的工作是由人工完成的。这种数据处理经历了很长一段时间。

20世纪50年代中期以前，计算机主要用于科学计算。当时外存只有纸带、卡片、磁带等设备，并没有磁盘等可以直接存取的存储设备；而计算机系统软件的状况是没有操作系统，没有管理数据的软件。在这样的情况下，数据管理方式采用人工管理。人工管理数据具有如下特点。

（1）数据不被保存

当时，计算机主要用于科学计算，一般不需要将数据进行长期保存，只是在计算某一课题时将数据输入，用完就撤走。

（2）应用程序管理数据

数据需要由应用程序自己管理，没有相应的软件系统负责数据的管理工作。应用程序中不仅要规定数据的逻辑结构，而且要设计物理结构，包括存储结构、存取方法、输入方式等，因此程序员的负担很重。

（3）数据不能共享

数据是面向应用的，一组数据只能对应一个程序。当多个应用程序涉及某些相同的数据时，由于必须各自定义，无法互相利用和参照，因此程序与程序之间有大量的冗余数据，如图1.1所示。

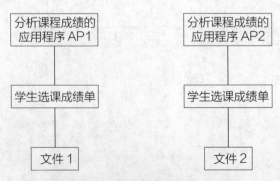

图 1.1　两个应用程序使用同一数据

（4）数据不具有独立性

数据的逻辑结构或物理结构改变后，必须对应用程序做相应的修改，这就进一步加重了程序员的负担。在人工管理阶段，程序与数据之间的一一对应关系如图1.2所示。

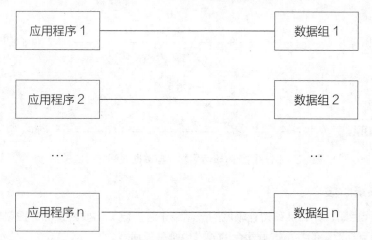

图 1.2　人工管理阶段应用程序与数据之间的对应关系

2. 文件管理阶段

到了20世纪50年代后期至60年代中期，已有了磁盘、磁鼓等直接存储设备，而且不同类型的操作系统的出现极大地增强了计算机系统的功能。操作系统中用来进行数据管理的部分是文件系统。可以把相关的数据组织成一个文件，再存放在计算机中。在需要的时候只要提供文件名，计算机就能从文件系统中找出所要的文件，把文件中存储的数据提供给用户进行处理。但是，由于这时数据的组织仍然是面向程序的，所以存在大量的数据冗余，无法有效地进行数据共享。

下面介绍文件系统管理数据的优点。

（1）数据可以长期保存

数据可以组织成文件长期保存在计算机中反复使用。

（2）由文件系统管理数据

文件系统把数据组织成内部有结构的记录，实现"按文件名访问，按记录进行存取"的管理。

文件系统使应用程序与数据之间有了初步的独立性，程序员不必过多考虑数据存储的物理细节。例如，文件系统中可以有顺序结构文件、索引结构文件、Hash等。数据存储的不同不会影响程序的处理逻辑。如果数据的存储结构发生改变，应用程序的改变会很小，可以减少程序的维护工作量。但是，文件系统仍存在缺点。

（1）数据共享性差，冗余度大

在文件系统中，一个（或一组）文件基本上对应一个应用（程序），即文件是面向应用的。当不同的应用（程序）使用部分相同的数据时，也必须建立各自的文件，而不能共享相同的数据。因此，数据的冗余度大，会浪费存储空间。同时，相同数据的重复存储、各自管理容易造成数据的不一致性，给数据的修改和维护带来了困难。

（2）数据独立性差

文件系统中的文件是为某一特定应用服务的，文件的逻辑结构对该应用来说是优化的，如果想对现有的数据增加一些新的应用，会很困难，系统不容易扩充。一旦数据的逻辑结构发生改变，就必须修改应用程序，修改文件结构的定义。因此，数据与程序之间仍缺乏独立性。在文件系统阶段，程序与数据之间的关系如图1.3所示。

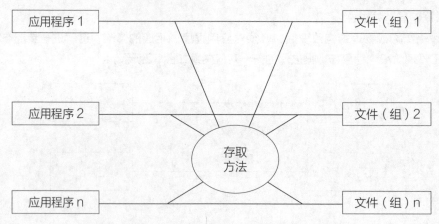

图1.3　文件系统阶段应用程序与数据之间的对应关系

3. 数据库系统阶段

20世纪60年代后期，计算机在管理领域的应用越来越广泛，需要处理的数据量急剧增长，同时多种应用、多种语言互相覆盖的共享数据集合的要求也越来越强烈。

这时已有大容量磁盘，而且硬件价格下降，但软件价格上升了，为编制和维护系统软件及应用程序所需的成本相对增加了。在这种背景下，以文件系统作为数据管理手段已经不能满足应用的需求，于是为满足多用户、多应用共享数据的需求，使数据为尽可能多的应用服务，数据库技术应运而生，出现了统一管理数据的专用软件系统——数据库管理系统。

用数据库系统来管理数据比用文件系统管理数据具有明显的优点。从文件系统到数据库系统，标志着数据管理技术的飞跃。

在数据库系统阶段，应用程序与数据之间的对应关系如图1.4所示。

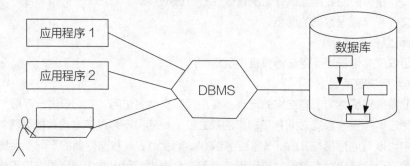

图1.4　数据库系统阶段应用程序与数据之间的对应关系

数据库以数据为中心组织数据，减少了数据冗余，能提供更高的数据共享能力，同时要求程序和数据具有较高的独立性。当数据的逻辑结构改变时，不涉及数据的物理结构，也不影响应用程序，这样就降低了研制与维护应用程序的费用。

随着计算机应用的进一步发展和网络的出现，有人提出数据管理的高级数据库阶段。这一阶段的主要标志是20世纪80年代的分布式数据库系统、90年代的对象数据库系统和21世纪初的网络数据库系统的出现。

（1）分布式数据库系统

在这一阶段以前的数据库系统是集中式的。在文件系统阶段，数据分散在各个文件中，文件之间缺乏联系。集中式数据库把数据集中在一个数据库中进行管理,减少了数据冗余的不一致性,而且数据联系比文件系统强得多。但集中式系统也有弱点:一是随着数据量的增加,系统会相当庞大,操作复杂,开销大;二是数据集中存储时,大量的通信都要通过主机,造成拥挤现象。随着小型计算机和微型计算机的普及、计算机网络软件和远程通信的发展,分布式数据库系统崛起了。

下面介绍分布式数据库系统的特点。

① 数据库的数据物理上分布在各个场地,但逻辑上是一个整体。

② 各个场地既可以执行局部应用(访问本地DB),又可以执行全局应用(访问异地DB)。

③ 各地的计算机由数据通信网络相联系。本地计算机不能单独胜任处理的任务,可以通过通信网络取得其他DB和计算机的支持。

分布式数据库系统兼顾了集中管理和分布处理两方面,具有良好的性能。

(2)对象数据库系统

在数据处理领域,关系数据库的使用已相当普遍、相当出色。但是现实世界存在许多具有更复杂数据结构的实际应用领域,已有的层次、网状、关系三种数据模型在这些应用领域都显得力不从心。例如,多媒体数据、多维表格数据、CAD数据等应用问题,需要更高级的数据库技术来表达,以便于管理、构造与维护大容量的持久数据,并使它们能与大型复杂的程序紧密结合。对象数据库正是适应了这种形势,它是面向对象的程序设计技术与数据技术结合的产物。

下面介绍对象数据库系统的特点。

①对象数据库模型能完整地描述现实世界的数据结构,能表达数据间嵌套、递归的联系。

②具有面向对象技术的封装性(把数据与操作定义在一起)和继承性(继承数据结构和操作),提高了软件的可重用性。

(3)网络数据库系统

随着C/S(客户机/服务器)结构的出现,人们可以最有效地使用计算机资源。但在网络环境中,如何隐藏各种复杂性,这就要使用中间件。中间件是网络环境中保证不同的操作系统、通信协议和DBMS之间进行对话、互操作的软件系统。其中涉及数据访问的中间件是20世纪90年代提出的ODBC技术和JDBC技术。

现在,计算机网络已成为信息化社会中十分重要的一类基础设施。随着广域网(WAN)的发展,信息高速公路已发展成为采用通信手段将地理位置分散的、各自具备自主功能的若干台计算机和数据库系统有机地连接起来组成因特网(Internet),用于实现通信交往、资源共享或协调工作等目标。这个目标在20世纪末已经实现,正在对社会的发展起着极大的推进作用。

上述三个阶段的比较如表1.1所示。

表1.1　数据管理三个阶段的比较

		人工管理阶段	文件系统阶段	数据库系统阶段
背景	应用背景	科学计算	科学计算、管理	大规模管理
	硬件背景	无直接存取设备	磁盘、磁鼓	大容量磁盘
	软件背景	没有操作系统	有文件系统	有数据库管理系统
	处理方式	批处理	联机实时处理、批处理	联机实时处理、分布处理、批处理

（续表）

		人工管理阶段	文件系统阶段	数据库系统阶段
特点	数据库的管理者	用户（程序员）	文件系统	数据库管理系统
	数据的共享程度	某一应用程序	某一应用	现实世界
	数据面向的对象	无共享，冗余度极大	共享性差，冗余度大	共享性高，冗余度小
	数据的独立性	不独立，完全依赖于程序	独立性差	具有高度的物理独立性和一定的逻辑独立性
	数据的结构化	无结构	记录内有结构，整体无结构	整体结构化，用数据模型描述
	数据控制能力	应用程序自己控制	应用程序自己控制	由数据库管理系统提供数据安全性、完整性、并发控制和恢复能力

1.1.2 相关术语

数据库和数据库管理系统是密切相关的两个基本概念。可以简单的理解，数据库是指存放数据的文件，而数据库管理系统是用来管理和控制数据库文件的组织、存储以及如何访问数据库中的数据的专门工具。事实上，数据库管理系统是计算机系统中有着非常重要地位的系统软件。

1. 数据库

数据库（Database），顾名思义，就是存放数据的仓库，只不过这个仓库是在计算机的存储设备上。数据是按照一定的数据模型组织并存放在外存上的一组相关数据集合，通常这些数据是面向一个组织、企业或部门的。例如，在学生成绩管理系统中，学生的基本信息、课程信息、成绩信息等都是来自学生成绩管理数据库的。

除了用户可以直接使用的数据外，还有关于数据库的定义的信息，如数据库的名称、表的定义、数据库用户名及密码、权限等。这些数据用户不会经常使用，但是对数据库来说非常重要。这些数据通常存放在"数据字典（Data Dictionary）"中。数据字典是数据库管理系统中非常重要的组成部分之一，它是由数据库管理系统自动生成并维护的一组表和视图。数据字典是数据库管理系统工作的依据，数据库管理系统借助数据字典来理解数据库中数据的组织，并完成对数据库中数据的管理与维护。数据库用户可通过数据字典获取有用的信息，如用户创建了哪些数据库对象，这些对象是如何定义的，这些对象允许哪些用户使用等。但是，数据库用户是不能随便改动数据字典中的内容的。

人们收集并抽取出一个应用所需要的大量数据之后，应将其保存起来供进一步查询和加工处理，以获得更多有用的信息。过去，人们把数据存放在文件柜里，当数据越来越多时，从大量的文件中查找数据显得十分困难。现在，人们借助计算机和数据库科学地保存和管理大量复杂的数据，能方便而充分地利用这些宝贵的信息资源。

严格地讲，数据库是长期存储在计算机内的、有组织的、大量的、可共享的数据集合。数据库中的数据按一定的数据模型组织、描述和存储，具有较小的冗余度、较高的数据独立性和易扩展性，并可为各种用户共享。简单来说，数据库数据的基本特点是永久存储、有组织和可共享。

2. 数据库管理系统

在建立数据库之后，如何科学地组织和存储数据？如何高效地获取和维护数据？完成这些任务的是一个系统软件——DBMS（Database Management System，数据库管理系统）。

DBMS是指数据库系统中对数据进行管理的软件系统，它是数据库系统的核心组成部分，数据库系统的一切操作，包括查询、更新及各种控制，都是通过DBMS进行的。DBMS总是基于数据模型，因此可以把它看成是某种数据模型在计算机系统上的具体实现。根据所采用数据模型的不同，DBMS可以分成网状型、层次型、关系型、面向对象型等。但在不同的计算机系统中，由于缺乏统一的标准，即使是同种数据模型的DBMS，它们在用户接口、系统功能等方面也常常是不同的。

如果用户要对数据库进行操作，是由DBMS把操作从应用程序带到外部级、概念级，再导向内部级，进而操纵存储器中的数据。一个DBMS的主要目标是使数据作为一种可管理的资源来处理。DBMS应使数据易于为各种不同的用户所共享，应该增进数据的安全性、完整性及可用性，并提供高度的数据独立性。

3. 数据库系统

数据库系统是指在计算机系统中引入数据库后的系统，一般由数据库、数据库管理系统（及其开发工具）、应用系统和数据库管理员构成。应当指出的是，数据库的建立、使用和维护等工作只靠一个DBMS是远远不够的，还要有专门的人员来完成，这些人被称为DBA（Date Base Administrator，数据库管理员）。

在一般不引起混淆的情况下，人们常常把数据库系统简称为数据库。数据库系统的组成如图1.5所示。数据库系统在计算机系统中的地位如图1.6所示。

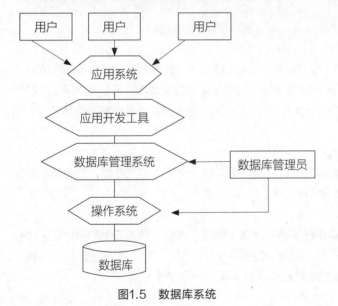

图1.5　数据库系统　　　　　　　　　　　图1.6　数据库在计算机系统中的地位

1.1.3 数据模型

模型，是现实世界特征的模拟与抽象。比如，一组建筑规划沙盘，精致逼真的飞机航模，都是对现实生活中的事物的描述和抽象，见到模型就会让人们联想到现实世界中的实物。

数据模型（Data Model）也是一种模型，它是现实世界数据特征的抽象。由于计算机不可能直接处理现实世界中的具体事物，因此人们必须事先把具体事物转换成计算机能够处理的数据，即首先要数字化，要把现实世界中的人、事、物、概念用数据模型这个工具来抽象、表示和加工处理。数据模型是数据库中用来对现实世界进行抽象的工具，是数据库中用于提供信息表示和操作手段的形式构架，是现实世界的一种抽象模型。

数据模型按不同的应用层次分为三种类型，分别是概念数据模型（Conceptual Data Model）、逻辑数据模型（Logic Data Model）和物理数据模型（Physical Data Model）。

概念数据模型又称概念模型，是一种面向客观世界、面向用户的模型，与具体的数据库管理系统无关，与具体的计算机平台无关。人们通常先将现实世界中的事物抽象到信息世界，建立所谓的"概念模型"，然后将信息世界的模型映射到机器世界，将概念模型转换为计算机世界中的模型。因此，概念模型是从现实世界到机器世界的一个中间层次。

逻辑数据模型又称逻辑模型，是一种面向数据库系统的模型，它是概念模型到计算机之间的中间层次。概念模型只有在转换成逻辑模型之后才能在数据库中得以表示。目前，逻辑模型的种类很多，其中比较成熟的有层次模型、网状模型、关系模型、面向对象模型等。

这三种数据模型的根区别在于数据结构不同，即数据之间联系的表示方式不同。

- 层次模型用"树结构"来表示数据之间的联系。
- 网状模型是用"图结构"来表示数据之间的联系。
- 关系模型是用"二维表"来表示数据之间的联系。
- 面向对象模型是用"对象"来表示数据之间的联系。

物理数据模型又称物理模型，它是一种面向计算机物理表示的模型，此模型是数据模型在计算机上的物理结构表示。

数据模型通常由三部分组成，分别是：数据结构、数据操纵和完整性约束。这三部分也称为数据模型的三大要素。

1. E-R模型

概念模型中最著名的是实体联系模型（Entity Relationship Model，E-R模型）。E-R模型是P. P. Chen于1976年提出的。这个模型直接从现实世界中抽象出实体类型及实体间联系，然后用实体联系图（E-R图）表示数据模型。设计E-R图的方法称为E-R方法。E-R图是设计概念模型的有力工具。下面先介绍一下有关的名词术语及E-R图。

（1）实体

现实世界中客观存在并可相互区分的事物称为实体。实体可以是一个具体的人或物，如王伟、汽车等；也可以是抽象的事件或概念，如购买一本图书等。

（2）属性

实体的某一特性称为属性。例如，学生实体有学号、姓名、年龄、性别、系等方面的属性。属性有"型"和"值"之分，"型"即属性名，如姓名、年龄、性别是属性的型；"值"即属性的具体内容，如（990001，张立，20，男，计算机），这些属性值的集合表示了一个学生实体。

（3）实体型

若干个属性型组成的集合可以表示一个实体的类型，简称实体型。例如，学生（学号，姓名，年龄，性别，系）就是一个实体型。

（4）实体集

同型实体的集合称为实体集，如所有的学生、所有的课程等。

（5）码

能唯一标识一个实体的属性或属性集称为实体的码，如学生的学号。学生的姓名可能有重名，不能作为学生实体的码。

（6）域

属性值的取值范围称为该属性的域。例如，学号的域为6位整数，姓名的域为字符串集合，年龄的域为小于40的整数，性别的域为（男，女）。

（7）联系

在现实世界中，事物内部以及事物之间是有联系的，这些联系同样也要抽象和反映到信息世界中来。在信息世界中将被抽象为实体型内部的联系和实体型之间的联系。

实体内部的联系通常是指组成实体的各属性之间的联系，实体之间的联系通常是指不同实体集之间的联系。

两个实体型之间的联系有三种类型。

- **一对一联系（1:1）：** 实体集A中的一个实体至多与实体集B中的一个实体相对应，反之亦然，则称实体集A与实体集B为一对一的联系，记作1:1，如班级与班长、观众与座位、病人与床位。
- **一对多联系（1:n）：** 实体集A中的一个实体与实体集B中的多个实体相对应，反之，实体集B中的一个实体至多与实体集A中的一个实体相对应，记作1:n，如班级与学生、公司与职员、省与市。
- **多对多（m:n）：** 实体集A中的一个实体与实体集B中的多个实体相对应，反之，实体集B中的一个实体与实体集A中的多个实体相对应，记作（m:n），如教师与学生、学生与课程、工厂与产品。

实际上，一对一联系是一对多联系的特例，而一对多联系又是多对多联系的特例。可以用图形来表示两个实体型之间的这三类联系，如图1.7所示。

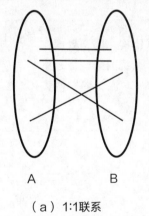 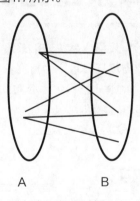 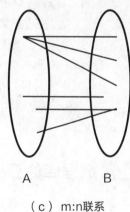

（a）1:1联系　　　　　　　（b）1:n联系　　　　　　　（c）m:n联系

图1.7　三种联系示意图

在E-R图中有四个基本成分。

① 矩形框，表示实体类型（研究问题的对象）。

② 菱形框，表示联系类型（实体间的联系）。

③ 椭圆形框，表示实体类型和联系类型的属性。

相应的命名均记入各种框中。对于实体标识符的属性，在属性名下面画一条横线。

④ 直线，联系类型与其涉及的实体类型之间以直线连接，用来表示它们之间的联系，并在直线端部标注联系的种类（1:1、1:n或m:n）。

2. 关系模型

目前，数据库领域最常用的逻辑数据模型有四种。

- **层次模型**（Hierarchical Model）。
- **网状模型**（Network Model）。
- **关系模型**（Relational Model）。
- **面向对象模型**（Object Oriented Model）。

其中，层次模型和网状模型统称为非关系模型。非关系模型的数据库系统在20世纪70年代至80年代初非常流行，在数据库系统产品中占据了主导地位，现在已逐渐被关系模型的数据库系统取代。但在美国等国家，由于早期开发的应用系统都是基于层次数据库或网状数据库系统的，因此目前仍有不少层次数据库或网状数据库系统在继续使用。

1970年，美国IBM公司San Jose研究室的研究员E.F.Codd首次提出了数据库系统的关系模型，开创了数据库关系方法和关系数据理论的研究，为数据库技术奠定了理论基础。20世纪80年代以来，计算机厂商新推出的数据库管理系统几乎都支持关系模型，非关系系统的产品也大都加上了对关系模型的接口。数据库领域当前的研究工作也都是以关系方法为基础的。

面向对象的方法和技术在计算机各个领域，包括程序设计语言、软件工程、信息系统设计、计算机硬件设计等各方面都产生了深远的影响，也促进了数据库中面向对象数据模型的研究和发展。

1.2 数据库系统结构

> 从数据库管理系统的角度看，数据库系统通常采用三级模式结构；这是数据库管理系统内部的系统结构。从数据库最终用户的角度看，数据库系统的结构分为集中式结构（又可有单用户结构、主从式结构）、分布式结构、客户/服务器结构和并行结构。这是数据库系统外部的体系结构。

1.2.1 数据库的三级模式结构

模式（Schema）是数据库中全体数据的逻辑结构和特征的描述，它仅涉及型的描述，不涉及具体的值。模式的一个具体值称为模式的一个实例（Instance）。同一个模式可以有很多实例。模式是相对稳定的，而实例是相对变动的，因为数据库中的数据是在不断更新的。模式反映的是数据的结构及其联系，而实例反映的是数据库某一时刻的状态。

虽然实际的数据库系统软件的产品种类很多，它们支持不同的数据模型，使用不同的数据库语言，建立在不同的操作系统之上；但从数据库管理系统的角度看，它们的体系结构都具有相同的特征，即采用三级模式结构。

1. 数据库系统的三级模式结构

数据库系统的三级模式结构是指数据库系统是由外模式、模式和内模式三级构成，如图1.8所示。

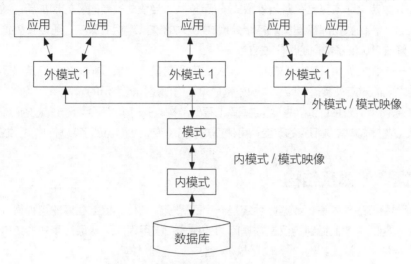

图1.8 数据库系统的三级模式结构图

（1）模式

模式也称为逻辑模式，是数据库中全体数据的逻辑结构和特征的描述，是所有用户的公共视图。用模式数据描述语言来定义。它是数据库的整个逻辑描述，并说明了一个数据库所采用的数据模型。同时它给出了实体和属性的名字，并说明了它们之间的关系，是一个可以放进数据项值的框架。

目前，模式中通常还包括寻址方式、存取控制、保密定义、安全性、完整性等方面的内容。

（2）外模式

外模式也称子模式或用户模式，它是数据库用户看见和使用的局部数据的逻辑结构和特征的描述，是数据库的用户视图，是和某个应用相关的数据的逻辑表示。有相同数据视图的用户共享一个子模式，一个子模式可以为多个用户所使用。从逻辑关系上看，子模式是模式的一个逻辑子集，从一个模式可以推导出许多不同的子模式。设立子模式有不少好处。

- **方便了用户的使用：** 简化了用户的接口。用户只要依照模式就可以编写应用程序或在终端输入命令，无须了解数据的存储结构。
- **保证数据的独立性：** 由于在三级模式之间存在两级映象，使得物理模式和概念模式的变化都反映不到子模式一层，从而不用修改应用程序，提高了数据的独立性。
- **有利于数据共享：** 从同一模式产生不同的子模式，减少了数据的冗余度，有利于为多种应用服务。
- **有别于数据的安全和保密：** 用户程序只能操作其子模式范围内的数据，从而把其与数据库中的其余数据隔离开来，缩小了程序错误传播的范围，保证了其他数据的安全。

（3）内模式

描述物理数据存储的模式叫内模式（物理模式）。它是数据物理结构和存储结构的描述，是数据库的内部表示方式。它规定数据项、记录、数据集、索引和存取路径在内的一切物理组织方式，以及优化性能、响应时间和存储空间需求。它还规定记录的位置、块的大小与溢出区等。一个数据库只有一个内模式。

无论哪一级模式，都只能是处理数据的一个框架，而符合这些框架的数据才是数据库的内容。但要注意的是，框架和数据是两回事，它们放在不同的地方。所以模型、模式、具体值是三个不同的概念。

2. 数据库系统的二级映象功能和数据独立性

数据库系统的三级模式对应数据的三个抽象级别，它把数据的具体组织留给DBMS管理，使用户能逻辑地抽象处理数据，而不必关心数据在计算机中的具体表示与存储方式，是为了能够在内部处理独立件。

对于每一个外模式，数据库系统都有一个外模式/模式映象，它定义了该数据库外模式与模式之间的对应关系。这些映象定义通常包含在各自外模式的描述中。当模式改变时（如增加新的数据类型、新的数据项、新的关系），由数据库管理员对各个外模式/模式的映象作相应改变，可以使外模式不变，从而使应用程序不必修改，保证了数据的逻辑独立性。

数据库只有一个模式，也只有一个内模式，所以模式/内模式映象是唯一的，它定义了数据全局逻辑结构与存储结构之间的对应关系。例如，说明逻辑记录在内部是如何表示的。

该映象定义通常包含在模式描述中。当数据库的存储结构改变时（如采用了更先进的存储结构），由数据库管理员对模式/内模式映象做相应的改变，可使模式保持不变，从而保证了数据的物理独立性。

1.2.2 数据库的体系结构

从数据库管理系统的角度看，数据库系统是一个三级模式结构，但数据库的这种模式结构对最终用户和程序员不是透明的，他们见到的仅是数据库的外模式和应用程序。从最终用户的角度来看，数据库系统分为单用户结构、主从式结构、分布式结构和客户/服务器结构。

1. 单用户结构的数据库系统

单用户数据库系统（图1.9）是最早期的最简单的数据库系统。在单用户系统中，整个数据库系统，包括应用程序、DBMS、数据等都装在一台计算机上，由一个用户独占，不同的机器间不能共享数据。

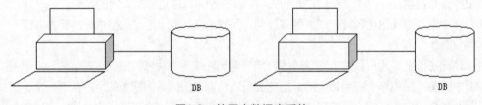

图1.9　单用户数据库系统

例如，一个企业的各个部门都使用本部门的机器来管理本部门的数据，各个部门的机器是独立的。由于不同部门之间不能共享数据，因此企业内部存在大量的冗余数据。

2. 主从式结构的数据库系统

主从式结构是指一个主机带多个终端的多用户结构。在这种结构中，数据库系统，包括应用程序、DBMS、数据等集中存放在主机上，所有任务都由主机完成，各个用户通过主机的终端并发地存取数据库，共享数据资源，如图1.10所示。

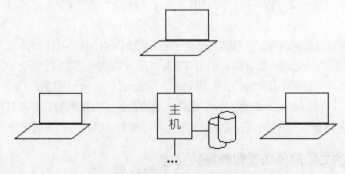

图1.10　主从式数据库系统

主从式结构的优点是结构简单，数据易于维护和管理；缺点是当终端用户增加到一定数量后，主机的任务过于繁重，成为瓶颈，从而使系统性能大幅度下降。另外，当主机出现故障后，整个系统不能使用，因而系统的可靠性不高。

3. 分布式结构的数据库系统

分布式结构的数据库系统是指数据库中的数据在逻辑上是个整体，但物理分布在计算机网络的不同结点上，如图1.11所示。网络的每一个结点都可以独立处理本地数据库中的数据，执行局部应用；也可以同时存取和处理多个异地数据库中的数据，执行全局应用。

分布式结构的数据库系统是计算机网络发展的必然产物，它适应了地理上分散的公司、团体和组织对数据库应用的需求。但数据的分布存放给数据的管理、维护带来困难。此外，当用户需要经常访问远程数据时，系统效率明显地受网络交通的制约。

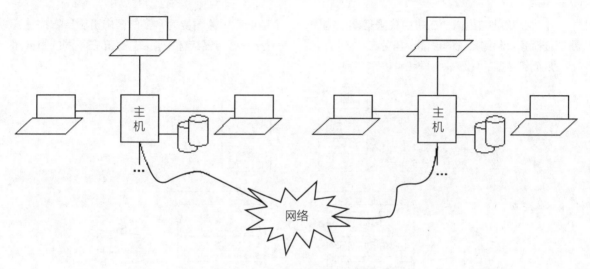

图1.11　分布式数据库系统图

4. 客户/服务器结构的数据库系统

主从式数据库系统中的主机和分布式数据库系统中的每个结点的计算机是一个通用计算机，既执行DBMS功能，又执行应用程序。随着工作站功能的增强和广泛使用，人们开始把DBMS功能和应用分开。网络中某些结点上的计算机专门执行DBMS功能，称为数据库服务器，简称服务器，其他结点上的计算机安装DBMS外围应用开发工具，支持用户的应用，称为客户机，这就是客户/服务器结构的数据库系统。

在客户/服务器结构中，客户端的用户请求被传送到数据库服务器，数据库服务器进行处理后，只将结果（而不是整个数据）返回给用户，从而显著地减少了网络数据的传输量，提高了系统的性能、吞吐量和负载能力。

另外，客户/服务器结构的数据库往往更加开放。客户服务器一般都能在多种不同的硬件和软件平台上运行，可以使用不同厂商的数据库应用开发工具，应用程序具有更强的可移植性，同时减少了软件的维护开销。

客户/服务器数据库系统可以分为集中式服务器结构（图1.12）和分布式服务器结构（图1.13）。前者在网络中仅有一台数据库服务器，而有多台客户机。后者在网络中有多台数据库服务器。分布式服务器结构是客户/服务器与分布式数据库的结合。

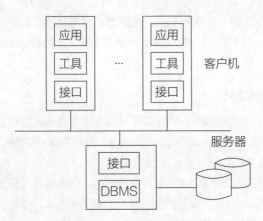

图1.12　集中式服务器结构

与主从式结构相似，在集中式服务器结构中，一个数据库服务器要为众多的客户机服务，往往容易形成瓶颈，制约系统的性能。与分布式结构相似，在分布式服务器结构中，数据分布在不同的服务器上，从而给数据的处理、管理和维护带来困难。

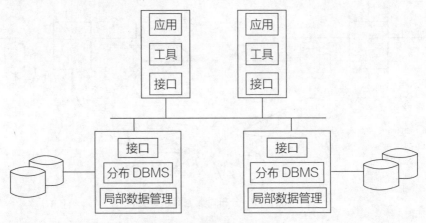

图1.13　分布式服务器结构

1.3　数据库的规范化

> 如何设计一个高质量的关系模式？它没有冗余，没有更新异常，并且信息完备，这需要相应的理论支持。因此应该给出一套规范化的理论，判断所设计的关系模式达到了哪种程度的规范化。关系数据理论可以帮助我们设计一个好的关系数据库模型，它是数据库逻辑设计的一个有力工具。本节主要讨论规范化的理论，并给出函数依赖和多值依赖的概念。

1.3.1　数据依赖

数据依赖是通过一个关系中属性之间值的相等与否体现出来的数据间的相互关系，是现实世界属性之间相互联系的抽象，是数据内在的性质，是语义的体现。

关系模式是用来定义关系的，一个关系数据库包含一组关系、定义这组关系的关系模式集合U以及属性间数据的依赖关系集合F。因此，关系模式R定义为一个三元组：R（U，F）。当且仅当U上的一个关系r满足F时，r成为关系模式R（U，F）的一个关系。

由于关系模式经常出现数据冗余量大、数据的增加和删除异常的问题，导致此关系模式不是一个最优关系模式，这主要是模式中的某些数据依赖引起的。规范化理论正是用来改造关系模式的，通过分解关系模式来消除其中的不合适和不准确的数据依赖来解决上述问题。

1.3.2 相关概念

1. 函数依赖

设R（U）是一个关系模式，U是R的属性集合，X和Y是U的子集。对于R（U）上的任意一个可能的关系r，如果r中不存在两个元组，它们在X上的属性值相同，而在Y的属性值上不同，则称"X函数确定Y"或"Y函数依赖于X"，记为X->Y。

2. 平凡函数依赖和非平凡函数依赖

在关系模式R（U）中，对于U的子集X和Y，如果X->Y且Y不是X的子集，则X->Y成为非平凡函数依赖；若Y是X的子集，则称其为平凡函数依赖。

3. 完全依赖与部分依赖

在关系模式中R（U）中，如果X->Y，并且对X的任何一个真子集X'，不存在X'->Y，则称Y完全依赖于X，否则，可以说Y不完全依赖于X，称之为Y部分依赖于X。

4. 传递函数依赖

在关系模式中R（U）中，如果X->Y，Y->Z，且Y不是X的子集，也不存在Y->X，则称Z传递依赖于X。

5. 码

设K为关系模式R（U，F）中的属性或是属性组合，若U完全依赖于K，则称K为R的一个候选码；若关系模式R有多个候选码，则选定其中的一个作为主码。候选码能够唯一标识关系，是关系模式中一组最重要的属性。另外，主码和外码一起提供了表示关系之间的联系的手段。

1.3.3 范式

规范化理论研究关系模式中各属性之间的依赖关系以及对关系模式性能的影响，探讨关系模式应该具备的性质与设计方法。关系必须是规范化的关系，应该满足一定的约束条件。我们把关系的规范化形式叫做范式（NF，Normal Form）。范式表示的是关系模式的规范化程度，也即满足某种约束条件的关系模式，根据满足的约束条件的不同来确定范式。在目前六种范式中，我们主要介绍前三种范式。一般来说，在数据库设计的时候，规范化到3NF也已经足够。

1. 第一范式（1NF）

在关系模式中R（U）中，如果X->Y，Y->Z，且Y不是X的子集，也不存在Y->X，则称Z传递依赖于X。

如果一个关系模式的所有属性都是不可分的基本数据项，则R为!NF。

任何一个关系数据库中，1NF是对关系模式的最起码的要求，不满足1NF的数据库模式不能成为关系数据库。但是满足了1NF不一定就是一个好的关系模式，如表1.2所示。

表1.2　不符合1NF的关系

工作证号	员工姓名	薪　金	
		基本工资	奖　金
2006001	张天	800	3000
2006002	王耀	1000	4000
2006003	孙东平	1200	5000

由表1.2可以看出，"薪金"是可以分割的数据项，因此不符合1NF的标准，所以必须对其进行规范化处理，如表1.3所示。

表1.3　符合1NF的关系

工作证号	员工姓名	基本工资	奖金
2006001	张天	800	3000
2006002	王耀	1000	4000
2006003	孙东平	1200	5000

2. 第二范式（2NF）

若关系模式R为1NF，并且每一个非主属性都完全依赖于R的码，则R为2NF。关系R不仅满足!NF，且R中只存在一个主码，所有非主属性都应该完全依赖于该主码。

2NF不允许关系模式的属性之间有X->Y这样的函数依赖，其中X是码的真子集，Y是非主属性。显然，如果关系模式R只包含一个属性的码，且R为1NF，那么R一定是2NF。

在表1.4中，关系满足1NF，但不满足2NF。

表1.4　不符合2NF的关系

工作证号	员工姓名	项目代号	所在城市
2006001	张天	07001	北京
2006002	王耀	06002	郑州
2006003	孙东平	07001	北京

在表1.4中，主码由工作证号和项目代号组成，而姓名依赖于工作证号，所在城市依赖于项目代号。这样会造成数据冗余和更新异常。增加新的项目数据时，没有对应的员工信息；删除员工信息时，有可能同时将项目信息删除。解决的方法是将一个这样的非2NF分解成多个2NF的关系模式。

- **员工关系：**工作证号、员工姓名。
- **项目关系：**项目代号、所在城市。

● **员工与项目关系：** 工作证号、项目代号。

3. 第三范式（3NF）

如果关系模式R为2NF，X是R的候选码，Y和Z是R的非主属性组，如果不存在Y−>Z，亦即不存在属性是通过其他属性（组）传递依赖于码，则R为3NF。

如表1.5所示，关系满足2NF，不满足3NF。在表1.5中，项目名称和所在城市依赖于项目代号，邮政编码也依赖于项目代号，但是这个依赖是由于邮政编码依赖于所在城市，而后者又依赖于项目代号，才造成邮政编码依赖于项目代号这个事实。如果北京的项目很多，那么100000的邮政编码也就会出现大量的重复；而另一方面，如果某个城市没有项目，也就造成了城市和邮政编码对应信息的缺失，也就是说，仍然存在数据冗余和更新异常。解决传递依赖的方法仍然是对其进行分解，将其分成两个3NF。

表1.5 不符合3NF的关系

项目代号	项目名称	所在城市	邮政编码
07001	调研项目	北京	100000
06002	开发项目	郑州	450000
07002	管理项目	北京	100000

● **项目关系：** 项目代号、项目名称、所在城市。
● **城市关系：** 城市、邮政编码。

4. 关系模式规范化的步骤

规范化的基本思想是逐步消除数据依赖不合理的部分，使模式中的各关系模式达到某种程度上的分离，尽量减少数据冗余和更新异常的出现，即让一个关系描述一种实体或其属性之间的关系，使概念单一化，其基本步骤如图1.14所示。

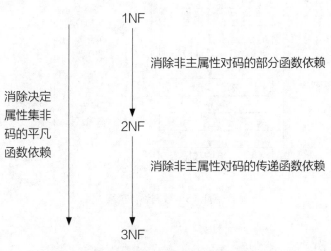

图1.14 关系模式规范化的基本步骤

1.4 数据库设计

> 有人说：一个成功的管理信息系统，是由50%的业务+50%的软件所组成，而50%的成功软件又由25%的数据库+25%的程序组成。笔者认为非常有道理。因此，要开发管理信息系统，数据库设计的好坏是关键之一。

数据库设计是指在给定的环境下，创造一个性能良好的、能满足不同用户使用要求的、又能被选定的DBMS所接受的数据模式。

从本质上讲，数据库设计乃是将数据库系统与现实世界相结合的一种过程。

人们总是力求设计出的数据库好用，但是设计数据库时既要考虑数据库的框架和数据结构，又要考虑应用程序存取数据和处理数据。因此，最佳设计不可能一蹴而就，只能是一个反复探寻的过程。

大体上可以把数据库设计划分成以下几个阶段：需求分析阶段、概念结构设计阶段、逻辑结构设计阶段、数据库物理结构设计阶段、数据库实施阶段、数据库运行和维护阶段，如图1.15所示。下面详细介绍数据库设计过程。

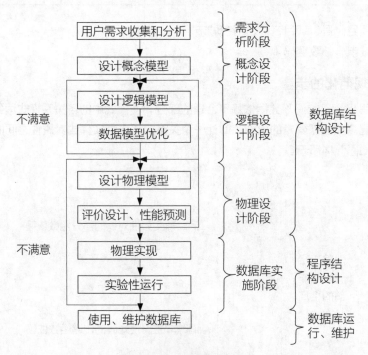

图1.15　数据设计流程

1.4.1　需求分析

准确地、毫不含糊地搞清楚用户要求，乃是数据库设计的关键。需求分析的好坏，决定了数据库设计的成败。确定用户的最终需求其实是一件很困难的事。这是因为一方面用户缺少计算机知识，开始时无法确定计算机究竟能为自己做什么，不能做什么，因此无法一下子准确地表达自己的需求，他们所提出的需求往往不断地变化。另一方面设计人员缺少用户的专业知识，不易理解用户的真正需求，甚至误解用户的需求。此外新的硬件、软件技术的出现也会使用户需求发生变化。因此设计人员必须与用户不断深入地进行交流，才能逐步得以确定用户的实际需求。

需求分析阶段的成果是系统需求规格说明书，主要包括数据流程图（DFD）、数据字典（DD）、各种说明性文档、统计输出表、系统功能结构图等。系统需求说明书是以后设计、开发、测试和验收等过程的重要依据。

需求分析的任务是通过详细调查现实世界要处理的对象（组织、部门、企业等），充分了解原系统（手工系统或计算机系统）的工作概况，明确用户的各种需求，然后在此基础上确定新系统的功能。新系统必须充分考虑今后可能的扩充和改变，不能仅仅按当前应用需求来设计数据库。

需求分析的重点是调查、收集与分析用户在数据管理中的信息要求、处理要求、安全性与完整性要求。

需求分析阶段的主要任务有以下几方面：

- 确认系统的设计范围，调查信息需求、收集数据。分析需求调查得到的资料，明确计算机应当处理和能够处理的范围，确定新系统应具备的功能。
- 综合各种信息包含的数据，各种数据之间的关系，数据的类型、取值范围和流向。
- 建立需求说明文档、数据字典、数据流程图。

将需求调查文档化，文档既要为用户所理解，又要方便数据库的概念结构设计。需求分析的结果应及时与用户进行交流，反复修改，直到得到用户的认可。在数据库设计中，数据需求分析是对有关信息系统现有数据及数据间联系的收集和处理，当然也要适当考虑系统在将来的可能需求。一般地，需求分析包括数据流的分析及功能分析。功能分析是指系统如何得到事务活动所需要的数据，在事务处理中如何使用这些数据进行处理（也叫加工），以及处理后数据流向的全过程的分析。换言之，功能分析是对所建数据模型支持的系统事务处理的分析。

数据流分析是对事务处理所需的原始数据进行收集及处理，并得知其流向，一般用数据流程图来表示。在需求分析阶段，应当用文档形式整理出整个系统所涉及的数据、数据间的依赖关系、事务处理的说明和所需产生的报告，并且尽量借助于数据字典加以说明。除了使用数据流程图、数据字典以外，需求分析还可使用判定表、判定树等工具。

1.4.2 概念结构设计

概念结构设计是数据库设计的第二阶段，其目标是对需求说明书提供的所有数据和处理要求进行抽象与综合处理，按一定的方法构造反映用户环境的数据及其相互联系的概念模型，即用户的数据模型或企业数据模型。这种概念数据模型与DBMS无关，是面向现实世界的数据模型，极易为用户所理解。

为了保证所设计的概念数据模型能够完全、正确地反映用户的数据及其相互关系，便于完成用户所要求的各种处理，在本阶段设计中可吸收用户参与和评议设计。在进行概念结构设计时，可设计各个应用的视图（View），即各个应用所看到的数据及其结构，再进行视图集成（View Integration），以形成用户的概念数据模型。这样形成的初步数据模型还要经过数据库设计者和用户的审查和修改，最后形成所需的概念数据模型。

1.4.3 逻辑结构设计

逻辑结构设计阶段的设计目标是把上一阶段得到的与DBMS无关的概念数据模型转换成等价的，并为某个特定的DBMS所接受的逻辑模型所表示的概念模式，同时将概念结构设计阶段得到的应用视图转换成外部模式，即特定DBMS下的应用视图。在转换过程中要进一步落实需求说明，并满足DBMS的各种限制。逻辑结构设计阶段的结果是DBMS提供的数据定义语言（DDL）写成的数据模式。逻辑结构设计的具体方法与DBMS的逻辑数据模型有关。

逻辑结构设计是在概念结构设计的基础上进行数据模型设计，可以是层次模型、网状模型和关系模型。由于当前的绝大多数DBMS都是基于关系模型的，E-R方法又是概念结构设计的主要方法，如何在全局E-R图基础上进行关系模型的逻辑结构设计成为这一阶段的主要内容。在进行逻辑结构设计时，并不考虑数据在某一DBMS下的具体物理实现，即数据是如何在计算机中存储的。

1.4.4 数据库物理设计

将一个给定逻辑结构实施到具体的环境中时，逻辑数据模型要选取一个具体的工作环境，这个工作环境提供了数据存储结构与存取方法，这个过程就是数据库的物理设计。物理结构设计阶段的任务是把逻辑结构设计阶段得到的逻辑数据库在物理上加以实现，其主要内容是根据DBMS提供的各种手段，设计数据的存储形式和存取路径，如文件结构、索引的设计等，即设计数据库的内模式或存储模式。数据库的内模式对数据库的性能影响很大，应根据处理需求及DBMS、操作系统和硬件的性能进行精心设计。

数据库的物理设计通常分为两步：第一，确定数据库的物理结构；第二，评价实施空间效率和时间效率。

确定数据库的物理结构包含下面四方面的内容：
- 确定数据的存储结构。
- 设计数据的存取路径。
- 确定数据的存放位置 。
- 确定系统配置。

数据库物理设计过程中需要对时间效率、空间效率、维护代价和各种用户要求进行权衡，选择一个优化方案作为数据库物理结构。

1.4.5 数据库的实施

数据库实施主要包括以下工作：
- 简用DDL定义数据库结构。
- 组织数据入库。
- 编制与调试应用程序。
- 数据库试运行。

1. 定义数据库结构

确定了数据库的逻辑结构与物理结构后，就可以用所选用的DBMS提供的数据定义语言（DDL）来严格描述数据库结构。

2. 数据装载

数据库结构建立好后，就可以向数据库中装载数据了。组织数据入库是数据库实施阶段最主要的工作。对于数据量不是很大的小型系统，可以用人工方式完成数据的入库。

（1）筛选数据

需要装入数据库中的数据通常都分散在各个部门的数据文件或原始凭证中，所以首先必须把需要入库的数据筛选出来。

（2）转换数据格式

筛选出需要入库的数据，其格式往往不符合数据库要求，还要进行转换。这种转换有时可能很复杂。

（3）输入数据

将转换好的数据输入计算机中。

（4）校验数据

检查输入的数据是否有误。

对于中大型系统，由于数据量极大，用人工方式组织数据入库将会耗费大量人力和物力，而且很难保证数据的正确性。因此应该设计一个数据输入子系统，由计算机辅助数据的入库工作。

3. 编制与调试应用程序

数据库应用程序的设计应该与数据设计并行进行。在数据库实施阶段，当数据库结构建立好后，就可以开始编制与调试数据库的应用程序，也就是说，编制与调试应用程序是与组织数据入库同步进行的。调试应用程序时由于数据入库尚未完成，可先使用模拟数据。

4. 数据库试运行

应用程序调试完成，并且已有一小部分数据入库后，就可以开始数据库的试运行。数据库试运行也称为联合调试。

（1）功能测试

即实际运行应用程序，执行对数据库的各种操作，测试应用程序的各种功能。

（2）性能测试

即测量系统的性能指标，分析是否符合设计目标。

5. 数据库的运行和维护

数据库试运行结果符合设计目标后，数据库就可以真正投入运行了。数据库投入运行标着开发任务的基本完成和维护工作的开始，并不意味着设计过程的终结。由于应用环境在不断变化，数据库运行过程中物理存储也会不断变化，对数据库设计进行评价、调整、修改等维护工作是一个长期的任务，也是设计工作的继续和提高。

在数据库运行阶段，对数据库经常性的维护工作主要是由DBA完成的，它包括：故障维护，数据库的安全性、完整性控制，数据库性能的监督、分析和改进，数据库的重组织和重构造。

1.5 主流数据库简介

> 目前常用的数据库管理系统包括Microsoft SQL Server、Oracle、MySQL、DB2、Microsoft Access、Sybase等，这些都属于关系数据库管理系统（RDBMS）。本节主要对当前主流的关系数据库管理系统进行介绍。

1. Microsoft SQL Server

Microsoft SQL Server是Microsoft开发的基于C/S的企业级关系数据库管理系统，是目前最流行的数据库管理系统之一。它最初是由Microsoft、Sybase 和Ashton-Tate三家公司共同开发的，于1988 年推出了第一个OS/2版本。随后又推出了其他SQL SERVER版本，比较有特点的有SQL Server2000、SQL Server 2005等。从SQL Server 2005开始，集成了.Net Framework框架，其功能强大，组件包括数据库引擎、集成服务、数据分析服务、报表服务等。

目前常用的版本包括SQL Server 2005和SQL Server 2008，其最新版本是SQL Server 2016。SQL Server 2016 是 Microsoft 数据平台历史上最大的一次跨越性发展，提供了可提高性能、简化管理以及将数据转化为切实可行的见解的各种功能。

2. Oracle

Oracle是美国Oracle公司（甲骨文）提供的以分布式数据库为核心的一组数据库产品，是目前最流行的C/S或B/S体系结构的大型关系数据库管理系统之一，是Oracle公司的核心产品。

Oracle数据库支持C/S和B/S架构，采用SQL语言，支持Windows、HP-UX、Solaris、Linux等多种操作系统，并支持多种多媒体数据，如二进制图形、声音、动画以及多维数据结构和云存储等。

目前常用版本有Oracle 10g和Oracle 11g。Oracle 11g根据不同的应用又分为企业版、标准版、简化版等。Oracle 11g数据库是目前比较成熟的提供各种可用插件和辅助工具比较多的Oracle数据库版本。目前最新的数据库版本是Oracle 12c。

3. MySQL

MySQL是一个小型关系数据库管理系统，虽然其功能较大型数据库管理系统弱，但由于其开放源码、体积小、速度快、简单易用和成本低等特点，并提供多种操作系统下的版本，目前MySQL被广泛地应用在Internet上的中小型网站中，是目前最流行的数据库管理系统之一。

MySQL的最初开发者为瑞典MySQL AB公司。在2008年，MySQL AB被Sun公司收购，而SUN又在2009年被Oracle收购。

MySQL目前常用的版本有MySQL 5.0、MySQL 5.5和最新版MySQL 5.7。

4. Microsoft Access

Microsoft Access是Microsoft Office办公组件之一，是Windows操作系统下的基于桌面的关系数据库管理系统，主要用于中小型数据库应用系统开发。Access不仅是数据库管理系统，而且是一个功能强大的数据库应用开发工具，它提供了表、查询、窗体、报表、页、宏、模块等数据库对象；提供了多种向导、生成器、模板，把数据存储、数据查询、界面设计和报表生成等操作规范化。不需太多复杂的编程，就能开发出一般的数据库应用系统。Access采用SQL语言作为数据库语言，使用VBA（Visual Basic for Application）作为高级控制操作和复杂数据操作编程语言。

目前常用的版本有Access 2003、Access 2007和最新的Access 2016。

5. DB2

DB2是IBM公司开发的大型关系数据库管理系统，它起源于早期的实验室系统System R。DB2主要应用于大型数据库应用系统，具有较好的可伸缩性，可支持多种硬件和软件平台，可以在主机上以主/从方式独立运行，也可以在客C/S环境中运行，提供了高层次的数据利用性、完整性、安全性、可恢复性。并支持面向对象的编程、多媒体应用程序等。

目前常用版本为DB2 9。

6. Sybase

Sybase是由美国Sybase公司（2010年被SAP公司收购）开发的关系数据库管理系统，是一种典型的基于C/S体系结构的大型数据库系统。

数据库都有自身的特点，每种数据库都有自己的应用范围和优缺点。下面简单介绍常用主流数据库的优缺点和适用范围。

（1）Microsoft SQL Server

Microsoft SQL Server是真正的客户机/服务器体系结构，具有图形化的用户界面，系统管理和数据库管理更加直观、简单和方便，丰富的编程开发接口为用户进行程序设计提供了更大的选择余地，而且与Windows系统完全集成，安装在其他操作系统下比较困难。但使用过程比较简单便捷。适用用于中小型项目需要。

（2）Oracle

Oracle系统运行的稳定性强，兼容性好，主流的操作系统下都可以安装，安全性控制能力比较强，有一系列的安全控制机制，对大量数据的处理能力强，运行速度较快，对数据有完整的恢复和备份机制。但其易用性和友好性方面没有SQL Server强，主要适用于大型项目的开发，目前在大型数据库市场上占据主流地位。

（3）MySQL

MySQL是一个跨平台的开源关系型数据库管理系统，其体积小、速度快、总体拥有成本低，尤其是开放源码这一特点，许多中小型网站为了降低网站总体拥有成本而选择了MySQL作为网站数据库。目前，MySQL被广泛地应用在Internet上的中小型网站中。

（4）Microsoft Access

Acess数据库比较小，使用方便快捷，用于小型项目的程序开发，便于和小型项目打包部署。

（5）DB2

DB2性能较高，适用于数据仓库和在线事务处理。DB2跨平台，多层结构，支持ODBC、 JDBC等客户。DB2操作简单，同时提供GUI和命令行，在WindowsNT和UNIX下操作相同。DB2具有很好的并行性。DB2把数据库管理扩充到了并行的、多节点的环境。DB2获得最高认证级别的ISO标准认证。主要用于大型项目的开发和应用。

（6）Sybase

在UNIX平台下的并发性能较高。但Sybase GUI较差，常常无法及时显示状态，实际使用命令行较多。Sybase性能较高，支持Sun、IBM、HP、Compaq、Veritas等集群设备的特性，实现高可用性，适应于安全性要求极高的系统。对巨量数据支持较好，但是技术实现复杂，需要程序支持，伸缩性有限，Sybase已通过Sun公司j2ee认证测试，获得最高认证级别的ISO标准认证。

本章小结

　　本章主要介绍了数据库技术的基础知识，从数据库系统的基本概念、数据管理技术的发展历史、数据模型、数据库系统设计、数据库应用系统结构和数据库的规范化理论等几个方面做了详细阐述，最后介绍了主流数据库的知识，为后面各章节的学习做了铺垫。

项目练习

项目练习1

去图书馆查看更多的关于数据的书籍，整理一份自己学习数据库的计划。

项目练习2

通过互联网查找更多关于数据库搭建的知识，以便于开始自己数据库学习的历程。

Chapter

02

初识Oracle数据库

本章概述

　　Oracle 11g数据库是Oracle公司（甲骨文）最新推出的大型数据库管理系统，是目前应用最广泛的数据库管理系统之一。本章主要介绍Oracle数据库的基础知识以及其他数据库的情况，同时重点介绍Oracle数据库最新产品Oracle 11g以及其最新特性。

重点知识

● Oracle数据库概述
● Oracle 的安装准备
● Oracle数据库的安装
● Oracle数据库的卸载

2.1 Oracle数据库概述

> 从1979年Oracle公司推出第一个商用关系数据库管理系统以来，随着技术的发展，Oracle不断推出新版的Oracle数据库，2007年正式发布Oracle 11g。Oracle 11g中的g代表着网格（grid），Oracle 11g是当前最流行的大型数据库之一，支持包括32位Windows、64位Windows、HU-UX、Solaris、AIX、Linux等多种操作系统，拥有广泛的用户和大量的应用案例。与Oracle 10g相比，新增了400多项功能，提供了高性能、伸展性、可用性和安全性，并可方便地在低成本的服务器材和存储设备组成的网格上运行。随后，Oracle公司又发布了Oracle 11g中第二个版本Oracle 11g R2。Oracle 11g R2又增加了许多新的特性，如真正应用集群、Oracle ACFS（ASM集群文件系统）、单实例的自动重启（Oracle Restart）、智能数据存放、友好的软件安装和打补丁过程、提供DBMS_DST包进行透明更新等，进一步提升了数据库的性能和易用性。

2.1.1 Oracle简介

为满足不同用户在性能和成本上的不同需求，Oracle 11g数据库系统提供了企业版、标准版、标准版1和简化版。所有这些版本都使用相同的通用代码库构建，这就意味着基于Oracle的数据库应用软件无须更改代码，就可以方便地从规模较小的单一处理器服务器扩展到多处理器服务器集群。

1. 企业版

Oracle 11g企业版（Enterprise Edition）具有高性能、可伸缩性、高安全性和高可靠性，适用于安全性要求高的联机事务处理（OLTP）和数据仓库环境。

Oracle 11g企业版功能全面，包括企业事务处理、商务智能、内容管理等功能，并提供了许多选件以适应不同用户应用之需要，如集群、OLAP、数据挖掘、内存数据库缓冲、活动数据卫士、分区、空间管理、高级压缩、内容数据库、全面恢复、标签安全性、高级安全性等。

Oracle 11g企业版可以运行在Windows、Linux和Unix的集群服务器或单一服务器上，能够支持操作系统所支持的最多CPU数和内容容量，对数据库规模没有限制。

2. 标准版

Oracle 11g标准版（Standard Edition）功能全面，通过应用集群服务实现了高可用性，提供了企业级性能和安全性，易于管理，并可随着企业业务增长需求而轻松扩展。标准版可向上兼容企业版。

Oracle 11g标准版支持多平台自动管理，支持Windows、Linux和Unix操作系统，且支持64位平台操作系统。支持多达4个插槽的CPU和操作系统支持的最大内存容量，对数据库规模没有限制。

3. 标准版1

Oracle 11g标准版1（Standard Edition One）在功能上与标准版类似，具有高可用性，提供了企业级性能和安全性，易于管理和扩展。主要适用于工作组、部门级和内联网的数据库应用环境。

Oracle 11g标准版1同样支持多平台自动管理，支持Windows、Linux、Unix操作系统及64位平台操作系统。支持两个插槽的CPU和操作系统支持的最大内存容量，不限制数据库规模。

4. 精简版

Oracle 11g精简版（Express Edition）只提供基本的数据库管理系统服务，主要面向开发技术人员，适用于单用户开发环境，对系统配置的要求低，最低配置需要一个CPU、1GB内存和4GB的数据库存储空间。

精简版支持Windows和Linux操作系统。

2.1.2 Oracle特性

Oracle 11g新增了大型对象存储、透明加密、自动内存管理等400多项新功能和特性。这些特性极大地增强了Oracle数据库系统的性能、可管理性、可伸缩性和安全性。下面从数据库管理、PL/SQL等方面对新增的这些特性作简要介绍。

1. 数据库管理方面的新特性

Oracle 11g在数据库管理方面的新特性主要有数据库重演、SQL重演、自动诊断知识库等。

（1）数据库重演（Database Replay）

数据库重演这一特性可以捕捉整个数据库的负载，并且传递到一个从备份或者standby数据库中创建的测试数据库上，然后通过重演以测试系统调优后的效果。

（2）SQL重演（SQL Replay）

和数据库重演特性类似，但是只捕捉SQL负载部分，而不是全部负载。

（3）计划管理（Plan Management）

计划管理特性允许你将某一特定语句的查询计划固定下来，无论统计数据变化，还是数据库版本变化，都不会改变其查询计划。

（4）自动诊断知识库（Automatic Diagnostic Repository，ADR）

利用该特性，当Oracle探测到系统发生重要错误时，会自动创建一个事件，并且捕捉到和这一事件相关的信息，同时自动进行数据库健康检查并通知DBA。

（5）事件打包服务（Incident Packaging Service）

如果用户需要进一步测试或者保留相关信息，可以打包该服务与某一事件相关的信息，并且用户还可以将打包信息发给oracle支持团队，以获得相关的技术支持和服务。

（6）基于特性打补丁（Feature Based Patching）

为系统打补丁是令DBA心烦的事情，利用该特性可以有选择地打补丁。该特性可以使用户很容易地区分出补丁包中的哪些特性是正在使用而必须打的。用户可以通过企业管理器（EM）订阅一个基于特性的补丁服务，因此企业管理器可以自动扫描哪些正在使用的特性有补丁可以打。

（7）自动SQL优化（Auto SQL Tuning）

Oracle 10g的自动优化建议器可以将优化建议写在SQL Profile中。在11g中，可以让Oracle自动将三倍于原有性能的Profile应用到SQL语句上，其性能比较由维护窗口中一个新管理任务来完成。

（8）访问建议器（Access Advisor）

访问建议器可以给出分区建议，包括对新的间隔分区的建议。间隔分区相当于范围分区的自动化版本，可以在必要时自动创建一个相同大小的分区。范围分区和间隔分区可以同时存在于一张表中，并且范围分区可以转换为间隔分区。

（9）自动内存优化（Auto Memory Tuning）

在Oracle 9i中，引入了自动PGA优化；在Oracle 10g中，又引入了自动SGA优化；在Oracle 11g中，所有内存可以通过只设定一个参数来实现全表自动优化。只要告诉Oracle有多少内存可用，Oracle就可以自动指定多少内存分配给PGA、多少内存分配给SGA和多少内存分配给操作系统进程。当然也可以设定内存分配的最大、最小阈值，由ATM来自动完成内存的优化。

（10）资源管理器（Resource Manager）

Oracle 11g的资源管理器不仅可以管理CPU，还可以管理IO。用户可以设置特定文件的优先级、文件类型和ASM磁盘组。

2. PL/SQL的新特性

Oracle 11g在PL/SQL方面也增加或增强了许多新特性，包括结果集缓存、新的SQL语法和关键字、新的数据类型、内部单元内联等。

（1）结果集缓存（Result Set Caching）

结果集缓存特性可以能大大提高很多应用程序的性能。例如，在许多应用系统中，需要使用很多select count（*）这样的查询。之前如果要提高查询的性能，可能需要使用物化视图或者查询重写的技术。在11g中，只需要加一个result_cache的提示就可以将结果集缓存住，这样可大大提高查询性能。同时因为结果集是被独立缓存的，在查询期间，任何其他DML语句都不会影响结果集中的内容，因而可以保证数据的完整性。

（2）对象依赖性改进

在Oracle 11g之前，如有函数或者视图依赖于某张表，一旦该表发生结构变化，无论是否涉及函数或视图所依赖的属性，都会使函数或视图变为invalid。在11g中，对这种情况进行了调整：如果表改变的属性与相关的函数或视图无关，则相关对象状态不会发生变化。

（3）正则表达式的改进

在Oracle 10g中引入的正则表达式大大方便了开发人员，在11g中对该特性又进行了改进，如增加了一个名为regexp_count的函数。

（4）新SQL语法 =>

在调用某一函数时，可以通过"=>"来为特定的函数参数指定数据。在11g中，在SQL语句中也可以使用这样的语法。例如，可以写这样的语句：

```
select f(x=>6) from dual;
```

（5）增加了只读表（Read-Only Table）

在Oracle 11g之前，对表的只读控制是通过触发器或者约束来实现的，在11g中可以直接指定表为只读表。

（6）改进了DBMS_SQL包

Oracle 11g中DBMS_SQL包的改进之一就是DBMS_SQL可以接收大于32k的CLOB了。另外，还支持用户自定义类型和bulk操作。

（7）增加了continue关键字

在Oracle 11g的PL/SQL中增加了continue关键字，使PL/SQL的循环语句可以像其他高级语言一样，通过continue语句来结束当前一轮循环而直接跳入下一轮循环。

（8）新的PL/SQL数据类型simple_integer

Oracle 11g引入了新的数据类型simple_integer，该整数数据类型的效率比pls_integer效率更高。

（9）PL/SQL的可继承性

在Oracle 11g的对象类型中，通过super（和Java中类似）关键字可以实现继承性。

3. 其他方面的主要新特性

Oracle 11g在其他方面也提供了一些新的特性，用以有效地提供性能、伸展性、安全性和可用性。

（1）增强的压缩技术

Oracle 11g具有新的数据划分和压缩功能，可实现更经济的信息生命周期管理和存储管理。并扩展了已有的范围、散列和列表划分功能，增加了间隔、索引和虚拟卷划分功能。Oracle 11g具有一套完整的复合划分选项，可以实现以业务为导向的存储管理，可在交易处理、数据仓库和内容管理环境中实现先进的结构化和非结构化数据的压缩，采用这种先进的压缩功能，最多可压缩2/3的空间。

（2）大型对象存储

Oracle 11g具有存储大型对象的功能，这些对象包括图像、大型文本对象和一些先进的数据类型，如XML数据、医学影像数据、三维对象数据等，而其数据库检索信息的性能不亚于文件系统的性能。

（3）自助管理和自动化能力

Oracle 11g引入了更多的自助管理和自动化管理功能，新的管理功能包括自动SQL和存储器微调、访问建议器、设置表和索引分区、增强的数据库集群性能诊断等，这些功能可使用户更轻松地管理企业网格，降低系统管理成本。

（4）RAC节点通信协议的改进

Oracle 11g中的协议比较智能，可以根据节点的负荷进行动态的调整，大大减少了节点之间的消息传递量，提高了系统性能。

（5）增强的数据加密功能

Oracle 11g具有更好的数据加密功能，如具有表空间加密功能，可对整个表、索引和所存储的数据进行加密，存储在数据库的大型对象也可以加密。这些特性使得系统安全性得到很大的提高。

（6）增强的应用开发能力

Oracle 11g提供了多种开发工具，所提供的简化应用开发流程可以充分利用其关键功能，包括客户端高速缓存、二进制XML存储、XML处理、文件存储、检索等。Oracle 11g还提供了新的Java即时编译器，可以直接编译执行数据库Java程序。实现了与Visual Studio 2005的集成，支持基于.Net的应用开发，还具有Access迁移工具等。这些增强的开发功能，可使Oracle数据库得到更广泛的应用。

2.2 Oracle的安装准备

> 任何软件的使用对计算机系统环境都是有要求的，包括软件和硬件。本节将介绍Oracle 11g安装和运行的基本条件。

2.2.1 硬件要求

安装Oracle 11g的硬件要求如表2.1所示。

表2.1　硬件配置要求

硬　　件	要　　求
物 理 内 存	最低1G
虚 拟 内 存	物理内存的两倍以上

（续表）

硬 件	要 求
磁盘空间	完全安装4.76G，建议5G以上
处理器	550MHz以上
显示适配器	256色

在安装的时候，内存和磁盘空间比较容易出问题。安装之前，需要对内存和虚拟内存进行检查。

2.2.2 软件要求

安装Oracle 11g的软件要求如表2.2所示。

表2.2 软件要求

软 件	要 求
系统体系结构	处理器：Intel（x86）、AMD64或Intel EM64T 注意：Oracle提供适合32位（x86）、64位（Itanium）和64位（x64）Windows的数据库版本
操作系统	Windows 2000 sp1或更高版本 Windows Server 2003所有版本 Windows XP专业版 Windows Vista商务版、企业版、全功能版 Windows 7 Windows 10
网络协议	TCP/IP 带SSL（安全套接字层）的TCP/IP Named Pipes（命名管道）

2.3 Oracle数据库的安装

> 本书介绍Oracle 11g发行者第2版在Windows平台的安装。

【TIPS】

在安装过程涉及的路径中，不要包含中文字符。

要在Windows7/10平台下安装Oracle11g，一定要安装Oracle11g R2版本，之前的版本该操作系统不支持或支持性不好，且安装过程比较繁琐。

可以从Oracle官方网站免费下载Oracle数据库的安装软件。这样的软件禁止用于商业用途，只能用于研究和学习。

2.3.1 Oracle安装过程

在Oracle 11g的几个版本中，企业版安装的选项比较全面，本书选择企业版安装。

具体安装过程如下：

Step 01 以管理员身份登录操作系统。

Step 02 下载Oracle 11g R2的版本，官方下载地址为：http://www.oracle.com/cn

Step 03 根据不同的操作系统，选择不同的Oracle 11g R2版本进行下载。下载完毕之后，解压两个压缩包到同一目录（默认为database）。

Step 04 双击解压目录下的setup.exe文件，执行安装程序，会出现一个命令提示行窗口，如图2.1所示。

图2.1　安装时的提示信息

Step 05 等待片刻后出现启动画面，接着进入如图2.2所示的安装界面，根据个人情况确定是否选择希望通过My Oracle Support接收安全更新，然后进入下一步。

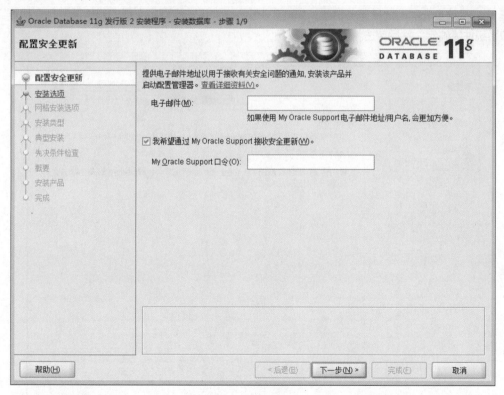

图2.2　安装界面

Step 06 在"选择安装选项"页面选择"创建和配置数据库"选项，然后单击"下一步"按钮，如图2.3所示。

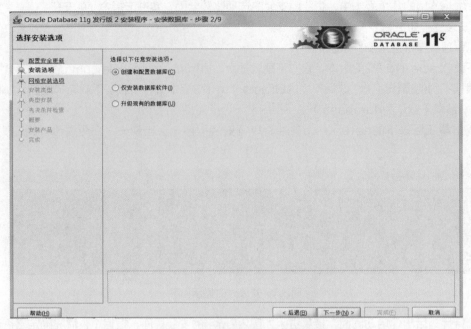

图2.3 "选择安装选项"界面

Step 07 在"系统类"页面选择服务器类，如图2.4所示，选择"桌面类"或"服务器类"，根据自己的工作和系统性能确定，然后单击"下一步"按钮。

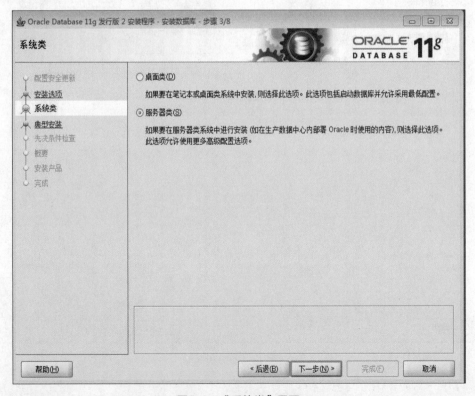

图2.4 "系统类"界面

Step 08 进入"典型安装配置"页面，根据个人需要更改各项路径（建议使用默认设置）；随后输入管理口令并确认（注意：输入的口令必须至少8位，包含大小写字母和数字的复杂密码才符合Oracle密码规范），否则不能进行下一步，如图2.5所示，输入完毕后单击"下一步"按钮。

图2.5　"典型安装配置"界面

Step 09 在"执行先决条件检查"页面，安装程序会检查安装的先决条件，如图2.6所示。等待检查完毕，单击"下一步"按钮。

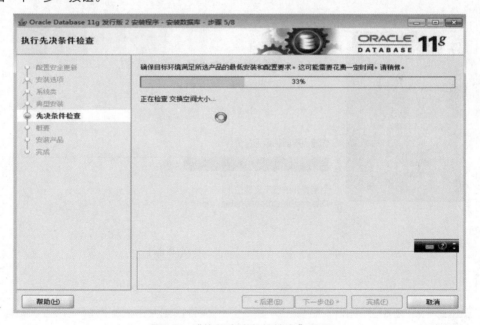

图2.6　"执行先决条件检查"界面

Step 10 显示安装信息的概要情况，确认后单击"完成"按钮，等待程序的安装，如图2.7所示。

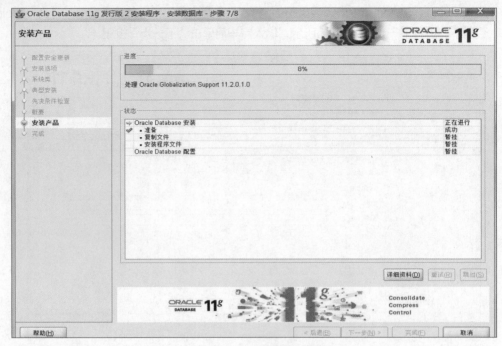

图2.7 "安装产品"界面

Step 11 程序文件安装完成后会进入Oracle Database的配置，如图2.8所示。

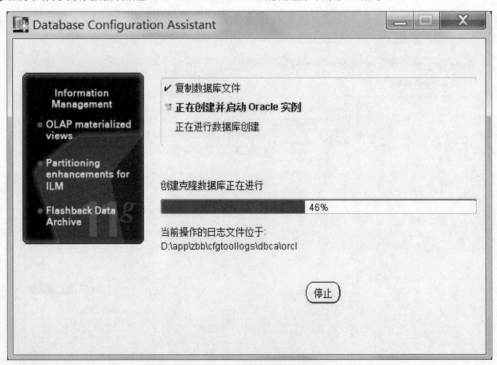

图2.8 安装完毕后的数据库配置

Step 12 创建完后会出现如图2.9所示的信息提示，若需在此时进行帐户解锁及口令管理，则应单击"口令管理"按钮，根据个人需要选择是否解锁某一帐户，并设置口令，最后单击"确定"按钮。

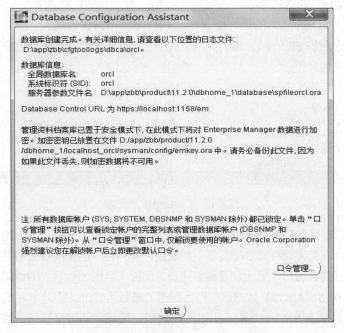

图2.9 数据库创建完成后的提示信息

Step 13 等待Oracle继续配置，安装完成后将显示相应的完成信息，如图2.10所示。

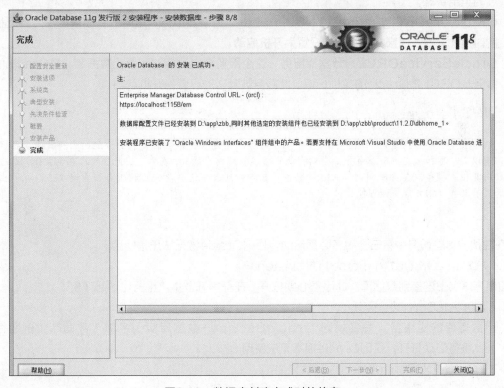

图2.10 数据库创建完成时的信息

至此数据库安装完成。

2.3.2 Oracle常用服务

Oracle完成安装后，将会在系统中进行服务注册，用户可以自行查看。执行"开始→运行"命令，在弹出的"运行"页面中输入services.msc命令。按Enter键后进入"服务"控制台，在本地服务列表中可以看到关于已安装Oracle的服务。Oracle的服务如图2.11所示。用户可以在安装结束后自行检查，以确保数据安装完整。

Oracle ORCL VSS Writer Service		手动	本地系统
OracleDBConsoleorcl	已启动	自动	本地系统
OracleJobSchedulerORCL		禁用	本地系统
OracleMTSRecoveryService	已启动	自动	本地系统
OracleOraDb11g_home1ClrAge...		手动	本地系统
OracleOraDb11g_home1TNSLis...	已启动	自动	本地系统
OracleServiceORCL	已启动	自动	本地系统

图2.11　Oracle常用服务

- **Oracle ORCL VSS Writer Service：** 卷映射拷贝写入服务，VSS（Volume Shadow Copy Service）能够让存储基础设备（如磁盘、阵列等）创建高保真的时间点映像，即映射拷贝。它可以在多卷或者单个卷上创建映射拷贝，同时不会影响到系统的性能。
- **OracleDBConsoleorcl：** 数据库控制台服务，最后面的orcl是Oracle的实例标识，默认的实例为orcl。在运行Enterprise Manager 的时候，需要启动这个服务。此服务被默认设置为自动开机启动。
- **OracleJobSchedulerORCL：** 作业调度服务，ORCL是Oracle实例标识。此服务被默认设置为禁用状态。
- **OracleOraDb11g_home1TNSListener：** 监听器服务，服务只有在数据库需要远程访问的时候才需要，此服务被默认的设置为开机启动。
- **OracleServiceORCL：** 数据库服务，这个服务会自动启动和停止数据库，是Oracle的核心服务。ORCL是Oracle的实例标识。此服务被默认的设置为开机启动。

🔑【TIPS】

Oracle是一个很占资源的软件，仅一个实例服务所占内存，根据其安装时分配的内存就至少要达到256MB以上，再加上其他附属服务，光内存就要占用物理内存的30%左右。因此，可以在需要使用Oracle时启用其相关服务，其他时间则停止这些服务。在服务列表中选择要停止的服务，右键单击，在弹出的快捷菜单中执行相关命令即可操作。

在注册的这些服务中有三个服务必须启动，否则Oracle将无法正常使用。

（1）OracleOraDb11g_home1TNSListener

如果客户端想连接到数据库，此服务必须打开。在程序开发中该服务也要起作用。

（2）OracleServiceORCL

表示数据库的主服务，命名规则：OracleService+数据库实例名称（数据库实例名默认为Orcl）。此服务必须打开，否则Oracle根本无法使用。

（3）OracleDBConsoleorcl

数据库控制台服务。

2.4 Oracle数据库的卸载

Oracle跟其他软件不同,在卸载时涉及的内容比较多。如果不能彻底卸载,将会给重装带来很多麻烦。

Oracle 11g R2的完全卸载方式与以前的版本有很大不同,操作起来更加简便。系统提供了deinstall.bat批处理文件,用于卸载。该文件在安装完成文件的主目录下:%Oracle_Home%\product\11.2.0\dbhome_1\deinstall。

首先,在系统服务中停止所有的Oracle服务,然后双击运行deinstall.bat批处理文件,其间按照提示输入listener名、sid等,就可以安全地卸载Oracle了。

全程代码如下:

```
----------------------------------------------------------
Checking for required files and bootstrapping ...
Please wait ...
复制了 14 个文件
复制了 793 个文件
已复制            1 个文件。
已复制            1 个文件。
Location of logs C:\Program Files\Oracle\Inventory\logs\
########### ORACLE DEINSTALL & DECONFIG TOOL START ###########
####################### CHECK OPERATION START #######################
安装检查配置开始

检查 Oracle 主目录位置是否存在 C:\app\zbb\product\11.2.0\dbhome_2
选择进行卸载的 Oracle 主目录类型为 : SIDB
选择进行卸载的 Oracle 基目录为 : C:\app\zbb
检查主产品清单位置是否存在 C:\Program Files\Oracle\Inventory
安装检查配置结束

检查 Windows 和 .NET 产品配置开始
以下 Windows 和 .NET 产品将从 Oracle 主目录取消配置:asp.net, ode.net, odp.net,
ntoledb,oramts,oo4o
检查 Windows 和 .NET 产品配置结束

网络配置检查配置开始
网络取消配置跟踪文件位置 : C:\Program Files\Oracle\Inventory\logs \netdc_
check9096639738717010219.log
指定要取消配置的所有单实例监听程序 [LISTENER]:
网络配置检查配置结束

数据库检查配置开始
数据库取消配置跟踪文件位置 : C:\Program Files\Oracle\Inventory\logs\
databasedc_check8591635235743827120.log
指定值列表作为输入时使用逗号作为分隔符
```

指定在此 Oracle 主目录中配置的数据库名的列表 [ORCL]:
　###### 对于数据库 'ORCL' ######
单实例数据库
数据库的诊断目标位置：C:\APP\WONG\diag\rdbms\orcl
数据库使用的存储类型：FS
数据库文件位置：C:\APP\WONG\ORADATA\ORCL,C:\APP\WONG\FLASH_RECOVERY_AREA\ORCL
快速恢复区位置：C:\app\wong\flash_recovery_area\ORCL
　数据库 spfile 位置：C:\APP\WONG\PRODUCT\11.2.0\DBHOME_2\DATABASE\SPFILEORCL.ORA
已自动搜索到数据库 ORCL 的详细资料。是否仍要修改 ORCL 数据库的详细资料？ [n]:y　数据库检查
配置结束

　Enterprise Manager Configuration Assistant START
　EMCA 取消配置跟踪文件位置：C:\Program Files\Oracle\Inventory\logs\
emcadc_check.log
　检查数据库 ORCL 的配置 Enterprise Manager Configuration Assistant END
　Oracle Configuration Manager check START
　OCM check log file location : C:\Program Files\Oracle\Inventory\logs\\
ocm_check914.log
　Oracle Configuration Manager check END
　####################### CHECK OPERATION END #######################
####################### CHECK OPERATION SUMMARY #######################
　选择进行卸载的 Oracle 主目录为：C:\app\wong\product\11.2.0\dbhome_1 Oracle
　主目录注册到的产品清单位置为：C:\Program Files\Oracle\Inventory
　以下 Windows 和 .NET 产品将从 Oracle 主目录取消配置:asp.net,ode.net,odp.net,
ntoledb,oramts,oo4o
　将取消配置以下单实例监听程序：LISTENER
　已选中以下数据库来取消配置：ORCL
　数据库唯一名称：ORCL
　已用存储：FS
　将为以下数据库更新 Enterprise Manager 配置：ORCL
　没有要更新的 Enterprise Manager ASM 目标
　没有要移植的 Enterprise Manager 监听程序目标
　Checking the config status for CCR
　Oracle Home exists with CCR directory, but CCR is not configured
　CCR check is finished
　是否继续（y - 是，n - 否）？ [n]: y
　此会话的日志将写入：'C:\Program Files\Oracle\Inventory\logs\deinstall_
deconfig2011-07-25_11-56-53-PM.out'
　此会话的任何错误消息都将写入：'C:\Program Files\Oracle\Inventory\logs
\deinstall_deconfig2011-07-25_11-56-53-PM.err'
　###################### CLEAN OPERATION START ######################
Enterprise Manager Configuration Assistant START
　EMCA 取消配置跟踪文件位置：C:\Program Files\Oracle\Inventory\logs\ emcadc_
clean.log
　更新数据库 ORCL 的 Enterprise Manager Database Control 配置
　更新 Enterprise Manager ASM 目标（如果有）
　更新 Enterprise Manager 监听程序目标（如果有）
　Enterprise Manager Configuration Assistant END

```
数据库取消配置跟踪文件位置: C:\Program Files\Oracle\Inventory\logs\
databasedc_clean86279203902540 85446.log
数据库清除配置开始 ORCL
此操作可能需要持续几分钟。
数据库清除配置结束 ORCL
网络配置清除配置开始
网络取消配置跟踪文件位置: C:\Program Files\Oracle\Inventory\logs\
netdc_clean7657177267515168294.log
取消配置单实例监听程序: LISTENER
取消配置监听程序: LISTENER
停止监听程序: LISTENER
监听程序已成功停止。
删除监听程序: LISTENER
监听程序已成功删除。
监听程序已成功取消配置。

正在取消配置监听程序配置文件 ...
监听程序配置文件已成功取消配置。

正在取消配置命名方法配置文件 ...
命名方法配置文件已成功取消配置。

正在取消配置本地网络服务名配置文件 ...
本地网络服务名配置文件已成功取消配置。

正在取消配置备份文件 ...
备份文件已成功取消配置。

网络配置已成功清除。

网络配置清除配置结束

Oracle Configuration Manager clean START
OCM clean log file location : C:\Program Files\Oracle\Inventory\logs\\
ocm_clean914.log
Oracle Configuration Manager clean END

删除 Windows 和 .NET 产品配置开始
删除 Windows 和 .NET 产品配置结束

Oracle Universal Installer 清除开始
删除本地节点上的服务 'OracleOraDb11g_home2ClrAgent' : 完成

从本地节点上的主产品清单中分离 Oracle 主目录 'C:\app\wong\product\11.2.0
\dbhome_1' : 完成 -----------------------------------------------
```

　　DOS提示卸载完毕自动退出后，卸载差不多就成功了，重启系统后删除安装目录即可，不用再像之前的版本那样删除注册表之类的文件了。

本章小结

　　本章首先介绍了Oracle的发展史和特点，并介绍了Oracle 11g中新增加的各种最新特性。接着介绍了Oracle数据库的安装环境和Oracle安装程序如何下载。

　　然后介绍了如何安装Oracle数据库。读者可以从Oracle官方网站下载Oracle 11gR2并按照本章介绍的方法进行安装。安装结束后，可以查看和设置Oracle的各项服务。

　　最后介绍了如何卸载Oracle 11g数据库，读者可以模拟此过程进行数据库的卸载。

项目练习

项目练习1

　　到Oracle公司的官方网站上下载Oracle 11gR2的安装文件，运行该文件，安装Oracle 11g数据库。

项目练习2

　　安装Oracle 11g数据库后，通过services.msc命令，查看Oracle数据库的各项服务。

Chapter
03

SQL语言基础

本章概述

存储在数据库中的数据最终是要使用的，对数据库的主要操作就是数据查询。由于数据库规模通常很大，特别是在信息爆炸的时代，要在庞大的数据库中快速准确地找到需要的数据，就需要有效的数据查询技术和工具。SQL（Structured Query Language，结构化查询语言）是目前关系数据库系统广泛采用的数据查询和程序设计语言，用于存取数据以及查询、更新和管理关系数据库系统。要学习数据库编程技术，必须首先要了解SQL语言。

重点知识

- SQL语言概述
- 索引管理
- 数据定义
- 基本数据查询

- 表管理
- 同义词
- 数据操纵
- 多表连接查询

- 视图管理
- 序列
- 数据控制

3.1 SQL语言概述

> SQL是由IBM公司的San Jose研究所的研究员Boyce和Chamberlin于1974年提出的，并在IBM研制的System R关系数据库管理系统上实现。目前，无论是Oracle、SQL Server、DB2、Sybase等这些大型的数据库管理系统，还是MySQL、Access等中小型的数据库管理系统，都支持SQL作为数据查询语言。但不同厂商的数据库管理系统所支持的SQL又不完全相同，一般是在支持标准的SQL语言规定基本操作的基础上，又对SQL功能进行了扩展，因此有了不同名称的SQL，如Oracle产品中的SQL称为PL/SQL，Microsoft SQL Server产品中的SQL称为Transact-SQL（即T-SQL）。

3.1.1 SQL语言的功能

SQL语言主要有数据定义、数据操纵、数据控制等功能。

1. 数据定义

数据定义功能是通过DDL（Data Definition Language，数据定义语言）实现的。

数据定义定义数据库的逻辑结构，包括定义基本表、视图和索引，相关的操作还包括对基本表、视图、索引的修改与删除。

基本表是数据库中独立存在的表，通常简称为表。在SQL中，一个关系就对应一个基本表，一个或多个基本表对应一个存储文件，一个基本表可以有多个索引，索引也保存在存储文件中。一个数据库中可以有多个基本表。视图则是由一个或多个基本表导出的表。

2. 数据操纵

数据操作功能是通过DML（Data Manipulation Language，数据操纵语言）实现的。

数据操作主要包括数据查询和数据更新操作。数据查询是数据库应用中最常用和最重要的操作；数据更新则包括对数据库中记录的增加、修改和删除操作。

3. 数据控制

数据控制功能是通过DCL（Data Control Language，数据控制语言）实现的。

数据控制主要是对数据的访问权限进行控制，包括对数据库的访问权限设置、事务管理、安全性和完整性控制等。

4. 嵌入功能

SQL语言的嵌入功能是指SQL可以嵌入到其他高级程序设计语言（宿主语言）中使用。

SQL语言有自含式和嵌入式两种使用方式。自含式（联机使用方式）即SQL可以独立地以联机方式交互使用，嵌入式即将SQL嵌入到某种高级程序设计语言中使用。

SQL的主要功能是数据操作，自含式使用使数据处理功能差，而高级程序设计语言的数据处理功能强，但其数据操作功能弱，为了结合二者的优点，常将SQL嵌入到高级程序设计语言中使用，实现混合编程。

为了实现嵌入使用，SQL提供了与宿主语言之间的接口。

3.1.2 SQL语言的特点

SQL语言之所以能够在业界得到广泛使用，是因为SQL有综合统一、高度非过程化、语法结构统一、面向集合的操作方式、语言简洁易用等特点。

1. 综合统一

SQL语言集数据定义语言、数据操纵语言、数据控制语言于一体，且具有统一的语法格式。使用SQL语句就可以独立完成数据管理的核心操作，包括关系模式定义、创建数据库、插入数据、查询、更新、维护、数据库重构、数据库安全性控制等一系列操作。

2. 高度非过程化

SQL是一种非过程化数据操作语言，即用户只需指出"干什么"，而无需说明"怎么干"。例如，用户只需给出数据查询条件，系统就可以自动查询出符合条件的数据，而用户无需告诉系统存取路径及如何进行查询等。

3. 统一的语法结构

SQL具有自含式和嵌入式两种使用方式，这两种使用方式分别适用于普通用户和程序员。虽然使用方式不同，但SQL的语法结构是统一的，便于普通用户与程序员交流。这种以统一的语法结构提供多种不同使用方式的做法，提供了极大的灵活性和方便性。

4. 面向集合的操作方式

SQL采用集合操作方式，操作的对象不是一条记录，而是成组的记录，即记录的集合。不仅操作对象和查找结果可以是记录的集合，而且一次插入、删除和更新操作的对象也可以是记录的集合。使用集合操作方式，有效提高了数据处理的速度。

5. 语言简洁且易学易用

SQL语句简洁，语法简单，非常自然化，易学易用。但功能很强，只用9个动词就完成了其核心功能。SQL的9个命令动词如表3.1所示。

表3.1 SQL的命令动词

SQL功能	命令动词
数据定义	CREATE、DROP、ALTER
数据操纵	SELECT、INSERT、UPDATE、DELETE
数据控制	GRANT、REVOKE

3.2 表管理

> 表即数据表，是存储数据的对象。表是Oracle中最基本、最重要的数据库对象，其他许多数据库对象（如视图、索引等）都是以表为基础的。一个数据库中可以没有视图和索引，但是如果没有表，数据库将没有任何意义。所以表通常也称为基础表，或简称基表。在关系数据库中，从用户的角度来看，表的逻辑结构就是一张由行和列组成的二维表，即表是通过行和列来组织数据的。通常将表中的一行称为一条记录，称表中的一列为属性列（简称列）。一条记录描述一个实体，一个属性列描述实体的一个属性。如学生实体有姓名、学号、班级、性别等属性，对应的学生信息表也应该有相应的属性列，每个列都有列名、列数据类型、列长度，有的列还有约束条件等。

3.2.1 数据类型

1. 数据定义

在设计表结构时，需要指定表中各个列的列名、数据类型、约束条件等，选择适当的数据类型可以节省存储空间，提高运算效率。Oracle提供的数据类型包括字符型、数值型、日期/时间型、大对象（LOB）型、Rowid型等。

2. 字符类型

字符数据类型可用于声明包含了字符串数据的列，Oracle 11g提供的字符数据类型如表3.2所示。

表3.2　字符数据类型

数据类型	最大长度	说　　明
CHAR（size）	2000字节	固定长度字符串，size表示存储的字符个数，默认为一个字节
NCHAR（size）	2000字节	固定长度的NLS（National Language Support）字符串，size表示存储的字符个数。NLS字符串的作用是用本国语言和格式来存储、处理和检索数据
VARCHAR2（size）	4000字节	可变长度字符串，size表示存储的字符个数
NVARCHAR2（size）	4000字节	可变长度的NLS字符串，size表示存储的字符个数
LONG	2GB	可变长度字符串，为提供向后兼容而保留，不建议使用
RAW	2000字节	可变长度二进制字符串
LONGRAW	2GB	可变长度二进制字符串，为提供向后兼容而保留，不建议使用

3. 数值类型

数值数据类型可用于存储整数、浮点数以及实数。在Oracle数据库中，数值数据类型具有精度（precision）和范围（scale）。精度指定数值的总位数（1~38），范围指定数值的小数位数（0~3）。Oracle 11g提供的数值型数据类型如表3.3所示。

表3.3　数值数据类型

数据类型	说　明
NUMBER（precision, scale）	包含小数位的数值类型。参数precision表示精度，参数scale表示小数点后的位数。如NUMBER（8,3）表示该数最多可有5位整数和3位小数
NUMBERC（precision,scale）	参数及意义同NUMBER（precision, scale）
FLOAT	浮点数类型
DEC（precision, scale）	参数及意义同NUMBER（precision, scale）
DECIMAL（precision, scale）	参数及意义同NUMBER（precision, scale）
INTEGER	整数类型
INT	同INTEGER
SMALLINT	短整数类型
REAL	实数类型
DOUBLE	双精度类型

4. 日期/时间类型

Oracle 11g提供的日期/时间数据类型如表3.4所示。

表3.4　日期/时间数据类型

数据类型	说　明
DATE	日期时间类型
TIMESTAMP（微秒精度）	DATE只能精确到整数秒，与DATE相比，TIMESTAMP类型可以精确到微秒，微秒的精度为0~9，默认值为6
TIMESTAMP（微秒精度）WITH TIME ZONE	带时区的TIMESTAMP数据类型
TIMESTAMP（微秒精度）WITH LOCAL TIME ZONE	带本地时区的TIMESTAMP数据类型
INTERVAL YEAR（年份精度）TO MONTH	使用year和month日期时间字段存储一个时间间隔
INTERVAL DAY（日精度）TO SECOND（微秒精度）	使用日、小时、分钟和秒来存储一个时间间隔。日精度指定day字段的位数，默认为2位；微秒的精度为0~9，默认值为6

所有的日期/时间和时间间隔（interval）都可以由年、月、日、时、分、秒等字段组成，各个字段都可以单独获取。表3.5列出了这些字段的合法值。

表3.5　日期/时间数据类型和间隔数据类型字段

日期时间字段	日期时间值	间隔值
year	−4712~9999（无0）	任何正、负整数
month	1~12	1~11
day	1~31	1~31
hour	1~23	1~23
minute	1~59	1~59
second	1~59.999999999	1~59.999999999
timezone hour	−12~13	
timezone minute	0~50	

【TIPS】

可以通过调用SYSDATA函数，获取当前系统的日期，还可以使用TO_DATE函数将数值或字符串转换为DATE类型。Oracle默认的日期和时间格式，由初始化参数NLS_DATE_FORMAT指定，一般格式为DD-MM-YY。如果插入正常的日期，可以这样使用TO_DATE（'2017-5-1"YYYY-MM-DD'）。

5. 大对象（LOB）类型

大对象数据类型用于存储基于二进值和字符的大规模数据。Oracle 11g提供的大对象数据类型如表3.6所示。

表3.6　大对象数据类型

数据类型	说　　明
BFILE	指向服务器文件系统上的二进制文件的文件地址，该二进制文件保存在数据库之外
BLOB	保存非结构化的二进制大对象数据
CLOB	保存单字节或多字节字符数据
NCLOB	保存Unicode编码字符数据

6. Rowid类型

Oracle 11g提供的Rowid数据类型如表3.7所示。

表3.7　Rowid数据类型

数据类型	说　　明
ROWID	64位基本编号系统，表示行在表中的唯一地址
UROWID（size）	通用的rowid类型，既可以保存物理rowid，也可以保存逻辑rowid

3.2.2 创建表

在Oracle中，通常通过两种方法创建表，一种方法是使用OEM图形化管理工具来创建，另一种方法是在SQL *Plus中执行SQL语句来创建。

1. 使用OEM工具创建表

这里以图书表为例来说明如何在OEM中创建表，图书表的表结构如表3.8所示。

表3.8　图书表（Book）

编　号	字段名称	数据结构	说　明
1	BookID	Char（10）	图书编号
2	BookName	Varchar2（30）	图书名称
3	BookWriter	Varchar2（20）	图书作者
4	BookPublish	Varchar2（50）	出版社
5	BookPublishDate	Date	出版日期
6	BookPrice	Float	图书定价
7	BookSort	Varchar2（20）	图书分类
8	BookAmount	Int	图书总册数
9	BookRemain	Int	图书库存量

下面介绍使用OEM图形化工具创建表的步骤。

Step 01 在OEM主界面中打开"方案"页面，可以在"数据库对象"栏中看到"表"超链接，如图3.1所示。

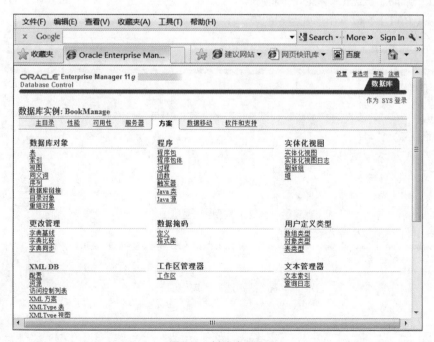

图3.1　创建表页面

Step 02 单击"表"超链接，打开表管理页面，如图3.2所示。

图3.2 "表管理"页面

Step 03 在表管理页面中单击"创建"按钮，打开"表组织"页面，如图3.3所示。页面包括标准（按堆组织）和索引表两个选项。

- **标准（按堆组织）：**以堆形式组织的标准表，即普通表，表中的数据存储为未排序的集合。如果选择了"临时"复选框，将创建临时表。
- **索引表（IOT）：**以索引形式组织的表。

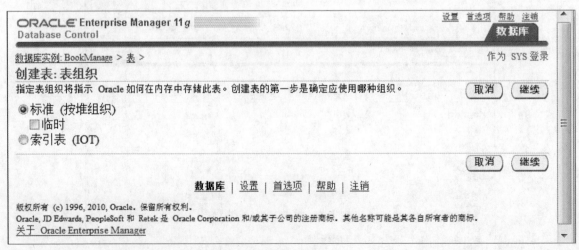

图3.3 选择"表组织"

Step 04 在"表组织"页面中选择"标准（按堆组织）"，单击"继续"按钮，打开"创建表"页面。创建表时需要输入表的名称、表所属的方案及表存储的表空间。按表3.8输入表名，按表的结构定义输入各列的名称，选择数据类型，设置数据大小（长度）、比例（只对数值型的数据有效）、是否为空和默认值等，如图3.4所示。

图3.4 "创建book表"页面

输入完成后，单击"确定"按钮，保存新建的表并返回"表管理"页面，新建的表已经出现在列表中。如果列表中的表对象太多，可以通过搜索方式来查找需要的表。

2. 用SQL *Plus创建表

使用SQL语句创建表的一般语法格式如下：

```
CREATE TABLE [ 方案名 .]<表名 >
（<列名 > <数据类型 > [ 列级完整性约束条件 ]
[,<列名 > <数据类型 > [ 列级完整性约束条件 ]]…
[,< 表级完整性约束条件 >]）
```

下面介绍各参数的意义。

- **CREATE TABLE：** SQL命令关键字，表示创建一个新表。
- **[方案名.]<表名>：** 方案名是创建的表所属的方案名称，省略时在当前方案中创建表。<表名>是要创建的表的名称。
- **<列名> <数据类型> [列级完整性约束条件]：** 一个表由一个或多个列组成，<列名>定义列的名称，<数据类型>则指定该列数据采用的数据类型。列级完整性约束条件则定义了该列上数据的完整性约束条件。

下面介绍常见的列级完整性约束。

- **NOT NULL:** 限制列取值非空。
- **DEFAULT:** 给定列的默认值。
- **UNIQUE:** 限制列取值不重复。

下面的约束可以用在列级和表。

- **CHECK:** 限制列的取值范围。
- **PRIMARY KEY:** 指定主码。
- **<表级完整性约束条件>:** 定义该表的表一级完整性约束条件。

在创建表的同时可以定义表的完整性约束条件。如果完整性约束条件仅涉及单个列，则约束条件既可以定义在列级，也可以定义在表级。如果该约束涉及多个列，则约束条件必须定义在表级。一旦定义了约束条件，以后当用户对表中数据进行操作时，DBMS将自动检查该操作是否违反这些完整性约束条件。

⚠ 【例3.1】创建学生表

在当前的方案中创建一个学生表，其表结构如表3.9所示。

表3.9 学生表（Student）

编　号	字段名称	数据结构	说　明
1	Sno	Char（9）	学号
2	Sname	char（20）	姓名
3	Ssex	char（2）	性别
4	Sage	SMALLINT	年龄
5	Sdept	char（20）	系别

按照表3.9的设计，创建学生表（Student），代码如下。

```
SQL>CREATE TABLE Student
( Sno    CHAR(9)PRIMARY KEY, /* 列级完整性约束条件 */
  Sname  CHAR(20)UNIQUE,      /* Sname 取唯一值 */
  Ssex   CHAR(2)Default '男', /* 默认性别为男 */
  Sage   SMALLINT,
  Sdept  CHAR(20)  )
```

3. 基于已有的表创建新表

在CREATE TABLE语句中使用子查询（SELECT）就可以基于已有的表来创建新表。其基本语法格式如下：

```
CREATE TABLE [方案名.]<表名>
[(（<列名>，<列名>…)]
[,<表级完整性约束条件>])
AS <子查询>
```

下面介绍主要参数的意义。

- **[方案名.]<表名>:** 方案名是创建的表所属的方案名称，省略时在当前方案中创建表。<表名>是要创建的表的名称。

- **<列名>:** 新表的字段名，可以省略。如果省略，则新表的字段名与查询结果集中包含的字段同名。用户可修改新表中的字段名，但不能修改字段的数据类型和宽度。
- **<子查询>:** 指子查询的SELECT语句。

⚠ 【例3.2】创建新的newtest

基于scott方案中的emp表的empno和ename字段创建一新的newtest，包括编号tno、姓名tname两个字段。雇员表中的编号和姓名字段分别来自于scott方案中emp表的empno和ename字段。

```
SQL>CREATE TABLE newtest(eno,ename)
AS
SELECT empno, ename
FROM scott.emp;
```

为了使用方便，可以修改Oracle的会话为简体中文，具体代码如下：

```
ALTER SESSION SET NLS_LANGUAGE='SIMPLIFIED CHINESE';
```

4. 定义表中字段的默认值

利用OEM工具创建表时，可通过设置列的相关属性来定义其默认值。利用SQL语句来定义表中字段的默认值时，需要在CREATE TABLE语句中的列定义后面使用DEFAULT关键字。

⚠ 【例3.3】创建新的出版社表publish

执行代码如下。

```
SQL>CREATE TABLE SCOTT.publish
(
    PublishID   Char(8)  Primary Key,
    PublishName   Varchar2(50),
    PublishAddress   Varchar2(50),
    PublishPhoneNo   Varchar2(15),
    PublishEmail   Varchar2(30)
);
```

5. 使用DESCRIBE命令查看表结构

表创建后，在SQL*Plus中可以通过DESCRIBE命令（可简写为DESC）来查看表的结构。

⚠ 【例3.4】查看publish表的结构

执行下列语句查看publish表的结构。

```
SQL>DESC SCOTT.publish;
```

3.2.3 修改表

1. 使用OEM工具修改表

在OEM中，可以对表进行修改操作，包括修改表名、添加列、删除列、修改列属性等。

首先搜索并选中要修改的表，单击"编辑"按钮，打开编辑页面，如图3.5所示。在此可以直接修改表名称、列名、数据类型等列属性。单击"删除"按钮，可以删除选定的列；单击"插入"按钮，可以添加新的列。

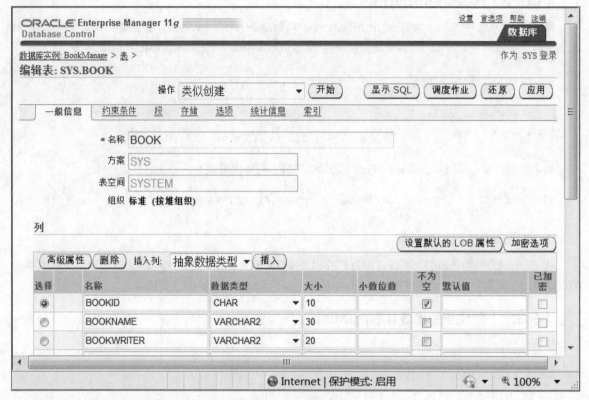

图3.5　查看和编辑表

2. 用SQL *Plus修改表

修改表的SQL语句是ALTER TABLE，其基本语法如下：

```
ALTER TABLE [ 方案名 .]< 表名 >
ADD 〈 新列名 〉〈 数据类型 〉 [ 列级完整性约束条件 ]
| DROP COLUMN 〈 列名 〉
| MODIFY 〈 列名 〉〈 新数据类型 〉 [ 列级完整性约束条件 ]
| RENAME COLUMN 〈 列名 〉 TO 〈 新列名 〉
| RENAME TO 〈 新表名 〉
```

下面介绍主要参数的意义。
- **ADD：** 向表中添加新列。
- **DROP COLUMN：** 删除指定的列。
- **MODIFY：** 修改指定列的定义。
- **RENAME COLUMN <列名> TO <新列名>：** 将指定的已有列名修改为新列名。
- **RENAME TO：** 修改表名为新的表名。

⚠ 【例3.5】在publish表中添加列

向publish表中添加一列PublishCredit，数据类型为char(20)，默认值为good。

```
SQL>ALTER TABLE publish
ADD PublishCredit Char(20) default 'good';
```

⚠ 【例3.6】删除PublishCredit列

删除publish表中的PublishCredit列，代码如下。

```
SQL>ALTER TABLE publish
DROP COLUMN PublishCredit;
```

3.2.4 删除表

当不需要表时，可以删除之。用SQL的DROP TALBE语句删除表后，其结构及其数据都被删除，在该表上建立的索引也都将被自动删除。但在OEM中可以有选择地删除表定义或数据等。

1. 使用OEM工具删除表

在OEM的表管理页面中，选中要删除的表，单击"使用选项删除"按钮，打开删除选项窗口，如图3.6所示。

用户可以进行删除选择。

- **选择表定义，其中所有数据和从属对象：** 删除整个表及其从属的对象，包括从属索引和触发器，同时与表相关的视图、存储过程等将无效。
- **仅删除数据：** 仅删除表中的数据，表定义（表结构）仍保留，即删除后只保留空表。
- **仅删除不支持回退的数据：** 只删除数据，但删除后的数据无法通过回退进行恢复。

选择"删除表定义，其中所有数据和从属对象"项，单击"是"按钮，则删除所选择的表。

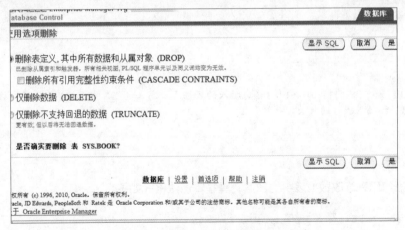

图3.6 "使用选项删除"删除表页面

2. 用SQL *Plus删除表

在SQL *Plus中，用SQL的DROP TABLE命令可以删除表。

⚠ 【例3.7】删除目标表格

删除SCOTT.publish表，代码如下。

```
SQL>DROP TABLE SCOTT.publish;
```

3.2.5 表数据更新

表的数据更新操作主要包括插入数据、修改数据和删除数据。

1. 插入数据

可以使用INSERT语句向指定的表中插入数据，INSERT语句的基本格式如下：

```
INSERT INTO <表名>（列名1，类名2,…,列名n）
VALUES（值1，值2,…, 值n）
```

其中列名1, 列名2,…,列名n必须是指定表名中定义的列，VALUES子句中的值1, 值2,…, 值n必须与列名1, 列名2,…,列名n一一对应，且数据类型相同。

⚠ 【例3.8】插入数据

向已创建的出版社Press表中插入表3.10所示的数据。

表3.10　出版社表（Press）中的数据

PublishID	PublishName	PublishAddress	PublishPhoneNo	PbulishEmail
20170102	电子出版社	北京	010-7695321	dz@163.com.cn

在SQL *Plus中使用下列语句插入表3.10所示的数据。

```
SQL>INSERT INTO publish
VALUES（'20170102','电子出版社','北京，'010.7695321', 'dz@163.com.cn'）;
COMMIT;
SELECT * FROM publish;
```

🔑 【TIPS】

COMMIT语句可以将前面INSERT语句插入的数据真正写入数据库中，SELECT语句将查询出表中现有数据，以验证插入操作的效果。

2. 修改数据

UPDATE语句用来修改数据表中的数据，其基本语法格式如下：

```
UPDATE <表名> SET 列名1=值1，列名2=值2， …, 列名n=值n
[WHERE <更新条件表达式>]
```

当执行UPDATE语句时，指定表中所有满足WHERE子句条件的行都将被更新，列1的值被设置为值1，列2的值被设置为值2，列n的值为设置为值n。如果没有指定WHERE子句，则表中所有的行都将被更新。

⚠ 【例3.9】修改电话号码

将出版社publish表中"电子出版社"的电话号码改为010-66666666，代码如下。

```
SQL>UPDATE publish
SET PublishPhoneNo='010-66666666'
WHERE PublishName='电子出版社';
COMMIT WORK;
```

3. 删除数据

可以使用DELETE语句删除表中的数据。DELETE语句的基本语法格式如下：

```
DELETE <表名> WHERE <删除条件表达式>
```

当执行DELETE语句时，指定表中所有满足WHERE子句条件的行都将被删除。

⚠ 【例3.10】删除记录

删除出版社publish表中出版社名称为"电子出版社"的记录，代码如下。

```
SQL>DELETE publish WHERE PublishName='电子出版社';
COMMIT WORK;
```

3.2.6 定义数据完整性

数据的完整性是指数据的正确性、一致性和安全性，它是衡量数据库中数据质量好坏的重要标准。当用户执行INSERT、DELETE或UPDATE语句更新数据库内容时，数据的完整性可能会遭到破坏。例如，可能会造成对数据库的修改不一致，将无效的数据添加到数据表中，将存在的数据修改为无效的数据等。

为了解决这些问题，保证数据的完整性，数据库系统提供了约束机制。约束是保证数据完整性的标准方法，可以在表上创建约束。约束主要包括主键（PRIMARY KEY）约束、非空（NOT NULL）约束、唯一性（UNIQUE）约束、检查（CHECK）约束、外键（FOREIGN KEY）约束等。

- **主键（PRIMARY KEY）约束：** 主键是表中的一列或一组列，它们的值可以唯一地标识表中的每一行。主键约束可以实现实体的完整性。
- **非空（NOT NULL）约束：** 指定列的值不允许为空。
- **唯一性（UNIQUE）约束：** 指定列的值在表所有行中不允许有重复值，可以保证除主键外的其他列的数据唯一性。
- **检查（CHECK）约束：** 指定表中一列或多列可以接受的数据值或格式，例如学生成绩列的值范围为0~100。
- **外键（FOREIGN KEY）约束：** 用于建立两个表数据之间连接的一列或多列。通过将一个表中的主键添加到另一个表中，可创建两个表之间的连接，第一个表的主键就可以成为第二个表的外键。外键约束可以确保添加到外键表中的任何行在主表中都存在相应的行。

从约束影响的字段个数上，可将约束进一步分为列级约束和表级约束。

- **列级约束：** 即对某一列的约束。如果某约束只作用于某个字段，则称此约束为列级约束。具体定义时可在此字段定义后面直接写出列级约束，也可以在所有字段定义完成后再定义各字段的列级约束。
- **表级约束：** 即对一个表的约束。如果某个约束作用于多个字段，则称此约束为表级约束。必须在所有字段定义完成后再定义表级约束。

约束可以在创建表的同时进行定义，也可以在修改表结构的时候定义。

1. 使用SQL命令定义主键约束

可以在CREATE TABLE和ALTER TABLE语句中定义约束。在CREATE TABLE语句中，可以直接在主键列定义的后面使用PRIMARY KEY关键字来标识该列为主键列。

例如，为前面例子中定义的publish表定义主键约束。

```
SQL>CREATE TABLE publish
(
    PublishID  Char(8) Primary Key,
    PublishName  Varchar2(50),
    PublishAddress  Varchar2(50),
    PublishPhoneNo  Varchar2(15),
    PublishEmail  Varchar2(30)
);
```

2. 使用SQL命令定义非空约束

定义了非空约束的列不接受空值。

在CREATE TABLE语句中可以定义非空约束，方法是在列定义的后面直接使用NOT NULL关键字。

⚠ 【例3.11】定义非空约束

重新定义publish表，使PublishName列不为空。

```
SQL>CREATE TABLE Press
(
    PublishID  Char(8) Primary Key,
    PublishName  Varchar2(50) NOT NULL,
    PublishAddress  Varchar2(50),
    PublishPhoneNo  Varchar2(15),
    PublishEmail  Varchar2(30)
);
```

3. 使用SQL命令定义唯一性约束

一个表中只能存在一个主键，如果其他列的值也要保证唯一性，可以对该列定义唯一性约束。唯一性约束用来保证表中非主键列的数据的唯一性。一个表可以定义多个唯一性约束。

在CREATE TABLE和ALTER TABLE语句中可以定义唯一性约束，方法是在列定义的后面直接使用UNIQUE关键字。

⚠ 【例3.12】定义唯一性约束

重新定义publish表，使PublishName列取值非空唯一。

```
SQL> CREATE TABLE publish
(
    PublishID  Char(8) Primary Key,
    PublishName  Varchar2(50) NOT NULL UNIQUE,
    PublishAddress  Varchar2(50),
```

```
    PublishPhoneNo  Varchar2(15),
    PublishEmail  Varchar2(30)
);
```

4. 使用SQL命令定义检查约束

检查（CHECK）约束用来限定某列的可取值的范围或格式。在输入数据时，将检查输入的每一个数据，只有符合条件的数据才允许输入到表中。检查约束既可以定义为列级约束，也可以定义为表级约束，而且可在一个列定义多个检查约束，输入数据时将按定义的顺序来检查数据的有效性。

在CREATE TABLE和ALTER TABLE语句中可以定义检查约束，方法是在列定义的后面使用CHECK关键字并定义对列的检查条件，主要是关系表达式和逻辑表达式。表达式中可以包含关系运算符、逻辑运算符和IN、LIKE、BETWEEN等特殊运算符。

⚠ 【例3.13】定义检查约束

重新定义publish表，带有检查约束以保证邮箱格式正确。

```
SQL>CREATE TABLE publish
(
    PublishID  Char(8)  Primary Key,
    PublishName  Varchar2(50) NOT NULL UNIQUE,
    PublishAddress  Varchar2(50),
    PublishPhoneNo  Varchar2(15),
    PublishEmail  Varchar2(30) check(PublishEmail like '%@%')
);
```

5. 使用SQL命令定义外键约束

外键约束用于建立两个表的连接关系。可以在CREATE TABLE和ALTER TABLE语句中使用CONSTRAINT…FOREIGN KEY关键字来定义外键约束。可以为一个列定义外键约束，也可以为多个列定义外键约束。因此，外键约束既可以在列级定义，也可以在表级定义。

当定义外键约束时，被参照的表必须先创建，而且被参照的列必须是主键或唯一键。

⚠ 【例3.14】定义外键约束

创建Book表，其中PublishName参照出版社表中的PublishName。

```
SQL>CREATE TABLE Book
  (
    BookID Char(10)Primary Key,
    BookName Varchar2(30),
    BookWriter Varchar2(20),
    PublishName Varchar2(50),
    BookPublishDate Date,
    BookPrice Float,
    BookSort Varchar2(20),
    BookAmount Int,
    BookRemain Int,
    Foreign Key(PublishName) references publish(PublishName)
    );
```

6. 用OEM工具定义、修改和删除约束

可以使用OEM工具定义、修改和删除上述的约束。

在OEM表管理页面中选中要进行约束操作的表，单击"编辑"打开其编辑页面，切换至"约束条件"选项卡。如已定义有约束，则显示约束列表，如图3.7所示。

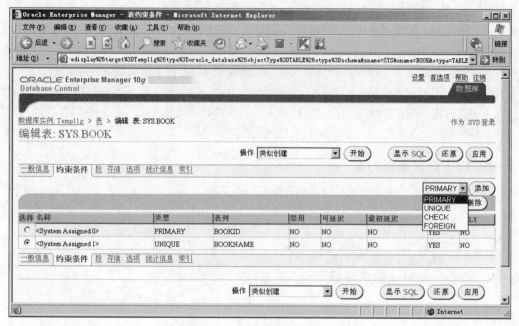

图3.7 "约束条件"选项卡

（1）添加约束

在"约束条件"选项卡中，在"约束类型"列表框中选择要操作的约束，单击"添加"按钮，在打开的页面中可添加相应的约束。如图3.8所示为添加PRIMARY约束条件的页面。

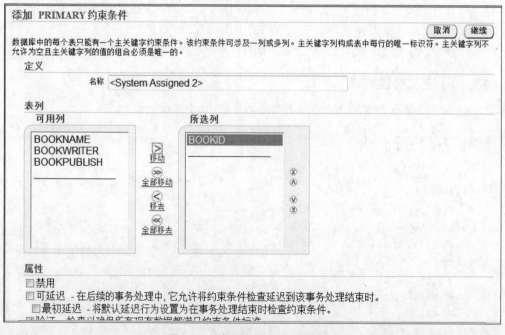

图3.8 添加PRIMARY主键约束

添加CHECK约束和FOREIGN约束的页面如图3.9和如3.10所示。

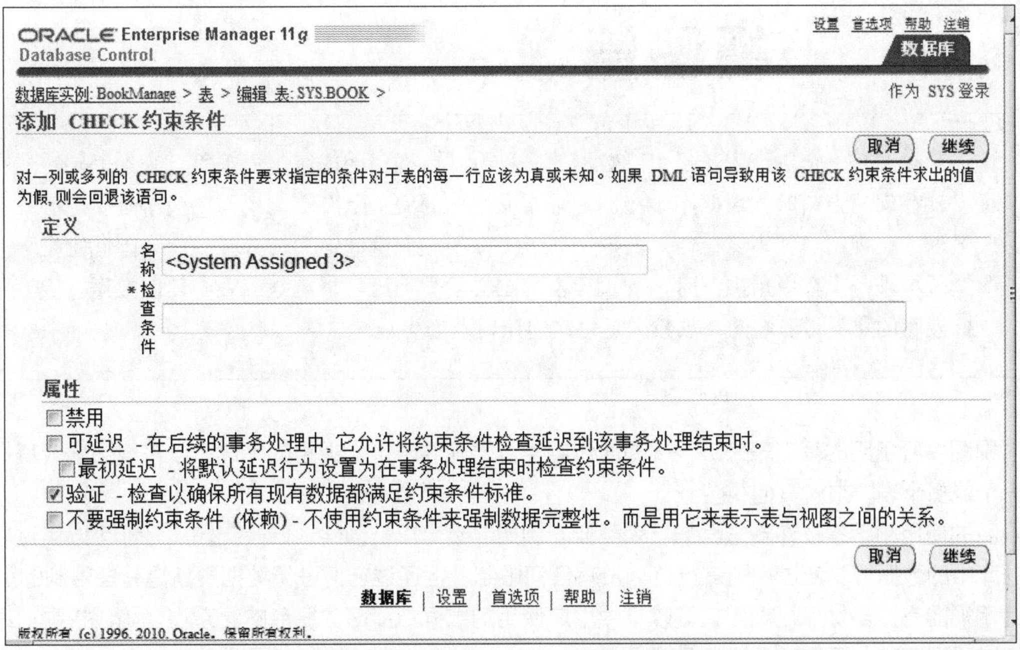

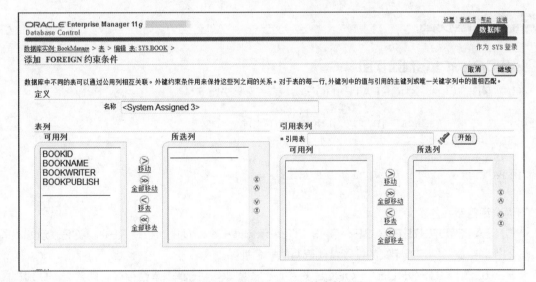

图3.9　添加CHECK约束的页面

图3.10　添加FOREIGN约束的页面

（2）修改约束

在"约束条件"页面中，选中要修改的约束，单击"编辑"按钮，在打开的编辑页面中可修改约束。

（3）删除约束

在"约束条件"页面中，选中要删除的约束，单击"删除"按钮，即可删除之。

3.3 视图管理

> 视图是一个虚拟表，是查看数据的一种方式。视图的内容由SELECT查询语句定义，在创建视图时，数据库中存储的是定义视图的SELECT查询语句，而不是实际的数据。在视图中并不保存任何数据，所以不需要在表空间中为其分配空间，因此它是个"虚表"。在引用视图时，才执行视图定义的查询语句，从基础表中读取数据。因此视图的定义是静态的，其数据是每次引用时动态生成的。

对视图中所引用的基础表来讲，视图的作用类似于筛选。定义视图的筛选可以来自当前或其他数据库中一个或多个表，或者其他视图。

视图的使用和管理在许多方面都与表类似。例如，都可以被创建、修改和删除，都可以通过它们操作数据库中的数据等。通过视图进行查询没有任何限制，但通过它们进行数据更新是有些限制的。

使用视图有许多优点。例如，可以集中用户使用的数据，掩蔽数据库的复杂性，简化权限管理，为向其他应用程序输入而重新组织数据等。

3.3.1 创建视图

1. 用SQL *Plus创建视图

创建视图的SQL命令为CREATE INDEX，其一般语法如下：

```
CREATE [OR REPLACE] [FORCE | NOFORCE] VIEW
[方案名.]<视图名>[(<列名>[,<列名>]…)]
AS <SELECT 查询语句>
[WITH CHECK OPTION | WITH READ ONLY]
```

下面介绍各参数的意义。

- **CREATE OR REPLACE：** CREATE表示创建一个新视图；OR REPLACE表示如果同名的视图存在，则用新定义的视图替代已有的同名视图。
- **FORCE | NOFORCE：** FORCE表示不考虑视图引用的基表是否存在，都要强制创建视图；NOFORCE表示只有引用的基表存在时，才创建视图。省略该选项时，默认为NOFORCE。
- **[方案名.]<视图名>：** 方案名是创建的视图所属的方案名称，省略时指当前方案。<视图名>是要定义的视图的名称。
- **（<列名>[,<列名>]…）：** 表示视图中的一组列名，这是为后面的查询语句中选择的列新定义的列名，替代基表中原有的列名。在定义视图的列名时，要么全部指定，要么全部省略。省略该选项时，采用所查询基表或视图中的原列名。
- **SELECT查询语句：** 表示定义视图的SELECT语句，利用SELECT语句可以从一个或多个表或者视图中获取所建视图中的行和列。
- **WITH CHECK OPTION：** 表示在使用该视图进行基表数据插入或修改操作时，新数据必须满足查询语句中的查询条件。省略该选项时，默认系统不检查通过视图来修改数据的操作。

- **WITH READ ONLY：** 表示创建的视图只能用来查询数据，不能用于修改基表数据。省略该
  选项时，默认视图可被用来修改数据。

值得注意的是，在创建视图的时候，为了确保视图的正确性，能够返回正确的结果，应当在定义视图时首先测试SELECT语句。正确的步骤为：首先编写SELECT语句，然后测试SELECT语句的正确性，最后创建视图。

⚠ 【例3.15】创建视图

创建视图bk_view，包含图书名和出版社名。

```
SQL>CREATE OR REPLACE VIEW  bk_view(BookName,PublishName)
    AS
        SELECT BookName,PublishName
        FROM Book
```

2. 在OEM中创建视图

打开OEM的管理页面的"方案"页面，单击"数据库对象"栏目中的"视图"超链接，打开"视图"管理页面，如图3.11所示。

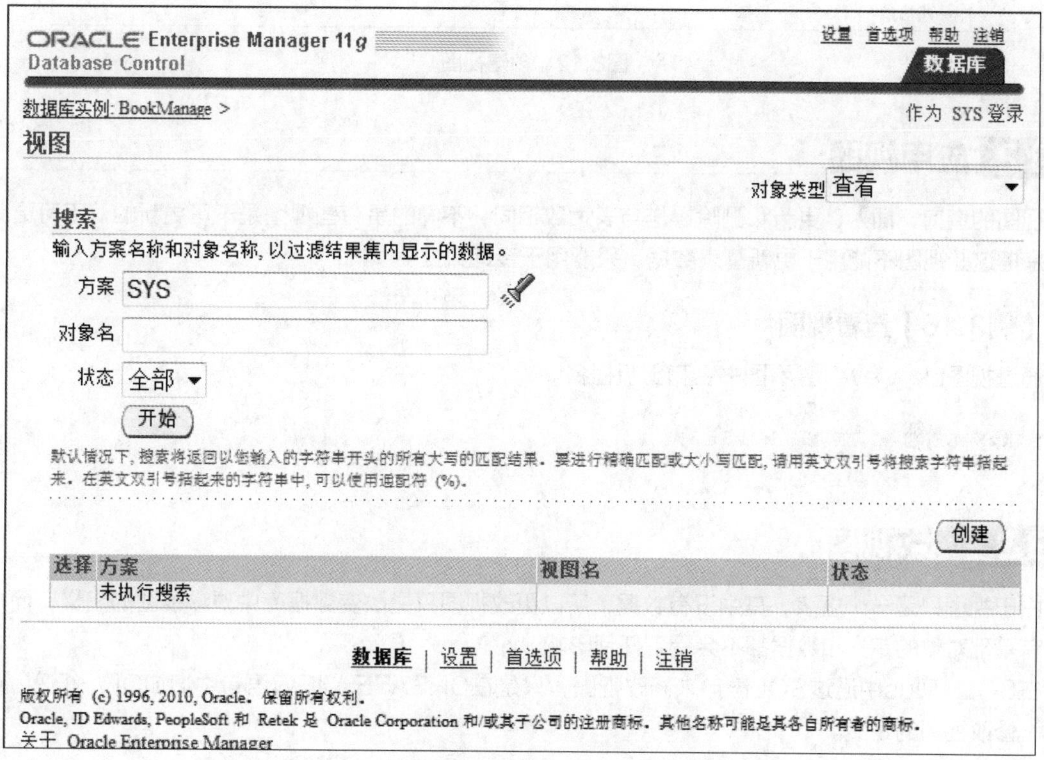

图3.11　视图管理页面

在"视图"管理页面中，单击"创建"按钮，打开"创建视图"页面，如图3.12所示，在此输入视图名称，并定义视图。

创建视图时最重要的就是视图对应的SQL语句。在"创建视图"页面中，可以直接在"查询文本"栏中输入SQL语句，也可以单击"对象"超链接，查询视图要引用的对象，并引用其字段等，此时将自动生成SQL语句。

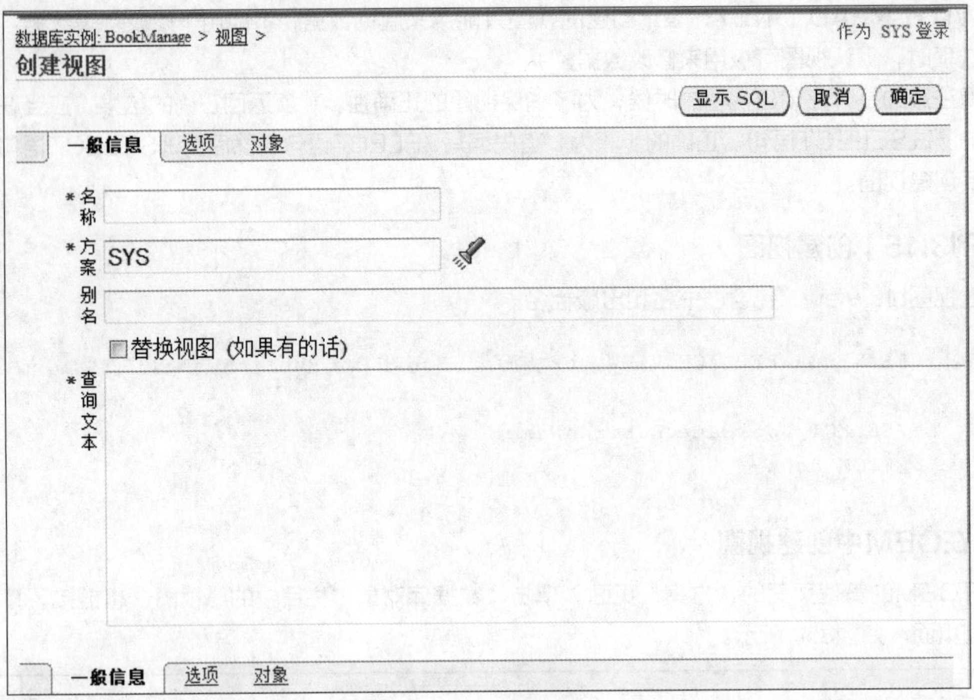

图3.12　创建视图

3.3.2　应用视图

视图的查询、插入、更新和删除操作与表大致相同，不同的是有些视图是不可更新的。不可更新的视图是指这些视图不能用于更新基表数据，只能用于查询数据。

⚠ 【例3.16】查看视图

通过视图bk_view，查看图书名和出版社名。

```
SQL>SELECT * FROM bk_view;
```

3.3.3　修改视图

由于视图只是一个虚表，其中没有数据，所以更改视图只是改变数据库中对该视图的定义，而视图中所有基础对象的定义和数据都不会受到任何影响。

在SQL *Plus中通过SQL语句来修改视图，只是在CREATE VIEW语句中增加OR REPLACE子句，修改视图的定义。

⚠ 【例3.17】修改视图

修改视图bk_view，使其可以查看所有书的书名、作者和出版社信息。

```
SQL>CREATE OR REPLACE VIEW Bookview(BookName,BookWriter,BookPublish)
  AS
   SELECT BookName,BookWriter,BookPublish
    FROM Book;
```

3.3.4 删除视图

删除视图对创建该视图的基础表或基础视图没有任何影响，但由该视图导出的其他视图将无效。当某个基础表被删除时，由该基础表导出的所有视图将失效，应将这些视图删除。

可以通过SQL语句或OEM来删除视图。

在SQL *Plus中删除视图的SQL语句语法格式如下：

```
DROP VIEW < 视图名 >
```

⚠ 【例3.18】删除视图

删除视图bk_view。

```
SQL>DROP VIEW  bk_view;
```

3.4 索引管理

> 索引是建立在数据表之上的数据库对象，是数据库中除表之外最重要的数据对象。数据库中索引的作用就像图书目录一样，可以快速找到表或索引视图中的特定数据，而不必扫描整个数据库，可有效地提高数据的检索效率。

索引是与表或视图关联的一种树状结构，通过该结构可快速访问表中的数据。索引需要占用额外的存储空间来保存。索引包含由表或视图中的一列或多列生成的键及其对应记录的物理记录号（ROWID），物理记录号是表中数据行的唯一性标识，它虽然不能指示出行的物理位置，但可以用来定位行。

由于索引占用的存储空间远小于表所占用的空间，在系统通过索引进行数据检索时，可先将索引调入内存，通过索引对记录进行定位，可大大减少磁盘I/O操作次数，提高检索效率。

为表创建索引有许多好处。例如，创建唯一索引后，可保证每条记录的唯一性，可以提高检索数据的速度；多表查询时，可加快表之间的连接，有效减少分组和排序的时间等。当然，建立索引后也有不足。例如，创建和维护索引需要占用额外的时间和空间；对表中数据进行DML操作时，也要动态地维护索引等。

Oracle系统提供了多种不同类型的索引，以适应各种表的特点。常见的索引类型包括B树索引、位图索引、反向键索引、基于函数的索引、全局索引和局部索引等。

3.4.1 创建索引

在Oracle数据库中，创建索引有两种方法，一是在SQL *Plus中使用CREATE INSEX语句来创建，二是在OEM中通过交互界面来创建。

使用CREATE INDEX语句创建索引时，如果在自己的方案中创建索引，需要有CREATE INDEX系统权限；如果在其他用户的方案中创建索引，则需要有CREATE ANY INDEX系统权限。

1. 用SQL *Plus创建索引

创建索引的基本语法如下：

```
CREATE [UNIQUE] INDEX [方案名.]索引名
ON [方案名.]表名（<列名> [ASC | DESC] [, <列名> [ASC | DESC],…]）
```

下面介绍各参数的意义。

- **UNIQUE | BITMAP：** UNIQUE表示创建唯一索引，要求创建索引的表达式或字段值必须唯一，不能重复，创建主键约束或唯一约束时Oracle系统将自动创建对应的唯一索引；BITMAP表示创建位图索引。省略这两个关键字时，默认创建的索引是可以重复的B树索引。
- **[方案名.]表名：** 该子句指出创建索引的表，省略方案名则在当前方案的指定表上创建索引。
- **（<列名> [ASC | DESC] [, <列名> [ASC | DESC],…]）：** <列名>指定了创建索引的列，即基于哪些列来创建索引。ASC（默认值）表示创建的索引按升序排序，DESC表示创建的索引按降序排序。可以基于多个列或多个表达式创建索引，之间用逗号隔开。

🔑 **【 TIPS 】**

创建索引的注意事项如下：

- 如果一个列已经包含了索引，则无法在该列上再建索引。
- 在创建和修改表的主键时，将自动基于主键列创建唯一索引。
- 索引应该建立在WHERE子句频繁引用的列上，如果在表中频繁使用某列或几列作为条件执行检索操作，应该在其上建立索引。
- 数据量小的表，一般不用建立索引。
- 在必要的列上建立索引，可以加快查询速度，但创建和维护索引需要占用额外的时间和空间；对表中数据进行DML操作时，DML操作会变慢。
- 将表和索引部署在相同的表空间，可以简化表空间的管理，将表和表空间部署到不同的表空间，可以提高系统查询的性能。
- 在多表连接的情况下，在连接的列上建立索引。

⚠ **【 例3.19 】创建索引**

在Book表的BookName列上创建索引Bkindex1。

```
SQL>CREATE INDEX Bkindex1
    ON Book(BookName);
```

⚠ **【 例3.20 】降序创建唯一索引**

在Book表的PublishNname列上降序创建唯一索引Bkindex2。

```
SQL>CREATE UNIQUE INDEX Bkindex2
    ON Book(PublishNname DESC);
```

2. 用OEM创建索引

打开OEM的管理页面的"方案"页面，单击"数据库对象"栏目中的"索引"超链接，打开"索引"管理页面，在该页面中，单击"创建"按钮，打开"创建索引"页面，如图3.13所示。

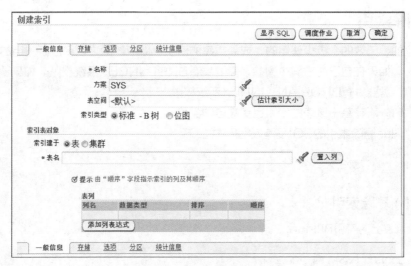

图3.13 "创建索引"页面

首先输入索引名称，选择方案和表空间；然后输入或选择基表，单击"置入列"按钮，将表的列信息显示在下面的表格中；选择各列的排序方式，ASC表示升序，DESC表示降序；对于多列排序需要在"顺序"文本框中输入各列排序处理的优先级。

在设置好"选项"后，单击图3.13中的"储存"和"分区"超链接，也可以对索引的存储和分区选项进行设置，通常采用默认设置即可，如图3.14所示。

配置完成后，单击"确定"按钮，保存索引。

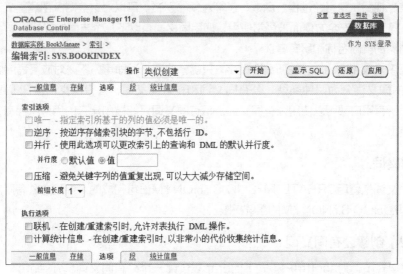

图3.14 "选项"选项卡

3.4.2 应用索引

在Oracle系统中，对索引的应用和维护是自动完成的。当用户执行了INSERT、UPDATE、DELETE数据更新操作后，系统会自动更新索引列表。当用户执行SELECT、UPDATE、DELETE操作时，系统优化器将根据优化的结果自动选择合适的索引来使用。因此，在进行数据操作时，用户无须显式地指定使用的具体索引。

3.4.3 删除索引

对于不合理的、无效的、极少使用的，或需重建的索引，就应删除之以释放所占用的存储空间。

删除索引时，如果在自己的方案中删除，需要具有DROP INDEX系统权限。如果要在其他用户的方案中删除索引，需要具有DROP ANY INDEX系统权限。

删除一个表时，所有基于该表的索引也将被自动删除。

在用SQL *Plus删除索引的SQL语句语法格式如下：

```
DROP INDEX 〈索引名〉
```

⚠ 【例3.21】删除索引

删除在Book表上的索引Bkindex2。

```
SQL>DROP INDEX Book.Bkindex2;
```

3.5 同义词

同义词是表、视图、索引、过程、函数、包等对象的别名。可以对这些对象创建同义词，其定义存储在数据字典中，同义词因安全方便而被经常使用，使用同义词有以下几个方面的好处：

- 隐藏了对象的实际名称和所有者。
- 避免了程序修改和变动后，重新编译程序，只需修改同义词即可，不必对应用程序做改动。

Oracle中的同义词分为两种类型：公有同义词和私有同义词。公有同义词被PUBLIC用户组所拥有，数据库中的所有用户都可以使用公有同义词。私有同义词只能被创建它的用户所拥有，只能被该用户和授权用户所使用。

1. 创建同义词

建立公有同义词是使用CREATE PUBLIC SYNONYM语句完成的。但建立公有同义词的用户必须具有CREATE PUBLIC SYNONYM的系统权限。

⚠ 【例3.22】创建公有同义词

在sys用户模式下，为scott用户模式下的emp表创建一个公有同义词syn_emp。

```
SQL> create public synonym syn_emp for scott.emp;
```

执行上述语句后，将建立公有同义词 syn_emp。因为该同义词属于 PUBLIC 用户组，所有用户都可以直接引用该同义词。

使用该同义词时，用户必须具有访问scott.emp表的权限。

⚠ 【例3.23】通过同义词查询表

通过同义词syn_emp来查询emp表。

```
SQL>select * from p_emp;
```

建立私有同义词是使用CREATE SYNONYM语句完成的。如果在某个模式下创建私有同义词，那么数据库用户必须具有CREATE SYNONYM的权限。

⚠ 【例3.24】创建私有同义词

为emp表创建一个私有同义词private_emp。

```
SQL>create synonym  private_emp for scott.emp;
```

使用该私有同义词时，当前用户可以直接引用，其他用户在引用时必须带用户模式名。

2. 删除同义词

当建立同义词的对象名称和位置被修改后，用户需要重新建立同义词。用户可以删除自己模式下的私有同义词。要删除其他模式下的私有同义词，用户必须具有DROP ANY SYNONYM的系统权限。要删除公有同义词，用户必须具有DROP PUBLIC SYNONYM的系统权限。

删除同义词需要使用DROP SYNONYM 语句，删除公有同义词使用DROP PUBLIC SYNONYM语句。

⚠ 【例3.25】删除私有同义词

删除私有同义词private_emp。

```
SQL>drop synonym private_emp;
```

⚠ 【例3.26】删除公有同义词

删除公有同义词syn_emp。

```
SQL>drop public synonym syn_emp;
```

3.6 序列

> 序列是Oracle提供的用于生成一系列唯一数字的数据库对象。序列会自动生成顺序递增的序列号，以实现自动的提供唯一的主键值。

1. 创建序列

序列与视图一样，并不占用实际的存储空间，只是在数据字典中保存它的定义信息。当用户在自己的模式中创建序列的时候，用户必须具有CREATE SEQUENCE系统权限。

使用CREATE SEQUENCE语句创建序列的语法定义如下：

```
Create sequence seq_name
[Start with n]
[increment by n]
[minvalue n|nominvalue]
[maxvalue n|nomaxvalue]
[cache n]
[cycle|nocycle]
[order|noorder]
```

下面介绍各类参数的意义。

- **seq_name:** 序列名。
- **Start with:** 指定序列的开始值,默认情况下,递增序列的起始值为minvalue,递减序列的起始值为maxvalue。
- **increment:** 该语句是可选项,表示序列的增量,一个正数将生成一个递增的序列,一个负数将生成一个递减的序列。默认每次增加的值是1,也可以根据需要自己设定值。
- **minvalue:** 序列生成的最小值。
- **maxvalue:** 序列生成的最大值。
- **cache:** 是否序列号预分配,并存储在内存中。
- **cycle:** 当序列达到最大值或最小值时,可以复位并继续下去。Nocycle表示在序列达到最大值或最小值之后,序列再增加将返回一个错误。
- **order:** 保证生成的序列值按照顺序产生。Noorder只保证序列值的唯一性,不保证产生序列值得顺序。

⚠ 【例3.27】创建序列

在SCOTT用户模式下,创建一个序列seq_booknum。

```
SQL>create sequence seq_booknum
    start with 1
    increment by 1
    cache 20;
```

序列seq_booknum的第一个序列号为1,序列增量为1,生成的序列号为1、2、3等。

使用序列时,常常要用到序列的两个伪序列NEXTVAL与CURRVAL。其中NEXTVAL将返回生成的下一个序列号,而CURRVAL则会返回当前的序列号。首次引用序列时,必须使用伪序列NEXTVAL。

⚠ 【例3.28】为新记录提供序列号

在SCOTT用户模式下,使用序列seq_booknum为Book表的新记录提供图书编号。

```
SQL> insert into scott.book(BookID,bookname) values(seq_booknum.nextval,'李明');
```

执行这些语句后,Book表中插入一条数据,BookID的值是序列seq_booknum生成的序列号。

⚠ 【例3.29】使用伪序列

使用伪序列CURRVAL查询当前的序列号。

```
SQL>select seq_booknum.currval from dual;
```

2. 管理序列

使用ALTER SEQUENCE语句可以对序列进行修改。除序列的起始值START WITH不能被修改外，其他序列的参数都可以被修改。

【例3.30】修改序列

在SCOTT用户模式下，修改序列seq_booknum，序列增量为50，缓存值为50。

```
SQL>alter sequence seq_booknum
    Increment by 50
    Cache 50 ;
```

对序列进行修改后，缓存中的序列值将全部丢失，通过查询数据字典USER_SEQUENCES可以获得序列的信息。

【例3.31】查看结构信息

使用DESC命令查看user_sequences的结构信息。
使用DROP SEQUENCE语句可以删除序列。

【例3.32】删除序列

删除序列seq_booknum。

```
SQL>drop sequence seq_booknum;
```

3.7 数据定义

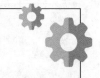

> SQL的数据定义功能是针对数据库三级模式结构中所对应的各种数据对象进行定义的，主要包括表、视图、索引等。在Oracle数据库中，还包括触发器、存储过程、程序包、游标等对象。

SQL主要的数据定义语句如表3.11所示。

表3.11 SQL的数据定义语句

对 象	创建操作	删除操作	修改操作
表	CREATE TABLE	DROP TABLE	ALTER TABLE
视图	CREATE VIEW	DROP VIEW	CREATE OR REPLACE VIEW
索引	CREATE INDEX	DROP INDEX	ALTER INDEX
存储过程	CREATE PROCEDURE	DROP PROCEDURE	CREATE OR REPLACE PROCEDURE
触发器	CREATE TRIGGER	DROP TRIGGER	CREATE OR REPLACE TRIGGER

3.8 数据操纵

> 数据操纵包括数据查询和数据更新两大类操作，通过数据操纵语言DML来实现。数据查询操作是通过SQL的SELECT语句来完成。数据更新包括数据插入、删除和修改操作，对应SQL的INSERT、DELETE、UPDATE语句。在Oracle 11g中，数据操纵语句除了上述语句外，还包括TRUNCATE、CALL、EXPLAIN PLAN、LOCK TABLE语句等。

SQL数据操纵语句如表3.12所示。

表3.12　SQL的数据操纵语句

数据操纵语句	说　明
SELECT	数据查询用于从表等数据源中查询数据
INSERT	插入数据用于向表中添加数据，也可用于基于现有表创建新表
UPDATE	修改数据用于修改表中的数据
DELETE	删除数据用于删除表中的数据
TRUNCATE	删除数据快速删除表中所有记录，且不可撤销

3.9 数据控制

数据控制功能主要包括数据库的事务管理功能和数据保护功能，即对数据库的恢复、并发控制、安全性和完整性控制等，而这些功能都是通过对各种数据库对象的各种操作权限进行管理实现的。SQL的数据控制语句包括GRANT和REVOKE语句。数据控制语句说明如表3.13所示。

表3.13　SQL的数据操纵语句

数据控制语句	说　明
GRANT	授权语句，用于将指定对象的指定操作权限授予指定的用户
REVOKE	授权回收语句，收回授予用户的对某对象的指定操作权限

3.10 基本数据查询

> SQL语句中的数据查询语句是SELECT。在数据库应用系统中，最常见的数据操作就是数据查询，从我们日常生活中经常要查询各种信息的经历就可以体会到。因此，SELECT查询语句是SQL中用途最广且使用频率最高的语句。

SELECT语句由多个子句组成，通过子句设置筛选条件，可以实现非常复杂的查询，得到所需的数据。

3.10.1 数据查询基本结构

SELECT语句的基本格式如下：

```
SELECT [ALL | DISTINCT ] TOP n [PENCERT] 〈目标列表达式 〉[,〈目标列表达式 〉]…
[INTO 〈新表名 〉]
FROM 〈数据源表名或视图名 〉[, 数据源表名或视图名 ]…
[WHERE 〈条件表达式 〉]
[GROUP BY 〈列名1〉…[HAVING〈条件表达式 〉] ]
[ORDER BY 〈列名2〉 [ASC | DESC] ]…
```

下面介绍上述SELECT查询语句的含义。

根据WHERE子句的条件表达式，从FROM子句指定的数据表或视图中查找满足条件的元组，再按SELECT子句中的目标列表达式，筛选出元组中的属性值并形成结果表。如果有GROUP子句，则将结果按<列名1>指定列的值进行分组。该属性列值相等的为一组，每个组产生结果表中的一条记录。通常会在每组中使用聚合函数。如果GROUP子句带HAVING短语，则只有满足HAVING后面指定条件的组才给予输出。如果有ORDER子句，则结果表还要按<类名2>指定列的列值按升序或降序排序后输出。

需要说明的是，SELECT查询语句既可以完成简单的单表查询，也可以完成非常复杂的多表连接查询或嵌套查询。

3.10.2 简单查询

1. 查询所有列

使用如下格式可以查询表中所有的列：

```
SELECT * FROM 〈数据源表名或视图名 〉
```

⚠ 【例3.33】查询所有列

在scott用户模式下，查询表publish表中所有列，可以使用如下语句：

```
SQL>SELECT * FROM  publish;
```

SELECT语句中的星号（*）表示表中所有的列，该语句可以将指定表中所有的数据都查询出来，实际上是无条件地把指定表的信息全部查询出来，即全表查询。

这是最简单的查询命令形式，等价于下列两条查询语句：

```
SELECT ALL FROM <数据源表名或视图名>
SELECT <属性名1>, <属性名2>, …<属性名n> FROM <数据源表名或视图名>
```

🔑 【TIPS】

上面的查询语句是在SCOTT用户模式下进行的查询，如果在SYS或其他用户模式下，需要在前面加上模式名SCOTT，即SCOTT.publish。

2. 查询指定列

用户可以指定查询表中的某些列，而不是全部，可以使用如下格式可以查询表中指定的列：

```
SELECT <列名表> FROM <数据源表名或视图名>
```

⚠ 【例3.34】查询指定列

在SCOTT用户模式下，查询表book表中的bookname, BookPrice列，语句如下：

```
SQL>SELECT bookname, BookPrice FROM book;
```

🔑 【TIPS】

查询指定列的注意事项如下：
- 列名表中可以包含多个列，各列名之间用英文逗号分割。
- 列名表中的列的顺序可以与数据表中列的顺序不一致，即用户可以指定查询返回的列的顺序。
- 列名表中可以通过带as子项指定查询结果的直观列名。

3. 改变列标题

在默认情况下，查询结果中显示的列标题就是源表中的字段名，用户可以根据需要在SELECT语句中改变查询结果中的列标题。其语法格式日下：

```
SELECT <列名1> [AS] <别名1>, <列名2> [AS] <别名2>, …
FROM <数据源表名或视图名>
```

其中，<列名n>为要查询的字段名，AS是为字段起别名的关键字，可以省略。<别名n>是为字段起的别名，在查询结果中将以别名来显示对应的查询字段。

⚠ 【例3.35】修改列标题

在SCOTT用户模式下，查询表emp表中的ename列，将其列名改为雇员姓名，语句如下：

```
SQL>SELECT ename AS 雇员姓名 FROM scott.emp;
```

运行结果如图3.15所示。

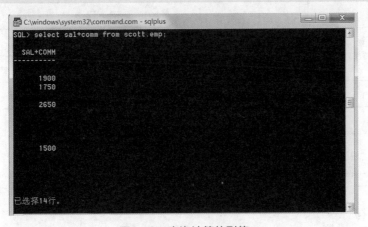

图3.15 修改列标题

4. 查询经过计算的值

SELECT语句不仅可用于查询表中的属性列，还可以是对列进行计算的算术表达式、函数、字符串常量等，即表达式可以作为一个查询列出现在列名表中，查询结果表达式的值作为一列显示。对于数字数据和日期数据，都可以使用算术表达式。

⚠ 【例3.36】查询计算的列值

下列查询语句就是进行运算的结果，查询emp表中的两项工资的总和，执行结果如图3.16所示。

```
SQL>SELECT sal+comm  FROM emp;
```

图3.16 查询计算的列值

5. 利用DISTINCT关键字消除取值重复的记录行

在默认情况下，查询的结果集中包含查询到的所有数据行，而不管这些数据行是否重复出现。有时不需要重复行，即查询到的值相同的行只需在结果集中出现一次。若希望删除结果集中的重复行，则需在SELECT子句中使用DISTINCT关键字。

⚠ 【例3.37】消除重复的行

消除emp表中job列的重复值的语句如下，执行结果如图3.17所示。

```
SQL>SELECT DISTINCT job  FROM emp;
```

图3.17　消除重复的行

3.10.3 使用WHERE子句进行筛选

查询满足指定要求的元组可以通过WHERE子句实现。WHERE子句用于筛选从FROM子句中返回的结果，只有满足WHERE子句中指定条件的行才返回在结果集中。WHERE子句完成的是选择操作。

带WHERE子句的SELECT语句的基本格式如下：

```
SELECT [ALL | DISTINCT ] TOP n [PENCERT] <目标列表达式>[,<目标列表达式>]…
FROM <数据源表名或视图名>[,数据源表名或视图名]…
WHERE <条件表达式>;
```

WHERE子句后的<条件表达式>指定了查询条件，常用的查询条件如表3.14所示。

表3.14　常用的查询条件

查询条件	谓　词
比较运算符	=、>、<、>=、<=、!=、<>、!>、!<、Not（条件表达式）
确定范围	BETWEEN AND、NOT BETWEEN AND
确定集合	IN、NOT IN
字符匹配	LIKE、NOT LIKE
空值	IS NULL、IS NOT NULL
逻辑运算符（多重条件）	AND、OR、NOT

1. 比较运算符

⚠ 【例3.38】使用比较运算后查询

在SCOTT用户模式下，查看emp表中部门号为30的前5条员工信息。

```
SQL>SELECT top 5 *  FROM emp  WHERE deptno='30';
```

2. 确定范围（BETWEEN….AND）

⚠ 【例3.39】在确定范围内查询

在SCOTT用户模式下，查询emp表中工资在2000~3000之间的雇员编号和雇员姓名。

```
SQL>SELECT empno,empname  FROM emp  WHERE sal BETWEEN 2000 and 3000;
```

3. 确定集合（IN或NOT IN）

⚠ 【例3.40】在确定集合中查询

在SCOTT用户模式下，查询emp表中在20或30号部门工作的雇员编号和雇员姓名。

```
SQL> SELECT empno,empname  FROM emp WHERE deptno IN('20','30');
```

4. 字符匹配

谓词LIKE可以用来进行字符串的匹配。其一般语法格式如下：

```
列表 [NOT] LIKE <匹配串>
```

其含义是查找指定的属性列值与匹配串相匹配的数据行，匹配串可以是一个纯字符串，也可以包含通配符。通配符及其含义如表3.15所示。

表3.15 通配符及其含义

通配符	说　明	示　例
%（百分号）	代表零个或多个字符的任意字符串	WHERR name LIKE '王%' 将查找name列中所有姓王的姓名
_（下划线）	代表任何单个字符	WHERR name LIKE '王_名' 将查找name列中所有姓王且第三个字符为名的姓名
[]	指定范围或集合中的任何单个字符	WHERR name LIKE '[张李刘]%' 将查找name列中所有姓张或姓李或姓刘的姓名
[^]	不属于指定范围或集合中的任何单个字符	WHERR name LIKE '[^张李刘]%' 将查找name列中所有不姓张或姓李或姓刘的姓名

⚠ 【例3.41】字符匹配的查询

在SCOTT用户模式下，查询名字中含有H字母的雇员姓名。

```
SQL>SELECT ename  FROM emp  WHERE ename LIKE '%H%';
```

5. 涉及空值NULL的查询

在数据库中，空值NULL是一个特定的值，用来描述没有定义内容的字段值。反过来讲，一个字段的值如果没有定义，则其值为NULL，表述为IS NULL。在Oracle中，条件表达式可能的返回值是TRUE、FALSE和UNKNOWN。

⚠ 【例3.42】涉及空值NULL的查询

在SCOTT用户模式下，查询comm列为NULL的雇员信息。

```
SQL>SELECT *  FROM  emp  WHERE comm IS NULL;
```

6. 多重条件查询

又称复合条件查询，是指WHERE子句后有多个查询条件，使用逻辑运算符（AND、OR、NOT）将多个条件联接，组成复合查询条件，SELECT语句将按复合查询条件查询符合条件的数据行。

⚠ **【例3.43】多重条件查询**

查询emp表中部门号为20号且部门工资在2000元以上的雇员信息。

```
SQL>SELECT * FROM emp WHERE deptno='20' and sal>2000;
```

3.10.4 使用ORDER BY子句进行查询的排序

在前面的所有查询中，对查询结果数据没有排序，检索出来的记录是按其在表中存储的先后顺序显示的。使用ORDER BY子句可按照一个或多个列的值对查询结果集进行升序或降序排序。

使用ORDER BY子句的语法格式如下：

```
SELECT [ALL | DISTINCT ] TOP n [PENCERT] <目标列表达式>[,<目标列表达式>]…
ORDER BY [<排序列名表> [ ASC | DESC ]]
```

- **<排序列名表>：** 指定要排序的列名或由列组成的表达式。
- **ASC：** 指定按升序排序，这是默认的排序方式。
- **DESC：** 指定按照降序排序。

⚠ **【例3.44】降序排列查询结果**

请将emp表中元组按照部门号升序、员工编号降序排列。

```
SQL>SELECT * FROM emp ORDER BY deptno,empno DESC;
```

3.10.5 使用GROUP BY子句进行分组查询

使用GROUP BY子句可以将查询结果集的各行按一列或多列取值相等的原则进行分组。分组的目的是为了能为每个分组生成其汇总信息，即把聚合函数的作用对象细化为每一组。如不使用ORDER BY子句，聚合函数的作用对象则为整个查询结果集。常见的聚合函数如表3.16所示。

表3.16 常见聚合函数

函数名	含　义
AVG（DISTINCT|ALL）	求某列上的平均值,参数ALL表示对所有的值求平均值,DISTINCT只对不同的值求平均值
MAX（）	求某列上的最大值
MIN（）	求某列上的最小值
SUM（）	求结果集上某列值的和
COUNT（DISTINCT|ALL）	求记录、数据个数，ALL对所有记录、数组做统计,DISTINCT只对不同值统计（相同值只取一次）

⚠ **【例3.45】统计每个部门的人数**

统计emp表中每个部门的人数，列出部门号和人数，并起别名为"部门人数"。

```
SQL>SELECT DEPTNO,COUNT(*) as 部门人数
FROM emp
GROUP BY DEPTNO;
```

⚠ 【例3.46】统计各部门的平均工资

统计emp表中各部门的平均工资，并起别名"部门编号""平均工资"。

```
SQL>SELECT DeptNO AS 部门编号, AVG(sal) as 平均工资
 from emp
 group by deptno;
```

GROUP子句中不能使用聚合函数；当SELECT语句中包含WHERE子句时，GROUP子句只能放在这个子句的后面；必须在GROUP BY子句中列出SELECT选择列表中的数据项。当使用GROUP BY子句进行分组时，SELECT语句的列表中所选择的列一定是GROUP BY子句后面的分组依据列或聚合函数。

3.10.6 使用HAVING子句对分组进行筛选

HAVING子句通常与GROUP BY子句一起使用，其作用是在完成对分组结果的统计后，再使用HAVING子句对分组结果进行进一步的筛选。

如果不使用GROUP BY子句，HAVING子句的功能就和WHERE子句一样，但HAVING子句只可用于分组，即只有使用了聚合函数才可使用。

如果指定了WHERE子句而未指定GROUP BY子句，HAVING子句则将整个WHERE指定的输出看作一组，即将作用于WHERE指定的整个输出。如果在SELECT语句中既没有指定WHERE子句，也没有指定GROUP BY子句，则HAVING子句将应用于FROM子句的输出。

⚠ 【例3.47】对分组查询进行筛选

统计各部门人数，列出部门号和部门人数，将多于3人的部门编号输出。

```
SQL>SELECT DEPTNO,count(*)
FROM emp
GROUP BY DEPTNO
HAVING COUNT(*)>3;
```

【TIPS】

> HAVING子句应该在GROUP BY子句之后，并且HAVING子句中不能使用text、image和ntext数据类型。

3.10.7 使用 Create子句将查询结果存储到表中

使用Create子句可以将查询的结果存储到一个新建的数据表或临时表中。如果查询结果集为空，则只是按查询列创建一个新的空表。

⚠ 【例3.48】将查询结果存储到表中

将emp表中的内容复制一份到新创建的表newt中。

```
SQL>Create table newt as select * from emp;
```

3.11 多表连接查询

> 前面所有的查询都是比较简单的单表查询，而要查出多张表中的数据时，需要进行多表的连接查询，下面重点介绍涉及多个表的查询。

3.11.1 多表连接查询

前面的查询都是针对一个表的，即单表查询。若一个查询同时涉及两个及以上的表，则称为连接查询（或多表连接查询）。

在关系数据库中，一个数据库中的多个表之间通常存在某种内部联系，通过连接可以从存在联系的多个相关表中查询出用户所需的信息。连接是关系数据库模型的主要特点，也是区别于其他类型数据库管理系统的一个标志。连接操作给应用带来很大的灵活性和可扩展性，可以在任何时候增加新的数据类型，为不同实体创建新表，之后通过连接进行查询。

连接主要包括等值连接、非等值连接查询、自身连接查询、外连接查询、复合条件连接查询等。

1. 定义连接的两种形式

定义连接有两种形式，一种是在WHERE子句中定义，另一种是在FROM子句中定义。

（1）在WHERE子句中定义连接

在WHERE子句中定义连接的查询语句基本格式为：

```
SELECT 表名.列名1, 表名.列名2, …
FROM 表名1, 表名2
WHERE 表名1.列名 < 连接运算符 > 表名1.列名;
```

其中WHERE子句后为连接条件，是用连接运算符来比较所连接表的相关列的列值，连接运算符包括=、>、<、>=、<=、<>。

⚠ 【例3.49】在WHERE子句中定义连接

查询各雇员信息与其所在部门信息。

```
SQL>SELECT emp.*, dept.*
FROM emp, dept
WHERE emp.deptno= dept.deptno;
```

（2）在FROM子句中定义连接

在FROM子句中定义连接的查询语句基本格式为：

```
SELECT 表名.列名1, 表名.列名2, …
FROM 表名1 < 连接类型 > 表名2
ON（连接条件）
WHERE < 查询条件 >
```

连接类型可以是INNER JOIN（内连接）、OUTER JOIN（外连接）、CROSS JOIN（交叉连接）。ON子句指定的连接条件是用比较运算符比较两个表相关列的值。

如果连接的两个表具有同名的列，引用同名列时必须在列名前加表名以对列进行限定，确定该列属于哪一个表。此外，还可以在FROM子句中为各个表指定简短的表别名，在后面的子句中直接使用别名来标识不同的表即可。

查询操作对行进行筛选的逻辑顺序为：先使用FROM子句的连接条件，然后使用WHERE子句的查询条件，最后HAVING子句的查询条件。

从概念上讲，DBMS执行连接查询操作的过程是，首先在表1中找到第一个记录，然后从头开始顺序扫描或按索引扫描表2，查找满足连接条件的记录，每找到一个记录，就按照查询列表的指定将表1中的第一个记录中的查询列与表2中查到的记录的查询列拼接起来，形成结果表中的一条记录。表2扫描完毕，再到表1找第二个记录，然后从头开始顺序扫描或按索引扫描表2，查找满足条件的记录，每找到一条记录，就按照查询列表的指定将表1中的第一个记录中的查询列与表2中查到的记录的查询列拼接起来，形成结果表中的一条记录。如此重复上述操作，直到表1中全部记录都处理完为止。

2. 内连接

内连接使用INNER JOIN连接关键字，其连接格式为：

```
FROM 表名1 [INNER] JOIN 表名2
ON（连接条件）
```

其中，INNER关键字可以省略。

内连接是用比较运算符比较相连接的表中的相关列的列值，返回符合条件的数据行，从而将两个表连接成一个新的结果表。内连接通常分等值连接、非等值连接和自然连接。

（1）等值连接

在连接条件中使用"="连接运算符时，称为等值连接。

⚠ 【例3.50】等值连接查询

查询雇员编号、雇员名字和所在部门名称。

```
SQL>SELECT emp.empno,ename, dept.dname
FROM emp, dept
WHERE emp.deptno= dept.deptno;
```

（2）非等值连接

在连接条件中使用除"="以外的其他运算符（>、<、>=、<=、<>）来比较被连接列的列值时，称为非等值连接。

⚠ 【例3.51】非等值连接查询

查询比SMITH工资高的雇员姓名。

```
SQL>SELECT e2.ename
FROM emp e1,emp e2
WHERE e1.sal < e2.sal and e1.ename='SMITH';
```

（3）自然连接

默认情况下内连接就是自然连接。

自然连接（NATURAL JOIN）是一种特殊的等值连接，自然连接将连接的表中具有相同名称的列自动进行记录匹配，在连接条件中使用"＝"运算符比较被连接列的列值，但它使用选择列表指定查询结果集中所包含的列，并删除连接表中的重复列。

 【TIPS】

默认情况下，内连接就是自然连接。

 【例3.52】自然连接查询

查询各雇员编号、名字和所在部门名称。

```
SQL>SELECT emp.empno,ename, dept.dname
FROM emp join dept
on emp.deptno= dept.deptno;
```

3. 外连接

如果查询结果集包含来自一个表的所有行和另一个表中的匹配行，那么这种连接称为外连接。在内连接查询中，返回的结果集只包含符合条件的数据行，而外连接查询返回的结果集除了包含符合条件的数据行外，还可以包含来自另一个表的不满足条件的行，只不过其查询列的列值将被置为空（NULL）。

外连接又分为以下三类。

- **左外连接（LEFT OUTER JOIN）**：结果集包含左表中所有行和右表中匹配行。
- **右外连接（RIGHT OUTER JOIN）**：结果集包含右表中所有行和左表中匹配行。
- **全外连接（FULL OUTER JOIN）**：结果集包含左、右两个表中的所有行。

 【例3.53】左外连接查询

代码如下：

```
SQL>SELECT emp.empno,ename, dept.dname
FROM dept left outer join emp
on (emp.deptno= dept.deptno);
```

 【例3.54】右外连接查询

代码如下：

```
SQL>SELECT emp.empno,ename, dept.dname
FROM emp right outer join dept
on (emp.deptno= dept.deptno);
```

 【例3.55】全外连接查询

代码如下：

```
SQL>SELECT emp.empno,ename, dept.dname
FROM emp full outer join dept
```

```
on ( emp.deptno= dept.deptno);
```

4. 交叉连接

交叉连接不带WHERE 子句，它返回被连接的两个表所有数据行的笛卡尔积。返回到结果集合中的数据行数等于第一个表中符合查询条件的数据行数乘以第二个表中符合查询条件的数据行数。

【例3.56】交叉连接查询

代码如下：

```
SQL>select d.deptno,d.dname,e.deptno,e.ename from dept d full join emp e on
d.eptno=e.deptno order by d.deptno;
```

5. 自身连接

连接操作不仅可以在两个不同的表之间进行，也可以是一个表与其自己进行连接，这种连接称为自身连接。此时相同表要取不同的别名。

【例3.57】自身查询

代码如下：

```
SQL>SELECT e2.ename
FROM emp e1,emp e2
WHERE e1.sal < e2.sal and e1.ename='SMITH';
```

3.11.2 嵌套查询

在SQL语句中，一个SQL-FROM-WHERE语句称为一个查询块。有时一个查询块无法完成查询任务，需要将一个查询块嵌套在另一个查询块的WHERE子句或HAVING子句的条件中，这种将一个查询块嵌套在另一个查询块的条件子句中的查询称为嵌套查询。

利用嵌套查询可以使用一系列简单的查询构成复杂的查询，从而增强查询功能。

【例3.58】嵌套查询

查询CLERK所在部门的详细信息。

```
SQL>SELECT *
FROM dept
WHERE deptno=(
              SELECT deptno
              FROM emp
              WHERE ename= 'CLERK'
              );
```

在例子中，下层查询块

```
SELECT deptno
FROM emp
WHERE ename=' CLERK'
```

是嵌套在上层查询块

```
SELECT *
FROM dept
WHERE deptno
```

的WHERE条件中的。上层查询块又称为外层查询、父查询或主查询，下层查询块又称为内层查询或子查询。

SQL语言允许多层嵌套查询，即一个子查询中还可以嵌套其他子查询。嵌套查询一般的求解方法是由里向外进行处理，即每个子查询在其上一级查询处理之前求解，子查询的结果用于建立其父查询的查询条件。子查询中存取的表可以是父查询中没有存取的表，子查询选取的记录不显示。

需要特别指出的是，子查询的SELECT语句中不能使用ORDER BY子句，ORDER BY子句只对最终（最外层）查询结果排序。

1. 使用IN谓词的子查询

使用IN谓词的子查询是指父查询和子查询之间用IN关键字进行连接，判断原表中某个列值是否在子查询的结果中。由于子查询的结果往往是一个集合，所以谓词IN是嵌套查询中最常使用的谓词。

⚠ 【例3.59】使用IN谓词的子查询

查询与CLERK在同一部门的员工信息。

```
SQL>SELECT *
FROM emp
WHERE deptno IN (
                SELECT deptno
                FROM emp
                WHERE ename=' CLERK '
                );
```

该查询语句执行顺序为：首先执行扩号内的子查询，然后执行外层查询。可以看出，该子查询的作用仅提供了外层查询WHERE子句所使用的限定条件。

🔑【TIPS】

在使用子查询时，子查询返回的结果必须和外层引用列的值在逻辑上具有可比较性。

2. 使用比较运算符的子查询

使用比较运算符的子查询是指父查询和子查询之间用比较运算符进行连接。比较运算符包括等于（=）、不等于（<>）、小于（<）、大于（>）、小于等于（<=）、大于等于（>=）。

使用比较运算符连接子查询时，要求子查询的返回结果只能包含一个单值，否则整个查询语句将失败。

3. 使用ANY或ALL谓词的子查询

当子查询返回结果为多个值时，父查询还可以通过将比较运算符与ANY或ALL结合来和子查询建立连接。ANY和ALL谓词必须和比较运算符结合使用，其语义如表3.17所示。

表3.17 ANY和ALL谓词与比较运算符

运算符	语 义
>ANY	大于子查询结果中的某个值
<ANY	小于子查询结果中的某个值
>=ANY	大于等于子查询结果中的某个值
<=ANY	小于等于子查询结果中的某个值
=ANY	等于子查询结果中的任一个值
!=ANY或<>ANY	不等于子查询结果中的任一个值
>ALL	大于子查询结果中的所有值
<ALL	小于子查询结果中的所有值
>=ALL	大于等于子查询结果中的所有值
<=ALL	小于等于子查询结果中的所有值
=ALL	等于子查询结果中的所有值（无实际意义）
!=ALL或<>ALL	不等于子查询结果中的所有值

⚠ 【例3.60】使用ANY或ALL谓词的子查询

找出其他部门比20号部门某员工工资高的雇员信息。

```
SQL>SELECT *
FROM emp
WHERE sal> ANY(
              SELECT sal
              FROM emp
              WHERE deptno=20
              )
              and deptno!=20;
```

4. 使用EXISTS谓词的子查询

EXISTS代表存在量词。有时侯只需要考虑子查询是否有返回结果，而并不考虑结果的具体数据，此时可以使用EXISTS谓词来定义子查询。

使用EXISTS谓词的子查询不返回任何实际数据，它只产生逻辑真值TRUE或逻辑假值FALSE。如果子查询返回一个或多个行，那么EXISTS便产生TRUE；如果子查询结果为空，EXISTS则产生FALSE。NOT EXISTS与EXISTS的作用相反，若子查询结果为空，则返回TRUE，否则返回FALSE。

使用EXISTS谓词的子查询，其输出的目标列表达式通常都用"*"表示，即返回所有列。因为带EXISTS的子查询只判断是否有返回行，而不关心行内容，所以给出列名无实际意义。

⚠ 【例3.61】使用EXSTS谓词的子查询

找出CLERK所在部门详细信息。

```
SQL>SELECT deptno,dname,loc
FROM dept
```

```
WHERE EXISTS (
            SELECT *
            FROM emp
            WHERE emp.deptno=dept.deptno and ename= 'CLERK'
            );
```

3.11.3 集合操作

集合操作就是将两个或多个SQL查询结果集合并,形成复合查询,所以集合操作的查询也称为联合查询。集合操作主要由集合操作符实现,常用的集合操作符及其语义如表3.18所示。

表3.18 集合操作符

集合操作符	语 义
UNION	将多个查询结果集相加,形成一个结果集,其结果等同于集合运算中的并运算
UNION ALL	与UNION运算类似,但结果集包含两个子结果集中的重复行,而UNION的结果集不包含重复行
INTERSECT	对多个查询结果集进行交集运算,形成一个结果集
MINUS	对两个查询结果集进行差集运算,即会返回所有第一个结果集中有而第二个查询结果集中没有的行

这里只介绍UNION集合操作。

【例3.62】集合操作的查询

查看职务为CLERK或SALESMAN的雇员信息。

```
SQL>SELECT *
FROM emp
WHERE job='CLERK'
UNION
SELECT *
FROM emp
WHERE job='SALESMAN';
```

 【TIPS】

集合操作的注意事项如下:

使用UNION进行联合的结果集必须具有相同的结构、列数和兼容的数据类型。

UNION连接的各语句中对应结果集的列的顺序也必须一致。

使用集合操作的查询后返回列的列名是第一个查询语句中各列的列名,必须在第一个查询语句中定义别名。

要对集合操作的结果集进行排序,也必须使用第一个查询语句中的列名。

本章小结

　　本章从SQL语句的基础讲起，介绍了SQL语言的类型。接着介绍了用SQL语句如何创建表、视图、索引、序列等。

　　重点讲解了SQL语言中的插入数据、删除数据、更新数据和数据的各种查询等知识，这些知识是我们学好Oracle的基础。

项目练习

项目练习1

　　在SCOTT用户模式下创建一个test表，分别用CREATE、ALTER、DROP完成表的创建、修改和删除操作。

项目练习2

　　使用DESC和SELECT命令查看各个表的结构及其已有数据。

项目练习3

　　针对emp表，分别使用INSERT、UPDATE、DELETE命令进行数据的增加、修改和删除操作。

项目练习4

　　查询emp表中员工的人数和他们的平均工资。

项目练习5

　　查询emp表中部门编号为30的员工信息。

项目练习6

　　查询emp表中部门编号为30的部门中工资最高的员工信息。

项目练习7

　　查询emp表中奖金COMM高于工资SAL的员工信息。

项目练习8

　　查询emp表中员工名包含字母K的员工信息。

项目练习9

查询emp表中工资最高的前5名员工的姓名和工资。

项目练习10

查询所有员工的姓名、部门名、工资，结果按部门号升序排序。

项目练习11

查询dept表中各个部门的员工人数和平均工资。

Chapter

04

数据库管理

本章概述

数据库是一个容器，要使用数据库，就要先创建数据库及所需的数据库对象，并对数据库及其对象进行管理。本章主要介绍数据库及常用数据库对象的管理方法，包括数据库用户模式、数据库的创建和删除、数据库的不同启动方式、数据库状态的改变等。

重点知识

- 用户模式
- 数据库管理

4.1 用户模式

> 在Oracle数据库中，为了便于管理用户所创建的数据对象（如表、视图、索引等），引入了模式的概念，这样某个用户所创建的数据库对象就都属于该用户模式。

4.1.1 模式和模式对象

模式是一个数据库对象的集合。模式为一个数据库用户所有，并且具有与该用户相同的名称，比如SYSTEM模式、SCOTT模式等。在一个模式内能直接访问该模式下所有的对象，没有授权的情况下，不能访问其他模式下的数据库对象。

模式和模式下的对象的关系是拥有和被拥有的关系，即模式拥有模式对象，而模式对象被模式所拥有。

【TIPS】

一个不属于某个用户的数据库对象都不能称为模式对象，如角色、表空间等对象。

4.1.2 模式实例SCOTT

为了便于理解，介绍一个常用的用户模式实例SCOTT，该模式下的表等对象在学习中经常被用到。

SCOTT用户的默认密码为：tiger。

在SCOTT用户模式下，查看该模式下的用户表。

```
SQL>connect scott/tiger;
SQL>select table_name from user_tables;
```

也可以在该模式下创建各种对象，如表，然后查看该对象。

```
SQL>create table test(tno char(10),tname char(30));
SQL>select table_name from user_tables;
```

在SYSTEM用户模式下，也可以查看SCOTT用户模式下的对象，但要指定模式名。

```
SQL>connect system/XF123123;
SQL>select * from scott.test;
```

4.2 数据库管理

> 数据库的管理工作主要包括数据库创建、修改、删除、启动和关闭、状态维护和配置管理等。

4.2.1 创建数据库

在Oracle中，可以使用Database Configuration Assistant工具、DBCA命令创建数据库，或用SQL语句手动来创建数据库，由于使用SQL语句手动创建数据库比较繁琐，所以不常用。因此这里只介绍前两种创建数据库的方法。

🔑 【TIPS】

> SQL Server数据库用户通常为每个应用程序创建一个数据库，而每个Oracle数据库服务器通常只需要使用一个数据库，并且为不同的应用程序创建各自的方案即可。

1. 使用Database Configuration Assistant工具创建数据库

使用Database Configuration Assistant工具可以创建数据库、删除数据库、配置已有的数据库，以及管理数据库模板。

创建数据库的步骤如下：

Step 01 执行"开始→所有程序→Oracle-OraDb11g_home1→配置和移植工具→Database Configuration Assistant"命令，打开欢迎界面。单击"下一步"按钮，进入"步骤1：操作"窗口，如图4.1所示。用户可以进行下列操作：创建数据库、配置数据库选件、删除数据库和管理模板。

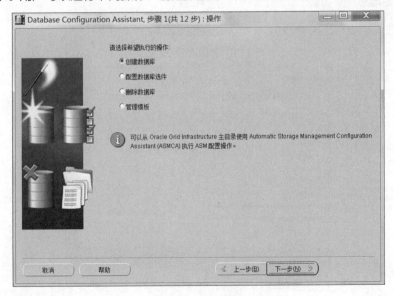

图4.1 创建数据库-步骤1：操作

Step 02 选择"创建数据库"单击按钮,单击"下一步"按钮,进入"步骤2:数据库模板"窗口,如图4.2所示。

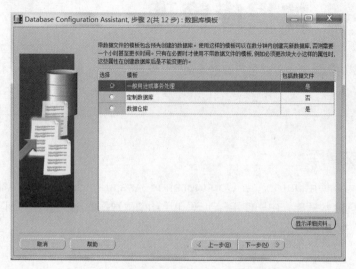

图4.2　创建数据库-步骤2:数据库模板

用户可以选择三种数据库模板:

- **一般用途或事务处理:** 兼顾联机事务处理OLTP(On_line Transaction Processing)和联机分析处理OLAP(On_Line Analytical Processing)。OLTP是传统的关系型数据库的主要应用,主要是基本的日常的事务处理,如银行交易。OLAP是数据仓库系统的主要应用,支持复杂的分析操作,侧重决策支持,并且提供直观易懂的查询结果。
- **定制数据库:** 主要根据应用的不同自己设置数据库。
- **数据仓库:** 主要进行事务的联机分析处理OLAP。

这里选择"一般用途或事务处理"选项。如果要查看数据库选项的详细信息,单击"显示详细资料"按钮,打开"模板详细资料"窗口,可查看包含的数据库组件,如图4.3所示。然后单击"关闭"按钮,返回"数据库模板"窗口。

图4.3　数据库模板详细资料

Step 03 在"数据库模板"窗口中，单击 "下一步"按钮，进入"步骤3：数据库标识"窗口，如图4.4所示。在该步骤中，需要输入全局数据库名和Oracle系统标识符（SID）。全局数据库名是Oracle数据库的唯一标识，不能与已有的数据库重名。打开Oracle数据库时，将启动Oracle实例，实例由Oracle系统标识符唯一标识，以区分于其他实例。在默认情况下，全局数据库名和SID同名，这里输入StudentManagement，即创建学生管理系统数据库。

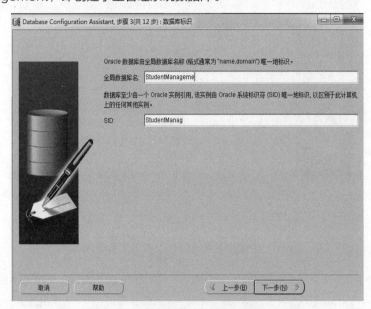

图4.4　创建数据库-步骤3：数据库标识

Step 04 单击"下一步"按钮，进入"步骤4：管理选项"窗口，如图4.5所示。可以使用Oracle Enterprise Manager Grid Control集中管理每个Oracle数据库，也可以使用Oracle Enterprise Manager Database Control本地管理Oracle数据库。默认选项为使用Enterprise Manager配置数据库，使用Database Control管理数据库。但需要先使用Net Configuration Assistant创建一个默认的监听程序，才能用Database Control管理数据库。

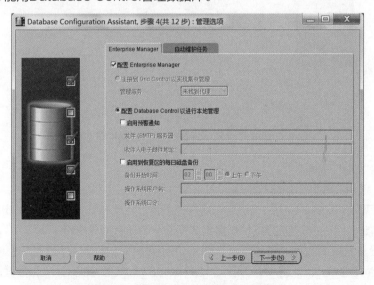

图4.5　创建数据库-步骤4：管理选项

Step 05 使用默认设置，单击"下一步"按钮，进入"步骤5：数据库身份证明"窗口，如图4.6所示。为了安全，可以为新建数据库的SYS、SYSTEM、DBSNMP和SYSMAN用户指定口令。可以选择所有的账户使用相同的口令，也可以为不同用户设置不同的口令。

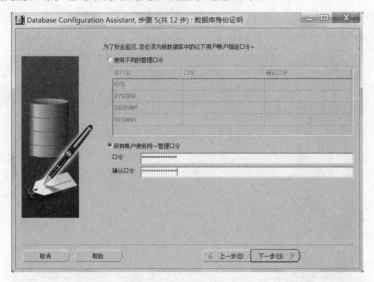

图4.6　创建数据库-步骤5：数据库身份证明

Step 06 单击"下一步"按钮，进入"步骤6：数据库文件所在位置"窗口，如图4.7所示。

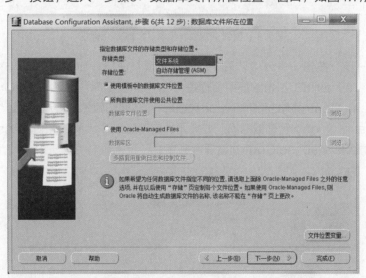

图4.7　创建数据库-步骤6：数据库文件所在位置

在此可选择数据库的存储类型。

● **文件系统：**使用文件系统存储数据库。

● **自动存储管理（ASM）：**由系统自动进行存储管理，可优化数据库布局以改进I/O性能。使用该选项必须指定一组磁盘以创建ASM磁盘组或指定一个现有的磁盘组。

在此用户可设置数据库文件的位置，默认为"使用模板中数据库文件位置"，位置为{ORACLE_BASE}/oradata/{DB_UNIQUE_NAME}，{ORACLE_BASE}代表Oracle数据库系统的根目录，如E：\app\Administrator。{DB_UNIQUE_NAME}代表数据库的唯一标识。要查看这些变量的值，可单击窗口右下角的"文件位置变量"按钮，打开"文件位置变量"对话框并查看。

Step 07 单击"下一步"按钮，进入"步骤7：恢复配置"窗口，如图4.8所示。在此可以配置数据库的备份和恢复选项。可以使用快速恢复区，也可以启用归档。默认的快速恢复区为{ORACLE_BASE}/flash_recovery_area。

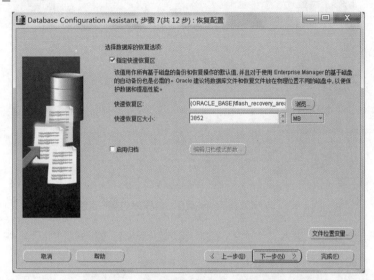

图4.8　创建数据库-步骤7：恢复配置

Step 08 单击"下一步"按钮，进入"步骤8：数据库内容"窗口，如图4.9所示。在此窗口中，有两个选项卡："示例方案"和"定制脚本"。

在"示例方案"选项卡中，可以配置是否在新建的数据库中安装示例方案，示例方案包括人力资源、订单输入、联机目录、产品介质、信息变换和销售记录。这些示例方案可用于学习Oracle数据操作，了解Oracle数据库的工作机制。

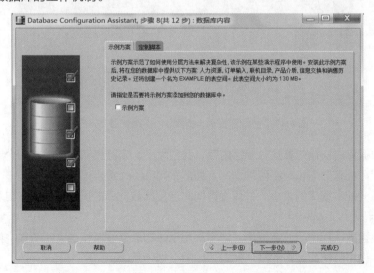

图4.9　创建数据库-步骤8：数据库内容-示例方案

在"定制脚本"选项卡中，可指定创建数据库后自动运行的SQL脚本，如创建默认的表；可以选择是否运行指定的脚本，如图4.10所示。

图4.10　创建数据库−步骤8：数据库内容−定制脚本

Step 09 单击"下一步"按钮，进入"步骤9：初始化参数"窗口，如图4.11所示。

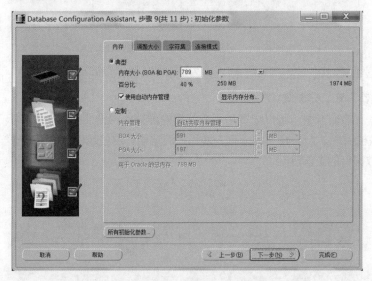

图4.11　创建数据库−步骤9：初始化参数−内存

在此可配置数据库的初始化参数，包括内存、调整大小、字符集和连接模式四个选项卡。

● **内存：** 内存分配有典型和定制两种选择，通常采用Oracle的典型配置。

● **调整大小：** 分配数据库的大小，并可设置同时连接此数据库的操作系统用户进程的最大数量，如图4.12所示。

● **字符集：** 设置数据库使用的字符集，通常采用默认的语言设置和国家字符集，如图4.13所示。

● **连接模式：** 设置数据库运行的默认模式，如图4.14所示。

Oracle数据库提供了两种数据库连接模式。

● **专用服务器模式：** 数据库将为每一个客户机连接分配专用资源，当预期客户机连接总数较少，或客户机向数据库发出的请求持续时间较长时，使用此模式。

● **共享服务器模式：** 多个客户端连接共享一个数据库分配的资源池。当大量用户需要同时连接数据库并且有效地利用系统资源时，使用此模式。该模式将启用Oracle共享服务器功能。

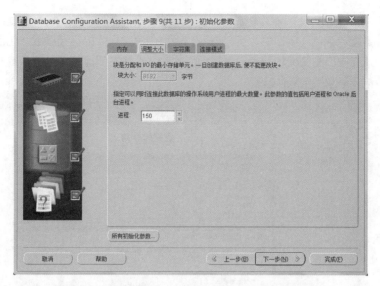

图4.12　创建数据库–步骤9：初始化参数–调整大小

图4.13　创建数据库–步骤9：初始化参数–字符集

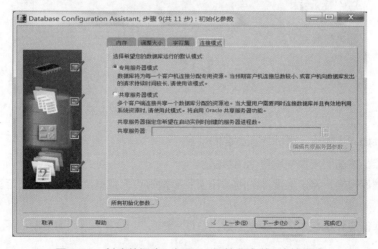

图4.14　创建数据库–步骤9：初始化参数–连接模式

Step 10 在"步骤9：初始化参数"窗口中单击"下一步"按钮，进入"步骤10：数据库存储"窗口，如图4.15所示。在"数据库存储"窗口中，可以查看和设置创建数据库的存储参数，包括控制文件、数据文件和重做日志组。在窗口左侧树状列表中选择相应的对象，在右侧窗格中将显示其对应的存储信息，可以查看或进行设置。通常采用默认设置。

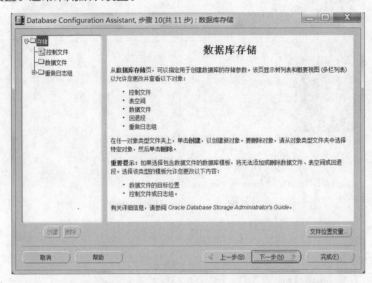

图4.15　创建数据库−步骤10：数据库存储

Step 11 在"步骤10：数据库存储"窗口中单击"下一步"按钮，进入"步骤11：创建选项"窗口，如图4.16所示。

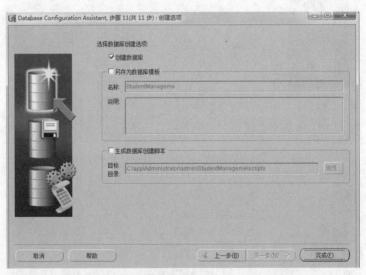

图4.16　创建数据库−步骤11：创建选项

在此"创建选项"步骤中，下列选项可同时选择。

- **创建数据库：** 按前面步骤的设置创建数据库。
- **另存为数据库模板：** 将该数据库的创建设置和参数保存为数据库模板，下次可基于该模板创建同类数据库。
- **生成数据库创建脚本：** 生成并保存创建该数据库的SQL脚本，以后可随时调用。

Step 12 单击"完成"按钮，打开"确认"窗口，显示数据库模板，并提示用户将创建数据库，如图4.17所示。

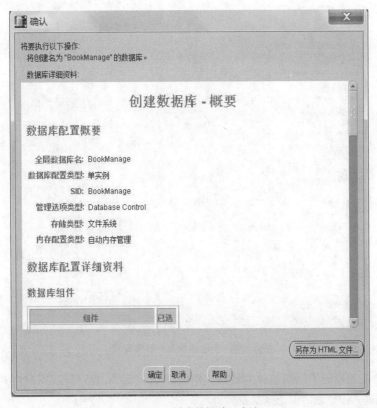

图4.17 创建数据库−确认

Step 13 单击"确定"按钮，开始创建数据库，并显示创建的过程和进度，如图4.18所示。

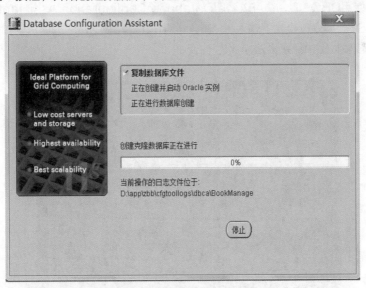

图4.18 创建数据库−创建过程和进度

创建完成后，将弹出"创建完成"窗口，如图4.19所示。单击"口令管理"按钮，可打开"口令管理"对话框进行口令管理，退出后完成创建数据库。

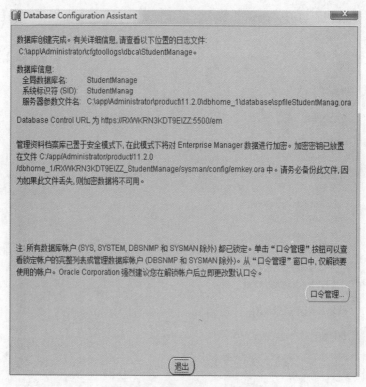

图4.19 创建数据库−创建完成

要注意的是，在此要记下刚刚创建的数据实例的URL，因为以后要在OEM中对该数据库进行操作，需要在浏览器输入该地址才能访问数据库。

2. 使用DBCA命令创建数据库

在命令窗口中使用DBCA命令，可以调用Database Configuration Assistant工具，对数据库进行管理和配置。在DOS命令行模式下输入dbca －help来查看dbca命令的语法，如图4.20所示。由于其语法说明的内容较多，图中只是语法描述的一部分。

图4.20 dbca命令的语法说明

⚠ 【例4.1】使用DBCA命令创建数据库

使用DBCA命令以silent方式创建数据库TestOracle。

```
dbca -silent -createDatabase -templateName General_Purpose.dbc -gdbname
TestOracle
   -sid TestOracle -responseFile NO_VALUE
```

下面对命令中使用的参数进行说明。

- **–silent:** 指示以silent（静默）方式执行dbca命令。
- **–createDatabase:** 指示执行createDatabase命令创建数据库。
- **–templateName:** 指定创建数据库的模板名称，这里指定为General_Purpose.dbc，即一般性的数据库模板。
- **–gdbname**: 指定要创建的数据库的全局名称，这里指定名称为tem 11g。
- **–sid:** 指定数据库的SID，这里指定为tem 11g，即与数据库同名。
- **–responseFile:** 指定安装响应文件，NO_VALUE表示没有指定响应文件。

4.2.2 删除数据库

在Oracle中，可以使用Database Configuration Assistant工具、DBCA命令或SQL语句来删除数据库。

1. 使用Database Configuration Assistant工具删除数据库

使用Database Configuration Assistant工具，可按下列步骤来删除数据库。

Step 01 执行"开始→所有程序→Oracle-OraDb11g_home1→配置和移植工具→Database Configuration Assistant"命令，打开欢迎界面。单击"下一步"按钮，进入"步骤1：操作"窗口，如图4.21所示。

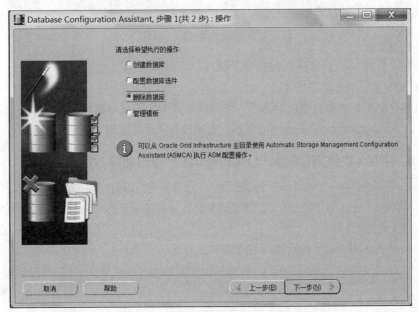

图4.21　删除数据库-步骤1：操作

Step 02 选择"删除数据库"单击按钮,然后单击"下一步"按钮,进入"步骤2:数据库"窗口,如图4.22所示。在"数据库"列表中选择要删除的数据库,如STUDENTMANAG。

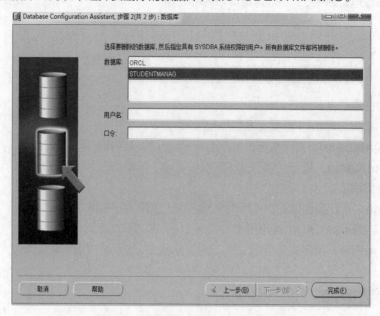

图4.22　删除数据库-步骤2:数据库

Step 03 单击"完成"按钮,打开确认对话框,如图4.23所示。

图4.23　删除数据库-"确认"

Step 04 单击"是"按钮,打开"删除数据库"窗口。系统将连接到数据库,然后删除实例和数据文件,更新网络配置文件,并删除数据库。

Step 05 数据库删除完毕,将弹出确认对话框,询问用户是否执行其他操作。如果单击"是"按钮,则返回Database Configuration Assistant界面。如果单击"否"按钮,则退出。

2. 在SQL *Plus中使用DROP DATABASE语句删除数据库

执行"开始→所有程序→Oracle-OraDb11g_home1→应用程序开发→SQL Plus"命令,打开SQL Plus登录界面,以SYSDBA或SYSOPER身份登录并连接到Bookmanage数据库,进入SQL Plus运行界面。

在SQL Plus中的SQL>提示符后执行下面的命令。

```
SQL>SHUTDOWN IMMEDIATE;                        --立即关闭数据库
SQL>STARTUP MOUNT;                             --启动并加载数据库
SQL>ALTER SYSTEM ENABLE RESTRICTED SESSION;    --将数据库切换到 RESTRICTED 状态
SQL>DROP DATABASE                              --删除数据库
```

执行DROP DATABASE语句之前，最好执行下面的SELECT语句，查看返回的数据库名称，以确认当前数据库是否是要删除的数据库。

```
select name from v$database
```

 【TIPS】 -

DROP DATABASE语句只删除数据库文件（控制文件、数据文件和日志文件），不删除初始化参数文件和密码文件。

3. 使用DBCA命令删除数据库

在DOS命令行模式下，执行下列DBCA命令将以静默方式删除数据库TestOracle。

```
dbca  -silent -deleteDatabase -sourceDB TestOracle -sid tem11g
```

下面对其中参数进行说明。

- **–silent：** 指示以silent（静默）方式执行dbca命令。
- **–deleteDatabase：** 指示执行deleteDatabase命令删除数据库。
- **–sourceDB：** 指定要删除的数据库名称，这里指定为tem 11g。
- **–sid：** 指定数据库的SID，这里指定为tem 11g，即与数据库同名。

4.2.3 启动数据库

在用户试图连接到数据库之前，必须先启动数据库，默认情况下数据库是处于打开状态的。在Oracle中，可以通过OEM控制台、SQL*Plus或Windows服务窗口等工具来启动已关闭的数据库。

一般而言，启动Oracle数据库需要执行三个操作步骤：启动实例、装载数据库和打开数据库。

数据库有三种启动模式，分别代表启动数据库的三个步骤（启动实例、装载数据库和打开数据库），如表4.1所示。每完成一个步骤，数据库就进入一种模式或状态，以保证数据库处于某种一致性的操作状态。当启动数据库时，可以指定不同的选项来控制以何种模式启动数据库。在启动并进入到某种模式后，可以使用ALTER DATABASE命令将数据库提升到更高的启动模式，但不能使数据库降低到前面的启动模式。

表4.1　数据库启动模式说明

启动模式	说　明	SQL *Plus中的提示信息
NOMOUNT	启动实例，但不装载数据库	Oracle例程已经启动
MOUNT	启动实例，装载数据库，不打开数据库	Oracle例程已经启动，数据库装载完毕
OPEN	启动实例，装载并打开数据库	Oracle例程已经启动，数据库装载完毕，数据库已经打开
FORCE	终止实例，并重新启动数据库	
RESETRICT	以受限的会话方式启动数据库	

1. 使用OEM工具启动数据库

访问OEM页面时，如果数据库处于关闭状态，则单击"启动"按钮，打开"启动/关闭：请指定主机和目标数据库身份证明"页面，如图4.24所示。

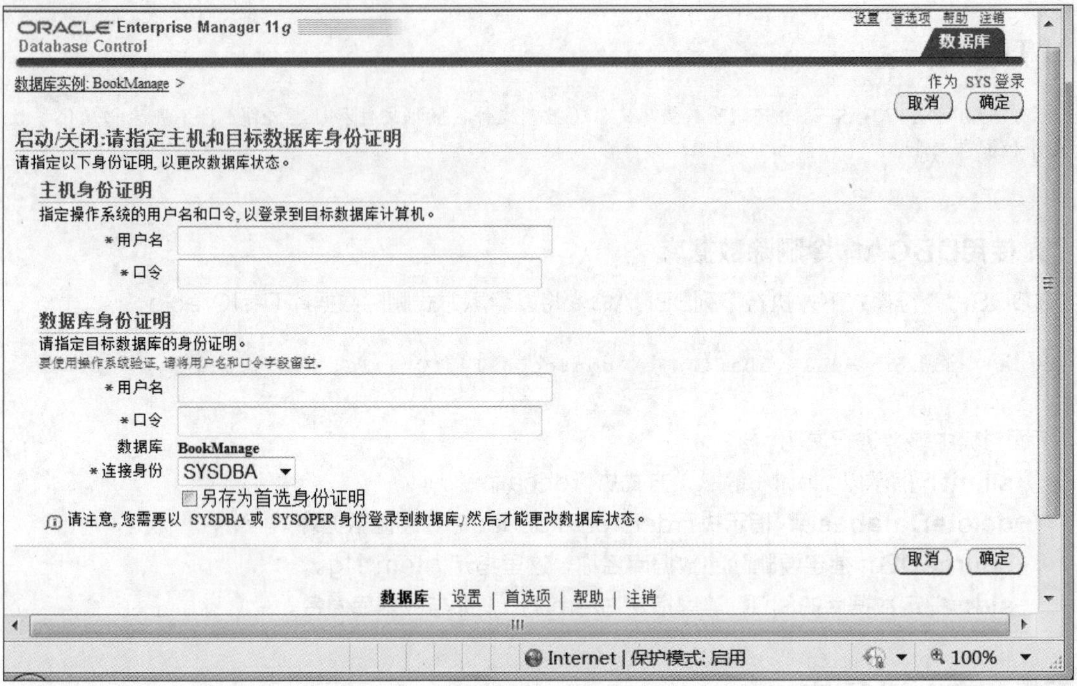

图4.24 "启动/关闭：请指定主机和目标数据库身份证明"页面

用户需要拥有管理员的权限才能启动数据库，包括主机操作系统的管理员和当前数据库实例的SYSDBA用户。输入用户名和口令后，单击"确定"按钮，打开"确认"页面，在"确认"页面中，单击"是"按钮，则开始打开数据库。

2. 在SQL *Plus中使用STARTUP命令启动数据库

在SQL *Plus中，可以使用STARTUP命令来启动数据库。STARTUP命令的基本语法格式如下：

```
STARTUP [NOMOUNT|MOUNT|OPEN] [FORCE] [RESTRICT] [PFILE= 初始化参数文件 ]
```

其中的选项指定STARTUP命令将以何种模式来启动数据库，当STARTUP命令无任何参数时，将启动数据库实例，装载并打开数据库。下面介绍各选项的作用和意义。

（1）NOMOUNT（不装载数据库）选项

NOMOUNT选项指定只创建数据库实例，但不装载数据库。Oracle读取参数文件，只是为实例创建各种内存结构和后台服务进程，用户能够与数据库进行通信，但不能使用数据库中的任何文件。

```
SQL>connect sys/xf123123 as sysdba
SQL>shutdown immediate
SQL>startup nomount
```

【TIPS】

用户必须以管理员sysdba身份登录，才具有关闭和启动数据库实例的权限。在使用shutdown命令关闭数据库实例后，才能使用startup nomount命令启动数据库实例。

（2）MOUNT（装载数据库）选项

MOUNT选项指定不仅创建数据库实例，还装载数据库，但不打开数据库。在执行时，Oracle读取控制文件，并从中获取数据库名称、数据文件的位置和名称等数据库物理结构的有关信息，为下一步打开数据库做准备。

在该模式下，只有数据库管理员可以通过部分命令修改数据库，用户无法与数据库建立连接或会话。

```
SQL>shutdown immediate
SQL>startup mount
```

（3）OPEN（打开数据库）选项

OPEN选项指定不仅创建数据库实例，而且还装载并打开数据库。启动数据库后，用户可以连接到数据库并可执行数据访问操作。

OPEN选项启动模式是默认的启动模式，当STARTUP命令未指定任何选项时，即以OPEN模式启动数据库。

以此模式执行STARTUP命令启动数据库时，数据库将从默认位置读取服务器参数文件SPFILE。数据库首先查找spfile$ORACLE_SID.ora，然后查找spfile.ora，如果都没有找到，则查找文本初始化参数文件init$ORACLE_SID.ora。

```
SQL>shutdown immediate
SQL>startup
```

（4）FORCE（强制）选项

使用FORCE选项将先强制关闭数据库，再启动之。如果当前数据库实例无法正常关闭，而又要启动另外一个数据库实例，则需要使用强制关闭数据库选项。STARTUP FORCE执行过程是：先强制关闭数据库，然后启动数据库。相当于先执行SHUTDOWN ABORT命令，然后执行STARTUP命令。因此该模式的准确说法应是"强制关闭并启动数据库"。

```
SQL>shutdown immediate
SQL>startup force
```

（5）RESTRICT（限制模式）选项

使用RESTRICT选项启动数据库时，会将数据库启动到OPEN模式，但只有拥有RESTRICTED SESSION权限的用户才能访问数据库。

以下情形下需要以限制模式启动数据库：

● 执行数据导入或导出操作。
● 使用SQL *Loader提取外部数据库中的数据。
● 需要暂时拒绝普通用户访问数据库。
● 进行数据库移植或升级操作。

（6）PFILE（初始化参数文件）选项

PFILE选项指定初始化参数文件（PFILE）的存放位置和名称。数据库实例在启动时必须读取初始化参数文件，该文件中包含了数据库实例的参数配置信息。

如果STARTUP命令没有指定PFILE选项，执行时Oracle首先从默认位置读取服务器参数文件spfile$ORACLE_SID.ora，然后读取spfile.ora。如果都没有找到，则查找文本初始化参数文件init$ORACLE_SID.ora。如果文本初始化参数文件也没有找到，则启动就会失败。

4.2.4 改变数据库启动模式（状态）

Oracle数据库有三种启动模式：NOMOUNT（不加载数据库）、MOUNT（加载数据库）和OPEN（打开数据库），实际上是指数据库启动后将进入到何种状态。为了更好地管理数据库，Oracle还提供了切换数据库模式（状态）的方法。

使用ALTER DATABASE命令可以改变数据库的模式，但只能将数据库提升到比当前模式更高的模式，而不能使数据库降低到更低的模式。只能将以NOMOUNT模式启动的数据库切换到MOUNT模式、将MOUNT模式的数据库切换到OPEN模式，而不能进行逆向操作。

1. 切换到MOUNT模式

如果用户使用NOMOUNT模式启动数据库，执行重建数据库和数据文件等任务；执行完成后，就需要装载数据库。执行下列ALTER命令，可以完成数据库装载，将数据库从NOMOUNT模式提升到MOUNT模式。

```
SQL>SHUTDOWN IMMEDIATE;
SQL>STARTUP NOMOUNT;
SQL>ALTER DATABASE MOUNT;
```

2. 切换到OPEN模式

如果用户使用MOUNT模式启动数据库，执行数据库日志归档、数据库介质恢复、重定位数据文件和重做日志文件等操作；执行完毕后，数据库已被加载，但仍处于关闭状态。执行下列ALTER命令，可以打开数据库，将数据库从MOUNT模式提升到OPEN模式。

```
SQL>ALTER DATABASE OPEN;
```

要将数据库以只读方式打开，可以执行下列ALTER命令。

```
SQL>ALTER DATABASE OPEN READ ONLY;
```

4.2.5 关闭数据库

关闭数据库可以通过OEM控制台、SQL*Plus、Windows服务窗口等工具来完成，这里介绍使用OEM控制台和SQL*Plus来关闭数据库的方法。

1. 使用OEM工具关闭数据库

在数据库实例处于打开状态时，使用SYS用户以SYSDBA身份登录到OEM控制台。在主目录页面的"一般信息"栏中，可以看到"关闭"按钮，如图4.25所示。

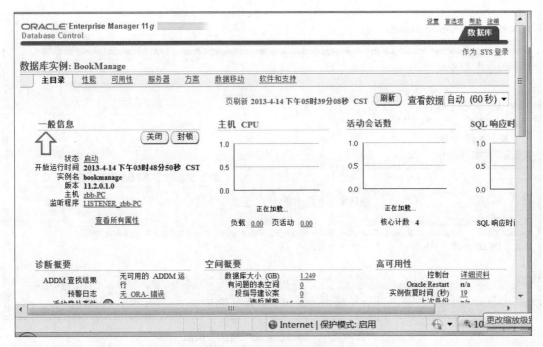

图4.25　OEM主目录页面

单击"关闭"按钮，可以打开"启动/关闭：请指定主机和目标数据库身份证明"页面，如图4.26所示。

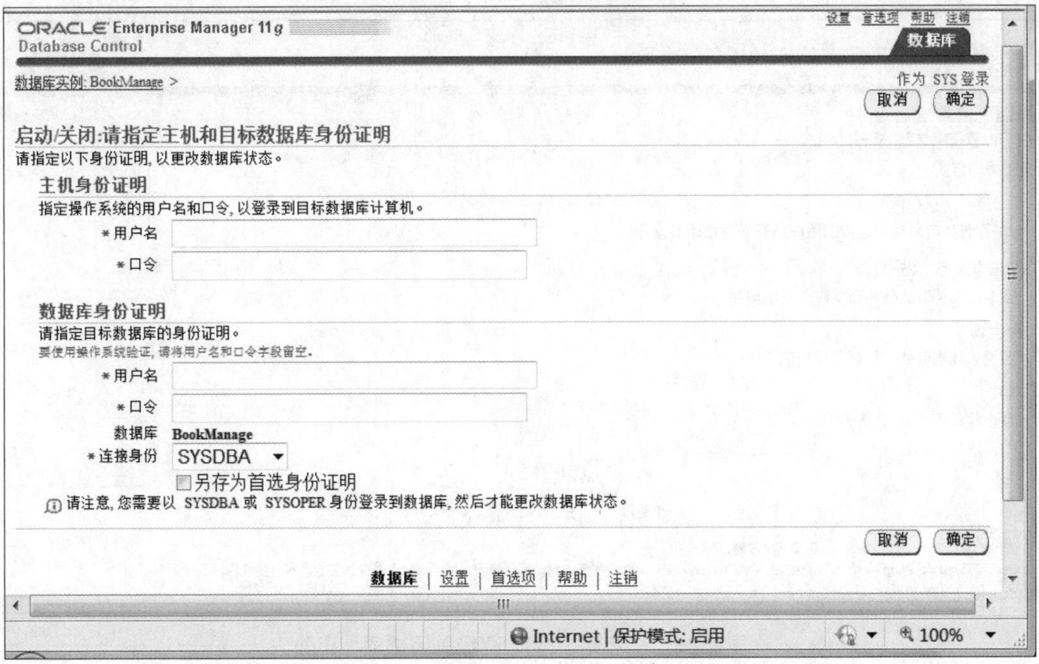

图4.26　"启动/关闭：请指定主机和目标数据库身份证明"页面

用户需要拥有管理员的权限才能关闭数据库实例，包括主机操作系统的管理员和当前数据库实例的SYSDBA用户。输入用户名和口令后，单击"确定"按钮，打开"确认关闭"页面，如图4.27所示。在本页面上单击"高级选项"按钮，可以选择关闭数据库的方式，如图4.28所示。

在"确认关闭"页面中单击"是"按钮，则开始关闭数据库。

图4.27 "启动/关闭：确认"页面

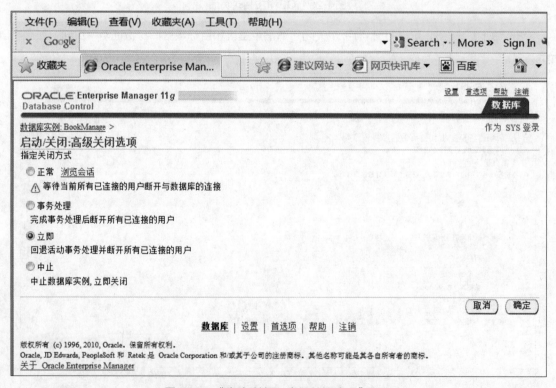

图4.28 "启动/关闭：高级关闭选项"页面

2. 在SQL *Plus中使用SHUTDOWN命令关闭数据库

在SQL *Plus中，可以使用SHUTDOWN命令来关闭数据库。SHUTDOWN命令的基本语法格式如下：

```
SHUTDOWN [NORMAL | TRANSACTIONAL | IMMEDIATE | ABORT];
```

其中的选项指定SHUTDOWN命令将以何种方式来关闭数据库，各选项作用和意义介绍如下。

（1）NORMAL（正常）选项

NORMAL（正常）选项指定以正常方式关闭数据库，正常关闭数据库的执行情况如下。

● 提交SHUTDOWN NORMAL命令后，Oracle不再接受新的连接。

● 数据库会一直等待当前连接到数据库的所有用户都断开连接后，再关闭数据库。

● 当所有的用户都断开连接后，将立即关闭数据库。

如果对关闭数据库的时间没有限制，通常会使用NORMAL选项来关闭数据库。按该选项关闭数据库所耗费的时间完全取决于用户主动断开连接的时间。

SHUTDOWN和SHUTDOWN NORMAL作用相同。

```
SQL>shutdown normal
```

（2）TRANSACTIONAL（事务处理）选项

使用TRANSACTIONAL选项时，将以事务处理方式关闭数据库。Oracle在完成事务处理后断开所有已连接的用户，然后关闭数据库。使用事务处理方式关闭数据库的执行情况如下。

● 阻止用户建立新连接和开始新事务。

● 等待所有活动事务提交后，再断开用户连接。

● 当所有的活动事务提交完毕，所有的用户都断开连接后，将关闭数据库。

该关闭数据库的方式比NORMAL选项稍显主动，它能在尽可能短的时间内关闭数据库。可以避免客户端中断工作或丢失数据，也不需要用户退出登录。

```
SQL>shutdown transaction
```

（3）IMMEDIATE（立即）选项

使用IMMEDIATE选项时，将立即关闭数据库。在下列情况下，可以选择立即关闭数据库。

● 即将初始化自动备份。

● 即将发生电力供应中断。

● 数据库本身或某数据库应用程序发生异常，且此时无法通知用户主动断开连接，或用户根本无法退出登录。

在执行立即关闭的过程中，数据库将不允许建立新的连接，也不允许开始新的事务。所有未提交的事务将被执行回滚操作。系统不会等待所有在线用户断开连接，只要事务回滚完毕，就立即关闭数据库。但对于比较复杂的事务，回滚操作可能持续很长时间，因此立即关闭操作有时并不是想象的那么快。

（4）ABORT（中止）选项

如果出现下列情况，可使用ABORT选项来关闭数据库。

● 数据库本身或某数据库应用程序出现异常，无法用上述关闭方法正常关闭数据库。

● 出现紧急情况（如马上断电），需要紧急关闭数据库。

● 在启动数据库实例时出现异常。

在执行中止关闭操作时，数据库将不允许建立新的连接，也不允许开始新的事务。所有正在客户端执行的SQL语句将被立即中止，没有提交的事务也不被回滚，立即断开所有在线用户的连接。因此，中止关闭是最快速的关闭数据库的方法。

本章小结

本章主要介绍了数据库及主要数据库对象的管理，包括数据库的创建、修改、删除和模式切换。这些管理操作可通过多种方式完成，常用方式是通过OEM工具和在SQL Plus中用SQL语句来实现。

项目练习

项目练习1

分别以企业管理器方式和命令方式创建数据库TestOracle11g。

项目练习2

以三种不同的方式启动数据库，并进行比较。

项目练习3

把数据库从NOMOUNT状态转变为MOUNT状态。

项目练习4

把数据库从MOUNT状态转变为OPEN状态。

项目练习5

以不同的命令方式关闭数据库，并比较关闭的时间长短。

Chapter

05

Oracle数据库体系结构

本章概述

　　Oracle数据库服务器由一个Oracle数据库和一个或多个数据库实例组成。数据库有物理结构和逻辑结构之分。通过对本章内容的学习，读者能够从宏观的角度理解Oracle数据库的体系结构，以便于进一步学习。

重点知识

- Oracle体系结构概述
- Oracle数据库逻辑结构
- Oracle数据库物理结构
- Oracle数据库内存结构
- Oracle数据库进程

5.1 Oracle体系结构概述

Oracle数据库是一个逻辑概念，不是物理概念上安装了Oracle数据库管理系统的服务器。

在Oracle数据库管理系统中有三个重要的概念需要理解和区分：Oracle实例（Instance）、Oracle数据库（Database）和Oracle数据库服务器。

（1）实例（Instance）

实例是指Oracle后台进程以及在服务器中分配的共享内存区域。当服务器关闭后，实例也就不存在了。

（2）数据库（Database）

数据库是指由基于磁盘的数据文件、控制文件、日志文件、参数文件、归档日志文件等组成的物理文件的集合。

（3）数据库服务器

数据库服务器一般有三部分组成：数据库软件部分（SQLPLUS、OEM和EXP/IMP等）、实例和数据库。

实例和数据库之间的关系是：实例用于管理和控制数据库，数据库为实例提供数据。一个数据库可以被多个实例载入和打开，而一个实例在其生存周期内只能载入和打开一个数据库。

数据库的主要功能是存储数据，数据库存储数据的方式通常称为存储结构。Oracle数据库的存储结构分为逻辑结构和物理结构。逻辑结构用于描述Oracle内部组织和管理数据的方式，而物理结构主要表现数据库由哪些物理文件组成。

启动Oracle数据库服务器实际上是在服务器的内存中创建一个Oracle实例，通过启动的实例来访问和控制数据文件。当用户连接数据库时，实际上连接的是数据库的实例，由实例负责用户与数据库的交互。

5.2 Oracle数据库逻辑结构

Oracle数据库的逻辑结构是从逻辑角度分析数据库的构成，是对数据存储结构在逻辑概念上的划分。Oracle数据库的逻辑结构由表空间（TABLESPACE）、段（SEGMENT）、区间（EXTENT）、数据块（DATA BLOCK）组成。它们之间的关系是：数据库由若干个表空间组成，表空间由一个或多个数据文件组成，表空间中存放段，段由区间组成，区间由数据块组成，块是数据库中最小的分配单元，也是数据库使用的最小I/O单元。Oracle的逻辑存储结构如图5.1所示。

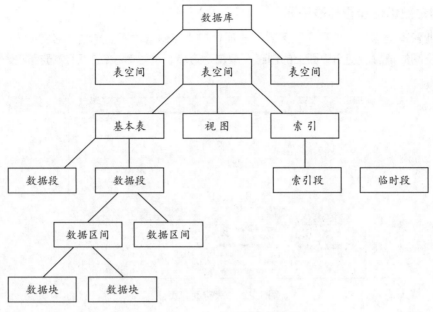

图5.1　Oracle的逻辑存储结构

5.2.1 表空间（Tablespace）

表空间是用户可以在Oracle系统中使用的最大的逻辑存储结构，用户在数据库中建立的所有内容都会存储在表空间中。每个Oracle数据库都提前配置了SYSTEM表空间，它存储了数据字典和系统管理信息。表空间（逻辑结构）与数据文件（物理结构）相对应，一个表空间由一个或多个数据文件组成，一个数据文件只属于一个表空间。

用户可以使用一个默认的表空间和一个临时表空间来存储数据。默认表空间是在默认情况下存储用户对象的表空间。当用户建立表时，可以指定Oracle系统将数据存储在哪一个表空间中。如果用户没有指定表空间，那么Oracle系统将数据存储在用户默认表空间中。

在Oracle 11g中，有6个默认表空间：EXAMPLE、SYSAUX、SYSTEM、TEMP、UNDOTBS1和USERS。

- **EXAMPLE表空间：** 用于安装Oracle 11g数据库，使用示例数据库。
- **SYSAUX表空间：** 辅助系统表空间。用于减少系统表空间的负荷，提高系统的作业效率，该表空间由Oracle系统内部自动维护，一般不用于存储用户数据。
- **SYSTEM表空间：** 用来存储系统内部的表、视图及存储过程等数据库对象。此用户空间一般不用于存储用户创建的表、索引、视图等。
- **TEMP表空间：** 用于存储数据库的临时表，例如，存储排序时产生的临时数据。一般情况下，数据库中的所有用户都使用TEMP作为默认的临时表空间。临时表空间本身不是临时存在的，而是永久存在的，只是保存临时表空间的数据。临时表空间的存在，可以减少临时段与存储在其他表空间中的永久段之间的磁盘I/O竞争。
- **UNDOTBS1表空间：** 用于用于存储撤销信息，在撤销表空间中，除了回退段以外，不能建立任何其他类型的段。所以，用户不可以在撤销表空间中创建任何数据库对象。
- **USERS表空间：** 存储数据库用户创建的各种数据库对象。

查看表空间的常用方式有：企业管理器方式和命令方式。可以通过企业管理器直接查看表空间，也可以在SQL*PLUS中使用SQL语言的查询命令查看表空间。

1. 使用企业管理器管理表空间

进入企业管理器以后，选择"服务器"选项，在"存储"栏下面单击"表空间"，即可列出所有的默认表空间的信息。使用界面上的创建、编辑、查看、删除等按钮即可执行相应操作，如图5.2所示。

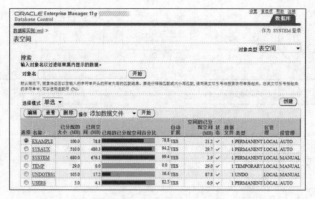

图5.2 "表空间"页面

2. 使用SQL*PLUS查看表空间

在数据字典中，DBA_TABLESPACES包含了表空间的信息，用户可以使用SELECT语句进行查看。

⚠ 【例5.1】查看表空间

查看视图DBA_TABLESPACES中默认表空间。

```
SQL>SELECT TABLESPACE_NAME FROM DBA_TABLESPACES;
```

运行结果如下：

```
TABLESPACE_NAME
------------------------------------
SYSTEM
SYSAUX
UNDOTBS1
TEMP
USERS
EXAMPLE
```

3. 使用SQL*PLUS创建表空间

创建表空间的语法如下：

```
CREATE  TABLESPACE  <tablespace_name>
DATAFILE  <filename1> [,<filename2,…>]  SIZE  <filesize>
[AUTOEXTEND [ON|OFF]]  NEXT size
[MAXSIZE  maxsize|unlimited ]
[PERMANENT|TEMPERARY]
[EXTENT MANAGEMENT
[ DICTIONARY|
LOCAL  [AUTOALLOCATE|UNIFORM [SIZE  <size>] ]  ]  ]
```

下面对参数进行说明。

- **tablespace_name:** 指定要创建的表空间的名字。
- **filename:** 指定在表空间中存放数据文件的文件名,指出数据文件存放的路径,可以是相对路径,也可以是绝对路径。
- **filesize:** 指定数据文件的大小。
- **AUTOEXTEND:** 指定数据文件的扩展方式,ON代表自动扩展,OFF代表非自动扩展。
- **MAXSIZE:** 指定数据文件为自动扩展方式时的最大值,maxsize是最大值,单位为K或M,unlimited表示无限制。
- **PERMANENT|TEMPORARY:** 指出表空间的类型,PERMANENT是永久表空间,存放的是永久对象;TEMPORARY是临时表空间,存放的是临时对象。
- **EXTENT MANAGEMENT:** 指定表空间的管理方式,DICTIONARY指字典管理方式,LOCAL指本地管理方式,这是创建表空间时的默认管理方式。AUTOALLOCATE指定表空间由系统管理,最小区间大小为64KB,与AUTOALLOCATE对应的是UNIFORM,使用它可以指定区间的大小,单位为KB或MB。

⚠ 【例5.2】创建本地管理表空间

创建一个名LocalOracl的本地管理表空间,大小为30M。

```
SQL>CREATE TABLESPACE LocalOracl
    DATAFILE 'd:\data\LocalOracl.dbf' SIZE 30M
    EXTENT MANAGEMENT LOCAL;
```

🔑 【TIPS】

在数据文件中可以指定数据文件的保存位置,在本例中指定保存位置在d:\data文件夹下,必须保证D盘下有data文件夹。

⚠ 【例5.3】创建临时表空间

创建临时表空间TempOracle,大小为10M。

```
SQL>CREATE TEMPORARY TABLESPACE TempOracle
    TEMPFILE 'd:\data\TempOracle.dbf'
    SIZE 10M;
```

4. 大文件表空间的管理

大文件表空间是一个特殊的表空间,其中只含一个很大的数据文件,它使 Oracle可以使用和管理超级大的文件。默认情况下,系统创建传统型的小文件表空间。

大文件表空间的创建与普通表空间类似。语法如下:

```
SQL>CREATE BIGFILE TABLESPACE BIGTBS
    DATAFILE 'd:\data\bigtbs.dbf' SIZE 3G;
```

5. 重命名表空间

可以对已存在的表空间修改名字,重命名表空间的语法如下:

```
ALTER TABLESPACE oldename RENAME TO newname;
```

⚠️【例5.4】重命名表空间

将表空间LocalOracl 修改为LocalOracl01。

```
SQL>ALTER TABLESPACE LocalOracl RENAME TO LocalOracl01;
```

6. 扩展表空间

系统运行一段时间之后，表空间的空间可能耗尽，必须对其进行扩展，才能继续往里面添加数据。表空间扩展的实质是数据文件的扩展。可以在ALTER TABLESPACE语句中使用ADD DATAFILE子句增加新的数据文件。

⚠️【例5.5】为表空间增加新的数据文件

为表空间LocalOracl01增加一个数据文件LocalOracl011.dbf。

```
SQL>ALTER TABLESPACE LocalOracl01
    ADD DATAFILE 'LocalOracl011.dbf' SIZE 30M;
```

⚠️【例5.6】为临时表空间添加临时文件

在临时表空间TempOracle中添加临时文件TempOracle01.dbf，文件大小为20MB。

```
SQL>ALTER TABLESPACE TempOracle
    ADD TEMPFILE 'TempOracle01.dbf' SIZE 20M;
```

7. 设置表空间离线（offline，脱机）和在线（online，联机）

表空间在线即可以访问表空间中的数据。管理员可以使表空间离线，这种情况下表空间中的数据不可访问。在如下情况可以将表空间设置为离线状态：

- 将数据库的一部分设置为不可访问，而其他部分可以访问。
- 执行脱机表空间备份。
- 在升级或维护应用程序时，将应用程序及其使用的表临时设置为不可访问。
- 重命名或重新分配表空间。

设置表空间在线离线的语法如下：

```
ALTER TABLESPACE <tablespace_name > ONLINE|OFFLINE
```

⚠️【例5.7】将表空间设置为离线状态

将表空间LocalOracl01设置为离线状态。

```
SQL>ALTER TABLESPACE LocalOracl01 OFFLINE;
```

🔑【TIPS】

表空间离线具有一定的风险性。

然后可以在DBA_TABLESPACES视图中查看表空间的状态。

```
SQL>SELECT TABLESPACE_NAME, STATUS FROM DBA_TABLESPACES;
```

⚠ 【例5.8】将表空间设置为在线状态

将表空间LocalOracl01设置为在线状态。

```
SQL>ALTER TABLESPACE LocalOrac101 ONLINE;
```

8. 设置表空间的读写状态

为了保护表空间中的数据文件不被修改，需要将表空间设置成只读状态（READ ONLY），有时候表空间必须是可读写的。可以使用ALTER TABLESPACE语句设置表空间读写状态。

⚠ 【例5.9】将表空间设置为只读状态

将表空间LocalOracl01设置为只读表空间。

```
SQL>ALTER TABLESPACE LocalOrac101 READ ONLY;
```

⚠ 【例5.10】将表空间设置为可读状态

将表空间LocalOracl01设置为可读写状态。

```
SQL>ALTER TABLESPACE LocalOrac101 READ WRITE;
```

9. 删除表空间

可以使用DROP TABLESPACE语句删除表空间，语法如下。

```
DROP TABLESPACE  <tablespace_name>
[INCLUDING CONTENTS| CONTENTS AND DATAFILE]
```

🔑【TIPS】

删除表空间时，可以选择同时删除其内容（表空间中的段）和数据文件。
- INCLUDING CONTENTS：同时删除其内容。
- INCLUDING CONTENTS AND DATAFILE：同时删除其内容和数据文件。

⚠ 【例5.11】删除表空间

删除表空间LocalOracl01和其中的内容。

```
SQL>DROP TABLESPACE LocalOrac101 INCLUDING CONTENTS;
```

5.2.2 段（Segment）

段是由一组区间组成的逻辑存储单元，段中的区间可以是连续的，也可以是不连续的。段是表空间的组成单位，代表特定数据类型的数据存储结构。

根据段的存储对象类型，段分为四种。

- 数据段（Data Segment）。
- 索引段（Index Segment）。
- 回滚段（Rollback Segment）。
- 临时段（Temporary Segment）。

1. 数据段

数据段用来存储表或簇的数据，所有未分区的表都使用一个段来保存数据，而分区的表将为每一个分区建立一个独立的数据段。数据段随着数据的增加而逐渐变大。段的增大过程是通过分区的个数实现的，每次增加一个分区，每个分区的大小是块的整数倍。

Oracle数据库中的一个数据段包含下列之一的所有数据：

- 一个非分区表或者非聚集表。
- 一个分区表的一个分区。
- 聚集表。

2. 索引段

Oracle数据库中所有未分区的索引都使用一个索引段来存储数据，而分区的索引为每个分区建立一个独立的索引段来存储它的数据。索引段和与之对应的数据段经常会同时被访问，建议将索引段与数据段放到不同物理位置的表空间中，以便减少硬盘访问冲突。表段和与之关联的索引段可以在不同的表空间上。

Oracle在执行CREATE INDEX命令时创建一个索引或者分区索引的索引段。在这个语句中，可以指定索引段的区段和创建这个索引段的表空间这两个存储参数。设定这两个存储参数直接影响了数据存取和存储的效率。

3. 回滚（撤销）段

回滚段用于存放数据库的回滚信息，包括数据修改之前的位置和值。回滚段的头部包含正在使用该回滚段的事务的信息。通常一个事务只能使用一个回滚段来存放它的回滚信息，而一个回滚段可以存放多个事务的回滚信息。回滚段可以动态地创建和撤销。

（1）回滚段的作用

- **事务回滚：** 当事务修改表中数据的时候，该数据修改前的值（即前影像）会存放在回滚段中，当用户回滚事务（ROLLBACK）时，ORACLE将会利用回滚段中的数据前影像来将修改的数据恢复到原来的值。
- **事务恢复：** 当事务正在处理的时候，例程失败，回滚段的信息保存在重做日志文件中，ORACLE将在下次打开数据库时利用回滚来恢复未提交的数据。
- **读一致性：** 当一个会话正在修改数据但还未提交时，系统将用户修改的数据的原始信息保存在回滚段中，为其他正在访问同样数据的用户提供一份该数据的原始视图，从而保证当前会话未提交的修改不会被其他用户看到，保证了数据的读一致性。
- **闪回查询：** 闪回查询是从Oracle 10g开始引入的新特性，利用该技术可以查询某个表在过去某个时间点的状态。闪回查询技术是利用回滚段中的数据原始信息实现的。

（2）回滚段的种类

- **系统回滚段：** 当数据库创建后，将自动创建一个系统回滚段，该回滚段只用于系统事务的回滚处理，存放系统表空间中对象的前影像。
- **非系统回滚段：** 拥有多个表空间的数据库至少应该有一个非系统回滚段，用于存放非系统表空间中对象的数据前影像。非系统回滚段由用户创建，用于用户事务的回滚处理。非系统回滚段又分为私有回滚段和公有回滚段。私有回滚段的数目和名称由参数文件ROLLBACK_SEGMENTS中的参数列出，以便例程启动时自动使其在线（ONLINE），它只能被一个实例使用。公有回滚段一般在ORACLE并行服务器中出现，将在例程启动时自动在线，它可以被多个实例共享。

4. 临时段

处理查询的时候，在SQL语句的解析和执行阶段会产生一些临时数据， Oracle经常需要临时工作区，此时分配的磁盘空间就叫临时段。例如，当SQL语句进行数据汇总或排序时，或创建一个临时段，当会话结束的时候，为该操作分配的临时段将会被释放。

以下语句有时会需要使用临时段：

- CREATE INDEX
- SELECT ... ORDER BY
- SELECT DISTINCT ...
- SELECT ... GROUP BY
- SELECT ... UNION
- SELECT ... INTERSECT
- SELECT ... MINUS

5.2.3 数据区（Extent）

数据区是数据库存储空间中分配的一个逻辑单位，由一组连续的数据块组成。磁盘按区间划分，每次至少分配一个数据区。数据区存储于段中，它是磁盘空间分配的最小单位。

1. 数据区的分配

当创建表的时候， Oracle会分配一定数目的数据块的初始数据区给相应的表的数据段。尽管还没有插入行数据，对应初始数据区的Oracle数据块仍然为表记录保留了这些空间。

如果一个段初始数据区的数据块已满，并且需要更多的空间来满足新数据， Oracle将自动为该段分配增量数据区。一个增量数据区大小等同或者大于该段内的先前的数据区大小。

出于维护目的，每个数据段的第一个数据块都包含了该段的数据区目录。

2. 数据区大小和数量

存储参数适用于各种类型的数据段。它控制Oracle如何给某一数据段分配可用的数据库空间。例如，可以决定为一个数据段保留多少初始空间，也可以通过指定存储参数限制数据区分配数量。如果没有指定表的存储参数，那么它将使用表空间的缺省存储参数。

Oracle 8i之前的版本，所有表空间都基于字典管理。字典管理表空间依赖于数据字典表来跟踪空间利用率。从Oracle 8i开始，用户可以创建本地管理表空间方式，本地管理表空间是通过位图（而不是数据字典表）来跟踪已用和可用空间。本地管理表空间具有更好的性能和更易于管理的特点，如果未指定区间管理类型，那么非系统表空间将缺省采用本地管理方式。用户可以指定初始段的大小，然后由Oracle决定新增区间的大小，最小区间大小为64k。 对于uniform区间，可以指定区间大小或者使用1M的缺省大小。

5.2.4 数据块

数据块是Oracle管理数据库存储空间的最小数据逻辑存储单位。一个数据块对应磁盘上一定数量的数据库空间,标准的数据块大小由初始参数DB_BLOCK_SIZE(在文件init.ora中)指定。数据块既是逻辑单位,也是物理单位。

从简单的结构上划分,可以把块的内部划分成公共的变长头(又称块头)、表目录、行目录、未用空间(又称空闲空间)、行数据等。

- **公共的变长头:** 包含了通用块信息,如块的地址和段的类型。
- **表目录:** 包含了在这个块中有行数据的表的信息。
- **行目录:** 包含了数据块中的实际行的信息(包括行数据区域中每行的地址),一旦数据块头部的这个行目录的空间被分配了,那么即使该行删除了,这段空间仍然不能回收。
- **未用空间:** 是一个块中未使用的区域,这片区域用于新行的插入和已经存在的行的更新。未用空间也包含事务条目,当每一次 insert 、 update 、 delete 、 select ..for update 语句访问块中一行或多行数据,将会请求一条事务条目。
- **行数据:** 包含了表或索引的数据,行数据的存储也可能跨数据块,也即一行数据可以分别存储在不同的数据块中,这也就是行迁移现象。

由于头部信息区并不存储实际数据,所以一个数据块的容量实际上是未用表空间和行数据空间容量的总和。

块的默认大小由初始化参数db_block_size指定,数据库创建完成后,该参数值无法再修改。通过SHOW PARA\METER语句可以查看该参数的信息。

```
SQL>SHOW PARAMETER db_block_size;
```

5.3 Oracle数据库物理结构

> 数据库的物理结构由构成数据库的操作系统文件确定,Oracle物理结构是一个或多个数据文件的集合,因此我们非常容易理解和看见Oracle的物理存储结构。

在Oracle数据库物理结构中有三种常见类型的文件:数据文件、控制文件和日志文件。它们为数据库信息提供物理存储。

5.3.1 数据文件

数据文件是用于保存用户应用程序数据和Oracle系统内部数据的文件。Oracle数据库有一个或多个扩展名为.DBF的数据文件,用于保存数据库中的所有数据。数据文件有下列特征:

- 一个数据文件仅与一个数据库联系。
- 一个数据文件只能从属于一个表空间。
- 一个表空间可以包含几个数据文件。
- 当数据库容量越界时,数据文件能够自动扩展。

下面将对数据文件的管理进行介绍。

如果在企业管理器下管理数据文件,选择"服务器"选项卡,在"存储"栏下单击"数据文件"超链接即可进入数据文件管理页面，如图5.3和图5.4所示。

图5.3 "服务器"选项卡

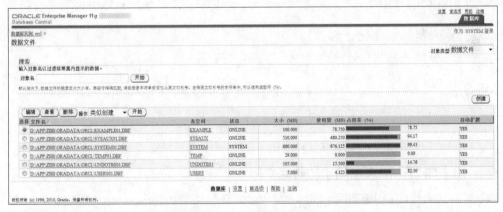

图5.4 "数据文件"页面

在"对象名"文本框中输入数据文件名，单击"开始"按钮查找该文件。随后在下方列表文件中选择任一文件，再单击编辑、查看、删除按钮进行相关操作。

单击页面上右边的"创建"按钮，可以创建新的数据文件，如图5.5所示。在本页面上可以直接设置文件的各种属性，对于文件目录和表空间这两项，也可以单击其后的手电筒图标，进入搜索页面。

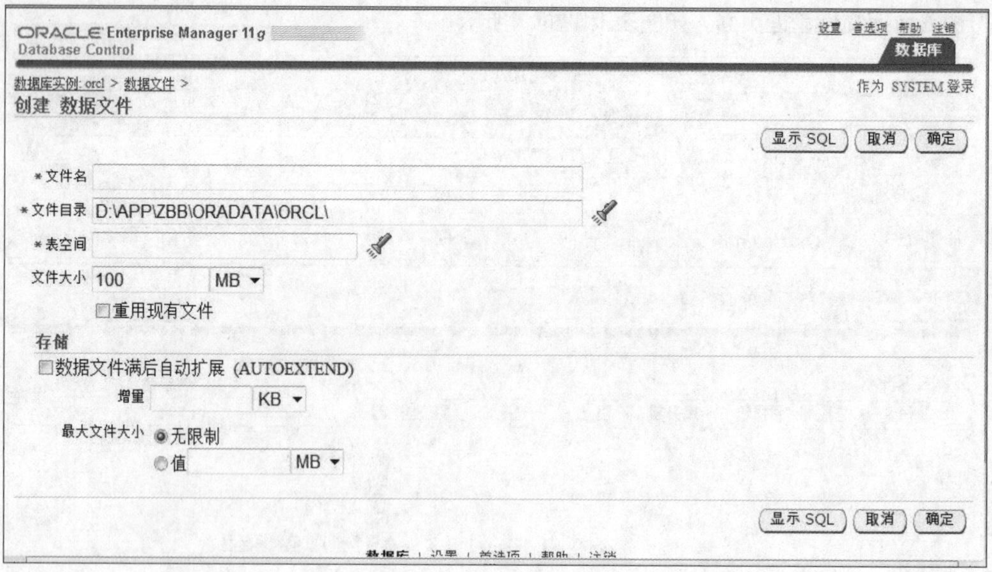

图5.5　创建文件页面

除此之外，用户也可以使用ALTER TABLESPACE语句来管理数据文件。

1. 创建数据文件

在Oracle数据库中，数据文件是依附于表空间存在的，所以创建数据文件的过程实质上就是向表空间添加文件的过程。

用户可以在创建表空间或数据库的同时创建数据文件，也可以在数据库运行与维护时向表空间中添加数据文件。

⚠【例5.12】向USERS表空间添加数据文件

向ORCL数据库的USERS表空间中添加一个大小为30M，名字为userdata的数据文件。

```
SQL>ALTER TABLESPACE USERS
    ADD DATAFILE 'D:\data\userdata.dbf' SIZE 30M;
```

🔑【TIPS】

在增加数据文件时，必须指定自己的数据文件的位置。

⚠【例5.13】向TEMP表空间添加数据文件

向ORCL数据库的TEMP表空间中添加一个大小为5M，名字为tempdata的数据文件。

```
SQL>ALTER TABLESPACE TEMP
    ADD TEMPFILE 'D:\data\tempdata.dbf' SIZE 5M;
```

2. 删除数据文件

⚠【例5.14】删除USERS表空间的数据文件

删除刚刚在USERS表空间中创建的数据文件userdata。

```
SQL>ALTER TABLESPACE USERS
     DROP DATAFILE
   'D:\data\userdata.dbf';
```

 【例5.15】 删除TEMP表空间的数据文件

删除刚刚在TEMP表空间中创建的数据文件tempdata。

```
SQL>ALTER TABLESPACE TEMP
   DROP TEMPFILE
  'D:\data\tempdata.dbf';
```

3. 查看数据文件

可以从视图V$DATAFILE中查看数据库中所有数据文件的信息。

```
SQL>SELECT file#,name from  V$DATAFILE;
```

🔑【TIPS】

在PL/SQL环境下输入的语句一般以";"结束，这样语句就可以执行。如果没有以";"结束，也可以在按Enter后，输入"/"来执行语句。

5.3.2 控制文件

每个Oracle数据库都有控制文件，在创建数据库时系统自动创建。它是一个由Oracle进程读/写的二进制文件，记录数据库的物理结构，包括数据库名称、创建时间、表空间名称、数据文件、日志文件的名称等。控制文件的名称在初始化参数Control_files中定义，可以在企业管理器中的"服务器"页面下查看。

数据库的控制文件用于标识数据库和日志文件。当数据库打开时，控制文件必须是有效的。如果控制文件出现错误，数据库将不能正常运行。控制文件的损坏或丢失将导致整个数据库的损坏。下面将对控制文件的管理操作进行介绍。

1. 镜像控制文件

每个数据库建议至少有两个控制文件，它们互为镜像，应该分布在不同的物理磁盘上，保证在某一物理磁盘发生意外的情况下，数据库可以通过存在其他磁盘上的控制文件启动。为保证数据库的正常运行，需要对控制文件进行镜像。

创建控制文件镜像的步骤如下：

Step 01 关闭数据库。

Step 02 将当前控制文件复制到另外的目录下。

Step 03 修改初始化参数control_files，增加新的控制文件或者修改原有的控制文件。

Step 04 重新启动数据库。

2. 查看控制文件

用户可以从数据字典视图V$controlfile中查询控制文件的存放位置和状态。

在SQL*PLUS中使用以下SQL语句查看：

```
SQL>SELECT NAME,STATUS  FROM  V$CONTROLFILE;
```

可以在SQL*PLUS中使用以下命令来查看初始化参数control_files：

```
SHOW PARAMETER control_files;
```

图5.6所示为控制文件的详细信息页面。

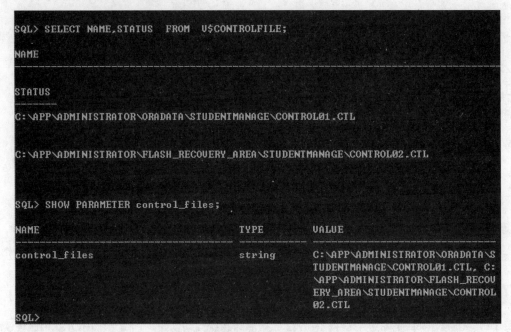

图5.6　控制文件的详细信息页面

5.3.3 重做日志文件

重做日志（Redo Log）用于保存用户对数据库进行的变更操作。Oracle 数据库的每个实例都有相应的重做日志，以保护数据库的安全性。

重做日志是由重做记录构成的，每个重做记录由一组修改向量组成。这组向量记录了对数据库中某个数据块所做的修改，包括修改对象、修改之前对象的值、修改之后对象的值、该修改操作的事务号码及该事务是否提交等信息。因此，当数据库出现故障时，利用重做日志可以恢复数据库。

每个数据库实例至少应该有两个重做日志文件组（Redo Log Group），每个重做日志组中有一个或多个重做日志文件（Redo Log Files），它们的内容完全相同。

在Oracle的运行过程中，后台进程LGWR（日志写入进程）负责记录重做日志。在非归档方式下，如果当前重做日志组被填满，LGWR会切换到下一组有效的重做日志组；如果所有的重做日志组都被填充满了，LGWR切换到第一组重做日志组继续写；整个过程循环进行。在归档方式下，所有的日志组被填满后，日志被归档后，接着从第一组重做日志组继续写。

在企业管理器中可以方便地对重做日志组进行相应的管理操作。打开"服务器"选项卡，选择"存储"栏中的"重做日志组"选项，进入如图5.7所示的界面。

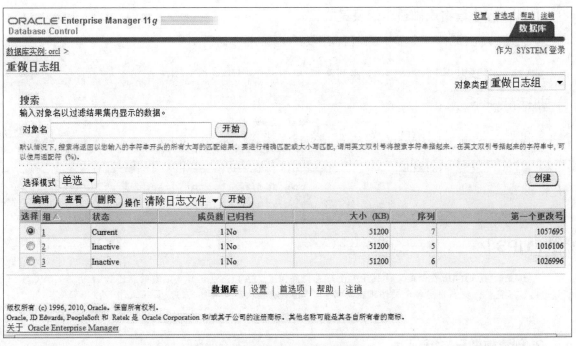

图5.7 重做日志的详细信息界面

其中，有创建、编辑、查看、删除等按钮，具体操作与前面介绍过的数据文件相类似，在此将不再赘述。

上述创建、编辑、查看、删除等操作也可以使用SQL命令完成。

1. 查看重做日志情况

用户可以通过视图V$LOG和V$LOGFILE查看重做日志组的相关情况。

⚠ 【例5.16】查看重做日志文件

查询视图V$LOG，显示控制文件中重做日志文件的信息：

```
SQL>SELECT GROUP#, ARCHIVED, STATUS FROM V$LOG;
```

执行结果如下：

```
GROUP#  ARC      STATUS
-------  -------  ------------------------
   1     NO       CURRENT
   2     NO       INACTIVE
   3     NO       INACTIVE
```

🔑 【TIPS】

这里的GROUP#表示重做日志组的编号，ARCHIVED 表示是否归档，STATUS表示重做日志的状态。

【例5.17】查看重做日志组及其成员

查询视图V$LOGFILE，显示重做日志组及其成员的基本信息：

```
SQL>SELECT GROUP#,STATUS,MEMBER FROM V$LOGFILE;
```

执行结果如下：

```
GROUP#          STATUS                    MEMBER
-----           -------                   -----------------------------------
3               STALE                     C:\app\administrator\oradata\orc1\redo03.log
2                                         C:\app\ administrator\oradata\orc1\redo02.log
1                                         C:\app\ administrator\oradata\orc1\redo01.log
```

 【TIPS】

这里的GROUP#表示该文件属于哪个日志文件组。STATUS表示日志成员的状态：STALE表示文件的内容不完整，状态为空表示文件正在使用中。MEMBER表示重做日志组成员（文件）的名字及路径。

2. 创建重做日志组

可以使用企业管理器创建日志文件组，也可以在ALTER DATABASE语句中使用ADD LOGFILE子句创建重做日志组：

```
ALTER DATABASE
ADD LOGFILE ('log1.rdo', 'log2.rdo') SIZE 5000k;
```

 【TIPS】

这里若不指定日志文件组的绝对路径，则重做日志文件保存在Oracle的安装根目录下的database目录中。

在使用ALTER DATABASE语句创建重做日志组时，可使用GROUP子句定义组编号，下面的语句创建重做日志组6：

```
SQL>ALTER DATABASE
    ADD LOGFILE GROUP 6 ('loga.rdo', 'logb.rdo') SIZE 5000k;
```

3. 创建重做日志组成员

在ALTER DATABASE语句中使用ADD LOGFILE MEMBER关键字，可以向已存在的重做日志组中添加成员：

```
SQL>ALTER DATABASE ADD LOGFILE MEMBER 'logc.odo' TO GROUP 6;
```

4. 删除重做日志成员

在ALTER DATABASE语句中使用DROP LOGFILE MEMBER子句可以删除指定的重做日志成员（即重做日志文件）。

⚠ 【例5.18】删除重做日志组成员

删除重做日志组log1.rdo。

```
SQL>ALTER DATABASE DROP LOGFILE MEMBER 'log1.rdo';
```

5. 清空重做日志文件

如果重做日志文件被破坏，可以使用ALTER DATABASE CLEAR LOGFILE命令初始化此日志文件。执行此命令时，不需要关闭数据库。

⚠ 【例5.19】清空重做日志组

清空编号为6的重做日志组。

```
SQL>ALTER DATABASE CLEAR LOGFILE GROUP 6;
```

若重做日志文件没有归档，则可以在语句中使用UNARCHIVED 关键字。

```
SQL>ALTER DATABASE CLEAR UNARCHIVED LOGFILE GROUP 6;
```

6. 删除重做日志组

删除重做日志组的用户必须有ALTER DATABASE的系统权限。删除重做日志组操作只是更新了控制文件，被删除的组中的重做日志文件仍然存在，需要手动删除磁盘上的重做日志文件。

在ALTER DATABASE语句中使用DROP LOGFILE GROUP子句删除指定的重做日志组。

⚠ 【例5.20】删除重做日志组

删除编号为6的重做日志组。

```
SQL>ALTER DATABASE DROP LOGFILE GROUP 6;
```

5.4 Oracle数据库内存结构

> 内存是Oracle数据库重要的信息缓存和共享区域，主要存储执行的程序代码、连接会话信息及程序执行过程中的信息、Oracle进程共享和通信的信息等。根据内存区域信息适用范围的不同，分为系统全局区和程序全局区。

Oracle 11g新引入了一个初始化参数MEMORY_TARGET。这个参数是指整个Oracle实例所能使用的内存大小，包括PGA和SGA的整体大小。在MEMORY_TARGET的内存大小之内，PGA和SGA所用的内存可以根据当前负载情况自动相互转换。当初始设定的MEMORY_TARGET的内存不够当前数据库使用的时候，Oracle11g还提供了另外一个初始化参数MEMORY_MAX_TARGET。

当原始设定的内存不够使用的时候,可以手工动态调节它的大小,但是不允许超过MEMORY_MAX_TARGET的值。

5.4.1 系统全局区 (System Global Area)

系统全局区 (System Global Area,SGA) 是一组共享的内存结构,它里面存储了Oracle数据库实例 (Instance) 的数据和控制文件信息。如果有多个用户同时连接到数据库,它们会共享这一区域,因此SGA也称为Shared Global Area。

SGA和Oracle的进程组成了Oracle的实例 (Instance)。在实例启动的时候,内存会自动分配SGA。当实例关闭的时候,操作系统会将内存回收的。每一个实例 (Instance) 拥有自己的SGA。

SGA是可以读写的,每一个用户连到数据库实例时都可以读实例的SGA的内容,Oracle通过服务器进程执行一个命令写SGA的数据。

SGA是占用内存最大的一个区域,同时也是影响数据库性能的重要因素。

可以使用数据字典视图v$sga或 show parameter sga命令查询SGA各组件的大小。

```
Select*from v$sga;
```

运行结果如图5.8所示。

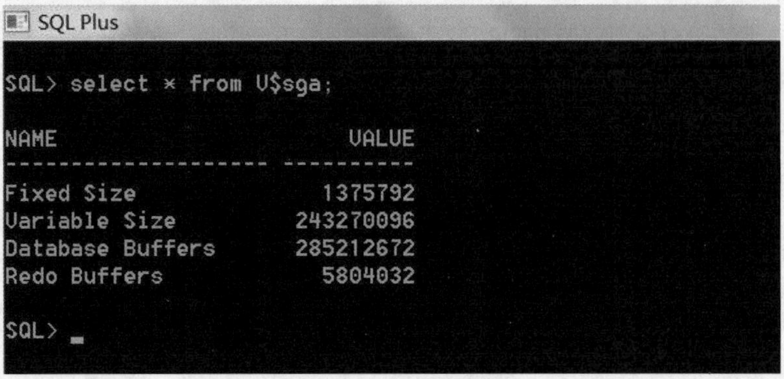

图5.8　SGA组件情况

SGA主要包括以下几部分:
- 数据库高速缓冲区 (Database Buffer Cache)。
- 重做日志缓冲区 (Redo Log Buffer)。
- 共享池 (Shared Pool)。
- 大池 (Large Pool)。
- Java池 (Java Pool)。
- 流池 (Stream Pool)。
- 固定SGA (Fixed SGA)。

SGA的每部分结构都是为了满足不同的需求。

1. 数据库高速缓冲区

数据库高速缓冲区是SGA的组成部分,它用于存放从数据文件中读取的数据块。所有连接到相同实例的用户都可以共享这些数据。由于系统读取内存的速度要比读取磁盘快得多,所以数据缓冲区的存在可以提高数据库的整体效率。

当用户要操作数据库中的数据时，先由服务器进程将数据从磁盘的数据文件中读取到数据库高速缓冲区，然后在缓冲区中进行处理。用户处理后的结果被存储在数据库高速缓冲区中，最后由数据库系统进程写到硬盘的数据文件中永久保存。查询时，Oracle会先把从磁盘读取的数据放入内存，以后再查询相关数据时不用再次读取磁盘。插入和更新时，Oracle会在高速缓冲区中缓存数据，之后写到硬盘中。

数据缓冲区的大小由参数db_cache_size决定，可以通过SHOW PARAMETER语句查看该参数的信息。

```
SQL>SHOW PARAMETER db_cache_size;
```

2. 重做日志缓冲区

重做日志缓冲区是SGA的组成部分，它是一个循环使用的缓冲区。在使用时从顶部向底部写入数据，然后返回到缓冲区的顶部（起始点）循环写入。

重做日志缓冲区用于缓存用户对数据库进行修改操作时生成的重做记录。为了提高工作效率，重做记录并不是直接写入重做日志文件中，而是首先被服务器进程写入重做日志缓冲区中，在一定条件下，再由日志写入进程把重做日志缓冲区的内容写入重做日志文件中进行永久性保存。

重做日志缓冲区的大小对数据库性能有较大影响。较大的重做日志缓冲区可以减少写重做日志文件的次数，适合长时间运行的产生大量重做记录的事务。

3. 共享池

共享池是SGA中重要的内存段之一，由库缓存区、数据字典缓存区、结果缓存区、并行执行消息用到的缓冲区和控制结构占用的缓冲区组成。共享池太大和太小都会严重影响数据库性能，合适的共享池大小，可以使编译过的程序代码长驻内存，大大降低重复执行相同的SQL语句、PL/SQL程序的系统开销，从而提高数据库性能。

SQL和PL/SQL的解释计划、代码、数据字典数据等都在这里缓存。SQL 和PL/SQL代码在执行前会进行"硬解析"以获得执行计划及权限验证等相关辅助操作。"硬解析"很费时间。对于响应时间很短的查询，"硬解析"可以占到全部时间的2/3。对于响应时间较长的统计等操作，"硬解析"所占用的时间比例会下降很多。执行计划及所需的数据字典数据都缓存在共享池中，让后续相同的查询可以减少很多时间。

共享池的大小由参数shared_pool_size决定，共享池的内存空间大小是可以动态改变的，可以通过SHOW PARAETER语句查看共享池的信息。

```
SQL>SHOW PARAMETER shared_pool_size;
```

⚠ 【例5.21】修改共享池的大小

修改Oracle共享池的内存空间大小为50M。

```
SQL>alter system set shared_pool_size=50M;
```

4. 大池

大池也称大型池，是一个可选的内存配置项，主要为Oracle共享服务器、服务器I/o进程、数据库备份与恢复操作、执行具有大量排序操作的SQL语句、执行并行化的数据库操作等需要大量缓存的操作提供内存空间。如果没有在SGA中创建大型池，上述操作所需要的缓存空间将在共享池或PGA中分配，会大大影响共享池或PGA的使用效率。

下面几种情况常常使用到大池：

- 数据库备份与恢复操作。
- 并行查询。
- 共享服务器模式下的会话内存。

大型池的大小由参数large_pool_size决定，可以通过SHOW PARAETER语句查看参数的信息。

```
SQL>SHOW PARAMETER large_pool_size;
```

⚠ 【例5.22】修改大型池的大小

修改Oracle大型池的内存空间大小为20M。

```
SQL>alter system set large_pool_size=20M;
```

5. Java池

Java池是一个可选的内存配置项，在数据库中提供对Java程序设计的支持，用于存储Java代码、Java语句的语法分析表、Java语句的执行方案和进行Java程序开发等。

Java池的大小由参数java_pool_size决定，可以通过SHOW PARAETER语句查看参数的信息。

```
SQL>SHOW PARAMETER java_pool_size;
```

6. 流池

流池是一个可选的内存配置项，Oracle 9i版本2以上增加了"流"（Oracle Stream）技术，10g及以上版本在SGA中增加了流池。流是用来共享和复制数据的工具，流池的主要用途是加强对流的支持，流池存放队列信息。

如果没有特别指定，流池的默认尺寸是0，流池的大小伴随流的需求动态改变。

7. 固定SGA

顾名思义，固定SGA是一段不变的内存区，是SGA中用于存放数据库和实例的状态信息（不包括用户数据）的一部分内存区域。Oracle通过它找到SGA中的其他区，可以简单理解为用于管理的一段内存区。

5.4.2 程序全局区（Program Global Area）

程序全局区（Program Global Area，简称PGA）是一块包含一个服务进程的数据和控制信息的内存区域。用于处理SQL语句和容纳会话信息。它是Oracle在一个服务进程启动时创建的，是非共享的。一个Oracle进程拥有一个PGA内存区。一个PGA也只能被拥有它的那个服务进程所访问，只有这个进程中的Oracle代码才能读写它。

通常程序全局区由会话内存区和私有SQL区两部分组成。

程序全局区的大小由参数pga_aggregate_target决定，可以通过SHOW PARAMETER语句查看该参数的信息。

```
SQL>SHOW PARAMETER pga_aggregate_target;
```

1. 会话内存区（Session Memory）

会话内存区存放会话变量及其他和会话相关的信息。在共享服务器的模式下，会话内存区是共享的，而不是私有的。

2. 私有SQL区（Private SQL Area）

私有SQL区存放绑定变量的值、查询执行的状态信息、查询执行工作区和游标的信息。每个正在执行SQL语句的会话都有一个私有SQL区。

私有SQL区的位置根据服务器模式的不同有所不同：如果请求的是专有服务器模式的连接，它位于PGA中；如果请求的是共享服务器模式的连接，则私有SQL区一部分位于SGA中，另一部分位于PGA中。

与PGA相关的一个重要参数是PGA_AGGREGATE_TARGET。该初始化参数用于指定所有服务器进程可用的PGA总计内存，默认值为10M或20%SGA两者尺寸中的较大者。当设置初始化参数WORKAREA_SIZE_POLICY=AUTO时，它可以确定每个工作区的最佳尺寸。该初始化参数是动态参数，可以使用ALTER SYSTEM命令进行修改。示例如下：

```
ALTER  SYSTEM  SET  pga_aggregate_target=24M;
```

5.5 Oracle数据库进程

> Oracle数据库服务器由一个Oracle数据库和一个或多个数据库实例组成。实例由内存和一系列后台进程组成。这里的进程跟操作系统里提到的一样，是一种机制，执行一系列的步骤来完成指定的任务或作业。一个实例可以有多个进程。启动数据库实例时，Oracle会自动启动相应进程。

5.5.1 进程监控进程（PMON）

进程监控进程（Process Monitor Process，简称PMON）负责进程的管理和维护工作。

当一个用户进程（User Process）失败后，进程监控进程将对其进行恢复，负责清理该用户进程占用的数据库高速缓冲区并释放用户进程使用的其他资源。

进程监控进程会周期性地对调度器和服务进程进行检查，并试图重新启动那些被停止运行的进程（不包括 Oracle 有意停止的进程）。进程监控进程还负责将实例和调度进程的信息注册到网络监听器（network listener）。进程监控进程在实例运行期间会被定期唤醒，检查自己是否被其他进程需要。系统内的其他进程如果需要使用进程监控进程的功能，也能够调用进程监控进程。

进程监控进程的主要功能有：

- 负责恢复失败的服务器进程或用户进程，并释放进程所占用的资源。
- 清除非正常中断的用户进程留下的会话，回滚未提交的事务，释放会话所占用的锁、SGA、PGA等资源。
- 监控调度进程和服务器的状态，如果它们失败，尝试重新启动它们，并且释放它们所占用的资源。

5.5.2 系统监控进程（SMON）

数据库启动时，系统监控进程（System Monitor Process，简称SMON）负责实例恢复。系统监控进程还负责清理不再使用的临时段。如有需要，其他进程还可以调用系统监控进程。在集群环境下，系统监控进程还负责CUP故障和实例失败的恢复。同PMON相似，在实例运行期间，系统监控进程会被定期唤醒，检查是否有工作需要它来完成。如果有系统内的其他进程需要使用系统监控进程的功能，也能够调用系统监控进程。

系统监控进程的主要功能包括：

- 在实启动时对数据库进行恢复。
- 回收不再使用的临时空间。
- 将各个表空间的空闲碎片合并。
- 被其他进程调用。

5.5.3 日志写入进程（LGWR）

日志写入进程（Log Writer Process，简称LGWR）负责重做日志缓冲区的管理，它把重做日志缓冲区的内容写到磁盘上的重做日志文件中永久保存。

当用户对数据库进行修改的时候，日志写入进程首先把日志缓冲区中与这次操作相关的重做日志记录写入重做日志文件中，然后保存修改结果。这是记录日志的基本原则，保证在数据库出故障的时候，可以根据日志文件把数据库恢复到一致状态。

在下列情况下，日志写入进程会把重做日志缓冲区中的重做记录写入重做日志文件：

- 用户通过COMMIT命令提交一个事务。
- 日志写入进程超时（大约3秒钟），日志写入进程会重新启动。
- 当修改的结果被写入磁盘。
- 重做日志缓冲区的三分之一已被写满。

5.5.4 归档进程（ARCn）

归档进程（Archive Process，简称ARCn）负责将重做日志文件归档。当重做日志被填满后，系统将通过日志交换转到另一个重做日志，这个时候，归档进程把在线的重做日志复制到归档存储器中。归档进程只有数据库运行在归档模式且启用自动归档的情况下才会出现。

一个数据库实例可以有ARC0—ARC9十个归档进程。在需要的时候，日志写入进程会自动启动归档进程。数据库管理员不能控制正在运行的归档进程的数目，也不能启动和关闭归档进程。可以通过初始化参数ARCHIVE_MAX_PROCESSES控制可以启动的归档进程的最大数目。可以使用Alter system命令来动态修改ARCHIVE_MAX_PROCESSES的值。

在一个Oracle数据库实例中，允许启动的ARCn进程的个数由参数log_archive_max_process决定。可以通过SHOW PARAMETER语句查看该参数的信息。

```
SQL>SHOW PARAMETER log_archive_max_process;
```

5.5.5 检查点进程（CKPT）

检查点进程（Checkpoint Process，简称CKPT）。检查点是一个数据库事件。每隔一段时间，该事件发生一次，此时数据库高速缓冲区中的内容被写入数据文件中，同时系统更新数据库控制文件和数据文件头部的同步序列号，以便记录下当前数据库的结构和状态，保证数据的同步。

当检查点事件发生时，SGA中所有改变的数据库缓冲区被写入数据库文件中。检查点进程的功能是：当发生检查点事件时，通知系统更新数据库所有的数据文件和控制文件，并标记最新的检查点，以便下一次更新从最新的检查点开始。

在Oracle数据库中，控制检查点产生的参数有两种。

- Log_checkpoint_timeout：用于设置检查点产生的时间间隔，默认值为1800秒。
- Log_checkpoint_ineral：用于设置一个检查点需要填充的日志文件块的数目，也就是指每当产生多少个日志数据时自动产生一个检查点，默认值为0。

通过SHOW PARAMETER语句可查看两个参数的信息。

```
SQL>SHOW PARAMETER Log_checkpoint_timeout;
SQL>SHOW PARAMETER Log_checkpoint_ineral;
```

5.5.6 恢复进程（RECO）

恢复进程（Recover Process，简称RECO）负责在分布式数据库环境中自动解决分布式事务的故障。

当一个节点上的事务失败时，恢复进程会自动连接到和这个失败的分布式事务相关的远程数据库。即使当时恢复进程因为某些原因不能成功连接到远程数据库，它会在一段时间间隔之后再次自动试图连接远程数据库。一旦连接建立，恢复进程会自动解决有问题的事务。所有悬而未决的事务的运行将从每一个数据库的悬挂事务表中清除。

注意，仅当数据库配置为分布式事务处理，且初始化参数DISTRIBUTED_TRANSACTIONS的值大于0时，恢复进程才会自动启动。

本章小结

　　本章主要介绍了Oracle数据库的体系结构，包括易混淆的概念（数据库、实例和服务器等概念），如何创建、修改和删除表空间，数据库的段、数据区等概念，数据库的日志，数据库的内存结构等相关知识。

项目练习

项目练习1

使用SQL命令创建本地管理方式下自动分区管理的表空间testtbs，数据文件的大小为30MB。

项目练习2

使用ALTER命令为项目练习1中创建的表空间testtbs添加一个大小为20MB、名字为newdatafile的数据文件。

项目练习3

删除刚刚在项目练习2中创建的数据文件newdatafile。

项目练习4

将刚创建的表空间testtbs的名字修改为testtbs01。

项目练习5

将表空间testtbs01的状态设置为脱机，然后确认是否可以查看该表空间，之后将其设置为联机状态。

项目练习6

将表空间testtbs01的状态设置为为只读，然后尝试在其中进行写入操作，并查看是否成功。

项目练习7

使用ALTER DATABASE语句创建重做日志组logt.rdo。

Chapter

06

SQL*Plus工具

本章概述

SQL*Plus是用户和数据库服务器之间的一种接口，因其功能强大，在Oracle数据库的各种版本中均可以使用，其执行效率也是企业管理器所不能比拟的。SQL*Plus可以执行输入的SQL语句、包含SQL语句的文件和PL/SQL语句。Oracle 11g中的SQL*Plus是以命令方式启动的，并不像Oracle 10g中SQL*Plus那样，既可以使用GUI方式，也可以命令行方式。本章将详细介绍SQL*Plus的基础知识、功能和具体使用方法。

重点知识

- SQL*Plus概述
- 其他缓存区编辑命令
- SQL*Plus常用命令
- SQL*PLUS格式化查询结果命令

6.1 SQL*Plus概述

> SQL*Plus是用户与Oracle数据库进行交互的客户端工具。在SQL*Plus中，既可以执行输入的SQL语句，也可以执行PL/SQL语句，还可以执行各种SQL*Plus命令，可以格式化SQL和PL/SQL语句的输出结果等。本节将对SQL*PLUS工具的主要功能进行详细介绍。

6.1.1 SQL*Plus的主要功能

SQL*Plus工具具备以下功能：

- 定义变量，编写SQL语句。
- 创建数据库和表。
- 对表进行插入、修改、删除、查询等操作。
- 执行各种SQL语句和PL/SQL语句。
- 进行报表显示格式的设置。
- 显示表、视图等属性定义。
- 设置字段的显示格式。
- 运行存储在数据库中的子程序或包。
- 启动和关闭数据库。
- 数据库的各项功能设置。

SQL*Plus中可以执行的命令可以分为三类：SQL命令、PL/SQL命令和SQL*PLUS内部命令，如表6.1所示。

表6.1 SQL*PLUS命令类型

命令种类	命令说明
SQL命令	指DDL、DML和DCL命令等
PL/SQL命令	是通过PL/SQL语句编写的各种过程、函数、触发器、包等
SQL*Plus内部命令	主要用于设置查询时结果的格式化，保存、编辑、查看和执行SQL或PL/SQL程序，以及设置一些环境变量等

6.1.2 SQL*Plus的启动

在Oracle 11g中，启动SQL*Plus有命令启动和菜单启动两种方式。

1. 命令启动法

Step 01 执行"开始→搜索程序和文件"命令，输入SQLPLUS命令，随后单击"确定"即可启动，如图6.1所示。

图6.1 启动SQL*PLUS

Step 02 在用户名处输入SYS AS SYSDBA，输入安装系统时设置的密码。单击"确定"即可连接数据库，如图6.2所示。

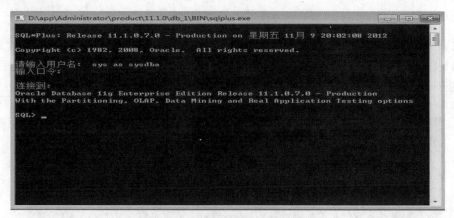

图6.2 SQL*PLUS登入数据库

Step 03 在SQL>提示符后，可以输入SQL语句。例如，输入执行查看当前数据库名和创建时间的语句 SELECT NAME,CREATED FROM V$DATABASE，如图6.3所示。

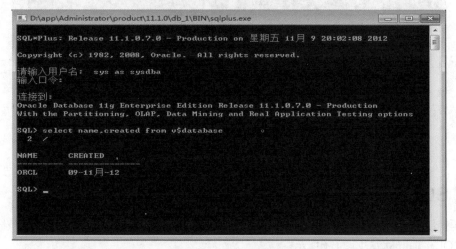

图6.3 查看当前数据

2. 开始菜单法

Step 01 执行"开始→所有程序→Oracle-OraDb11g_home1→应用程序开发→SQL Plus"命令，随后将出现SQL* Plus界面，如图6.4所示。

图6.4 "SQL Plus命令"界面

Step 02 输入相应的用户名，再输入口令，就开始与数据库服务器连接，连接成功后出现提示符SQL>，表明SQL*Plus已经启动。在此，我们输入用户名SYS AS SYSDBA，输入安装系统时设置的密码，同样可以与数据库建立连接，如图6.5所示。

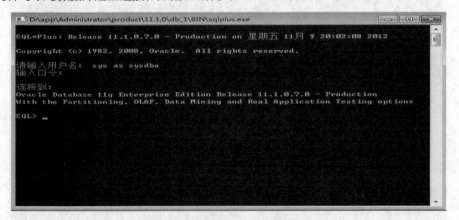

图6.5 SQL Plus连接数据库

【TIPS】

在安装过程中设置SYS和SYSTEM的密码后，在输入口令的过程中，可以一次性输入用户名与口令，格式为：用户名/口令。例如，输入SYS/密码 as SYSDBA，然后直接按Enter键，只是这种方式会把用户口令显示出来。

6.1.3 SQL*Plus的退出

当不再使用SQL*Plus时，只需要在提示符SQL>后面输入exit或者quit命令，然后按Enter键，即可退出SQL*Plus环境，如图6.6所示。

图6.6 退出SQL*Plus

6.2 SQL*Plus常用命令

> SQL*Plus中有一系列的系统命令，可以用来设置或自定义SQL*Plus的操作环境。例如，查看表或视图的列以及各列的属性，设置每行最多显示多少个字符、每页最多显示多少行、是否自动提交、是否允许服务器输出、某个列的标题和格式、输出页的页眉和页脚，特别适用于输出结果格式化显示，用于制作报表等。

6.2.1 describe命令

在SQL*Plus的许多命令中，用户使用频繁的命令可能是describe命令。describe命令可以返回数据库中所存储的对象的描述。对于表、视图等对象来说，describe命令可以列出其各个列的名称以及各个列的属性。除此之外，describe还会输出过程、函数以及程序包的规范。

describe命令的语法格式如下：

```
desc[ribe] {[schema.]object[@connect_identifier]}
```

用户既可以使用describe命令，也可以使用缩写desc。

例如，要查看SCOTT用户下的表emp、dept中的列，以及各列的数据类型和长度，我们就可以使用describe命令。

⚠ 【例6.1】查看表结构

查看SCOTT用户下的emp和dept表的结构。代码如下：

```
SQL>DESC scott.emp;
SQL>DESC scott.dept;
```

执行上述两条命令的结果如图6.7所示。

```
D:\app\Administrator\product\11.1.0\db_1\BIN\sqlplus.exe
Oracle Database 11g Enterprise Edition Release 11.1.0.7.0 - Production
With the Partitioning, OLAP, Data Mining and Real Application Testing options

SQL> desc scott.emp;
 名称                                      是否为空? 类型
 ----------------------------------------- -------- ----------------------------

 EMPNO                                     NOT NULL NUMBER(4)
 ENAME                                              VARCHAR2(10)
 JOB                                                VARCHAR2(9)
 MGR                                                NUMBER(4)
 HIREDATE                                           DATE
 SAL                                                NUMBER(7,2)
 COMM                                               NUMBER(7,2)
 DEPTNO                                             NUMBER(2)

SQL> desc scott.dept;
 名称                                      是否为空? 类型
 ----------------------------------------- -------- ----------------------------

 DEPTNO                                    NOT NULL NUMBER(2)
 DNAME                                              VARCHAR2(14)
 LOC                                                VARCHAR2(13)

SQL>
```

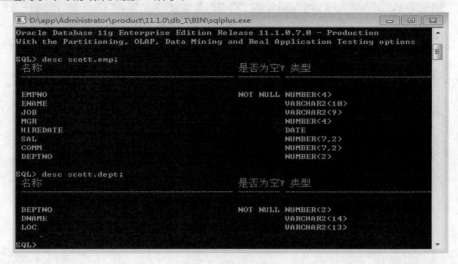

图6.7　查看表结构

【TIPS】

当用SYS 或SYSTEM用户登录时，查看SCOTT用户下的表，必须在表的前面写上用户名SCOTT，如果登录的用户是SCOTT，直接写DESC emp和DESC dept即可。

如果我们要查看程序包，输入desc和程序包的名字即可。

【例6.2】查看程序包的结构

查看系统dbms_ountput程序包的结构，代码如下：

```
SQL>DESC dbms_output;
```

执行结果如图6.8所示。

```
SQL> desc dbms_output
PROCEDURE DISABLE
PROCEDURE ENABLE
参数名称                       类型                    输入/输出默认值?
------------------------------ ----------------------- ------ --------
 BUFFER_SIZE                   NUMBER(38)              IN     DEFAULT
PROCEDURE GET_LINE
参数名称                       类型                    输入/输出默认值?
------------------------------ ----------------------- ------ --------
 LINE                          VARCHAR2                OUT
 STATUS                        NUMBER(38)              OUT
PROCEDURE GET_LINES
参数名称                       类型                    输入/输出默认值?
------------------------------ ----------------------- ------ --------
 LINES                         TABLE OF VARCHAR2(32767) OUT
 NUMLINES                      NUMBER(38)              IN/OUT
PROCEDURE GET_LINES
参数名称                       类型                    输入/输出默认值?
------------------------------ ----------------------- ------ --------
 LINES                         DBMSOUTPUT_LINESARRAY   OUT
 NUMLINES                      NUMBER(38)              IN/OUT
PROCEDURE NEW_LINE
PROCEDURE PUT
参数名称                       类型                    输入/输出默认值?
------------------------------ ----------------------- ------ --------
 A                             VARCHAR2                IN
PROCEDURE PUT_LINE
参数名称                       类型                    输入/输出默认值?
------------------------------ ----------------------- ------ --------
 A                             VARCHAR2                IN
```

图6.8　查看程序包结构

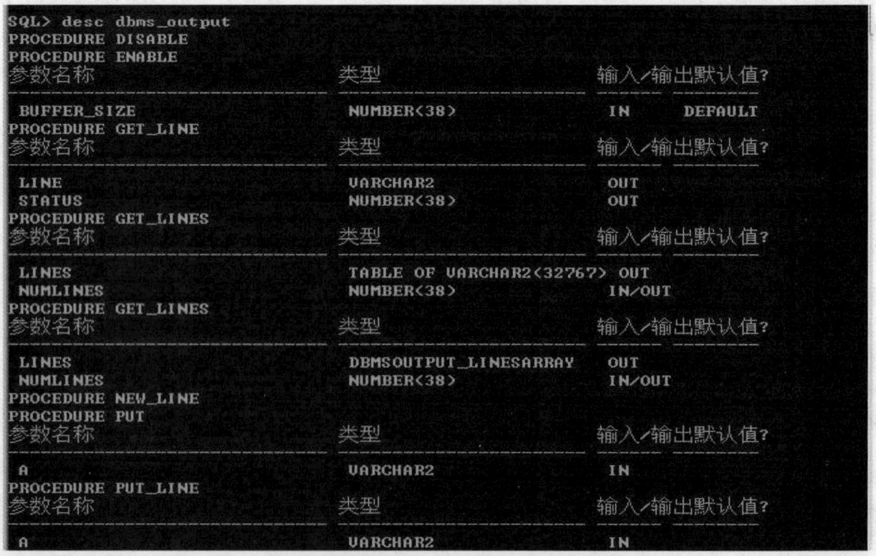

6.2.2 prompt命令

prompt命令用来向屏幕发送信息。在我们需要编写程序和用户进行交互时，此命令可以给用户一定的提示信息。例如，程序员编写了一个查询用户信息的语句，并且希望为用户提示一些信息，这时就可以使用prompt命令输出这些提示性信息。

⚠ 【例6.3】在屏幕输出提示

在屏幕输出提示性信息"请输入你的用户名:"代码如下:

```
SQL>PROMPT 请输入你的用户名：
```

结果如图6.9所示。

连接到：
Oracle Database 11g Enterprise Edition Release 11.2.0.1.0 - Production
With the Partitioning, OLAP, Data Mining and Real Application Testing options

SQL> PROMPT 请输入你的用户名：
请输入你的用户名：

图6.9　prompt输出

6.2.3 define和accept命令

在SQL语句中，需要定义变量时，可以使用define和accept命令。变量定义后便可在程序中多次使用。使用undefine命令可以清除所定义的变量。

1. define命令

define命令用于创建一个数据类型为char的用户自定义变量，define命令的语法形式如表6.2所示。

表6.2　define命令

命　令	说　明
define	显示所有用户已定义变量
define variable	显示指定变量的名称、值和数据类型
define variable=value	用户创建一个char类型的变量，并为该变量赋值

⚠ 【例6.4】使用define命令查看变量

用define命令查看Oracle中所有已定义系统变量，代码如下，结果如图6.10所示。

```
SQL>DEFINE;
```

🔑 【TIPS】

从Oracle 10g开始，SQL*Plus新增了三个已定义变量：_date、_privilege和_user。_date变量是一个动态的变量，可以提供基于nls_date_format设置的日期；_privilege变量包含了当前用户的权限；_user包含了连接到当前数据库的用户名。

图6.10　用define查看变量

使用define命令定义变量wjob，并给其分配一个char类型的值SALESMAN，代码如下：

```
SQL> DEFINE wjob='SALESMAN'
```

⚠ 【例6.5】使用define命令定义变量

使用define命令先定义一个变量tempno，并为该变量赋值7876，然后使用define tempno命令查看该变量的信息；再使用查询语句进行查询，在WHERE条件中使用已定义好的变量tempno，执行该语句时，系统不再提示用户输入该变量的值，代码如下：

```
SQL>DEFINE tempno=7876
SQL>DEFINE tempno
SQL>select empno,ename from scott.emp where empno=&tempno;
```

执行结果如图6.11所示。

图6.11　用define定义变量

2. accept命令

使用accept命令可以定义变量，也可以定制一个用户提示，用于提示用户输入指定的数据。accept命令的语法格式如下：

```
accept  variable[datatype][format format][prompt text][hide]
```

下面对各个参数进行说明。

- **Variable：**用于指定接收值的变量。如果该变量不存在，那么SQL*Plus自动创建该变量。
- **Datatype：**数据类型，可以是char、date、number，默认的数据类型为char。
- **Format：**指定变量的格式。

- **Prompt text:** 用于输入数据之前提示的文本信息。
- **Hide:** 用于隐藏用户为变量输入的值。

 【TIPS】

各个参数可以根据情况选用，这些参数可以写，也可以不写。

【例6.6】使用accept命令定义变量

使用accept命令定义tempno变量，然后在查询语句中使用该变量tempno。代码如下：

```
SQL>ACCEPT tempno number prompt '请输入雇员编号tempno:' hide
```

若后面有hide，输入的内容不可见，但实际已经把该值赋给变量。代码如下。

```
SQL>select empno,ename from scott.emp where empno=&tempno;
```

执行结果如图6.12所示。

```
SQL> ACCEPT tempno number prompt '请输入雇员编号tempno:'  hide
'请输入雇员编号tempno:'
SQL> select empno,ename from scott.emp where empno=&tempno;
原值    1: select empno,ename from scott.emp where empno=&tempno
新值    1: select empno,ename from scott.emp where empno=        7876

    EMPNO ENAME
    7876 ADAMS
```

图6.12　用accept命令定义变量

6.2.4 替换变量

在Oracle数据库中，可以使用替换变量来临时存储有关数据。在运行SQL语句时，如果在某个变量前面使用了&符号，那么就表示该变量是一个替换变量。执行SQL语句时，系统会提示用户为该变量提供一个具体的数据。其中，常用的替换变量有&、&&。

1. &替换变量

在SQL语句中，替换变量常用在where子句、order by子句、列表达、表名或整个select语句中来替换一些变量。

【例6.7】使用&替换变量

在对SCOTT用户下的表emp进行查询时，在where条件中，定义一个临时变量num。在执行查询语句时，在SQL*Plus中提示用户输入num的值，输入数值后，系统根据输入的值自动执行。代码如下：

```
SQL>select ename, sal, job, hiredate
from  scott.emp
where sal > =&num;
```

执行结果如图6.13所示。

```
SQL> select ename, sal, job, hiredate
  2  from  scott.emp
  3  where sal > =&num;
输入  num 的值:  1500
原值     3: where sal > =&num
新值     3: where sal > =1500

ENAME            SAL JOB       HIREDATE
_____ _____ _____ _____
ALLEN           1600 SALESMAN  20-2月 -81
JONES           2975 MANAGER   02-4月 -81
BLAKE           2850 MANAGER   01-5月 -81
CLARK           2450 MANAGER   09-6月 -81
SCOTT           3000 ANALYST   19-4月 -87
KING            5000 PRESIDENT 17-11月-81
TURNER          1500 SALESMAN  08-9月 -81
FORD            3000 ANALYST   03-12月-81

已选择8行。
```

图6.13　&替换变量执行结果

🔑【TIPS】

　　如果替换变量是字符类型的数据,在输入值时必须使用单引号将字符类型数据引起来。对字符类型或日期类型的替换变量,也可以在使用时把该变量引起来,当输入替换变量时就可以省略引号了。

⚠️【例6.8】两次使用&替换变量

　　在执行SQL语句时,可以根据需要指定临时变量columnName(列名),当两次使用该变量时,系统会两次提示输入变量columnName的值,这时需要两次输入相同的变量值。代码如下:

```
SQL>select empno, ename, job, &columnName
from scott.emp
where sal >= 3000
order by &columnName;
```

执行结果如图6.14所示。

```
SQL> select empno, ename, job, &columnName
  2  from scott.emp
  3  where sal >= 3000
  4  order by &columnName;
输入  columnname 的值:  hiredate
原值     1: select empno, ename, job, &columnName
新值     1: select empno, ename, job, hiredate
输入  columnname 的值:  hiredate
原值     4: order by &columnName
新值     4: order by hiredate

   EMPNO ENAME      JOB       HIREDATE
_____ _____   _____ _____
    7839 KING       PRESIDENT 17-11月-81
    7902 FORD       ANALYST   03-12月-81
    7788 SCOTT      ANALYST   19-4月 -87
```

图6.14　两次使用&替换变量结果

2. &&临时替换变量

　　在select语句中,如果需要重新使用某个变量,并且不希望重新提示输入该值,那么可以使用&&替换变量。为了避免为同一个变量提供两个不同的值,且使得系统为同一个变量值提示一次信息,那么可以使用&&符号。

⚠ 【例6.9】使用&&临时替换变量

同样的变量columnName，输入了两次同样的值，我们可以使用&&来替换第一次的变量，系统只会提示一次输入变量值。代码如下：

```
SQL>select empno, ename, job, &&columnName
from scott.emp
where sal >= 4000
order by &columnName;
```

执行结果如图6.15所示。

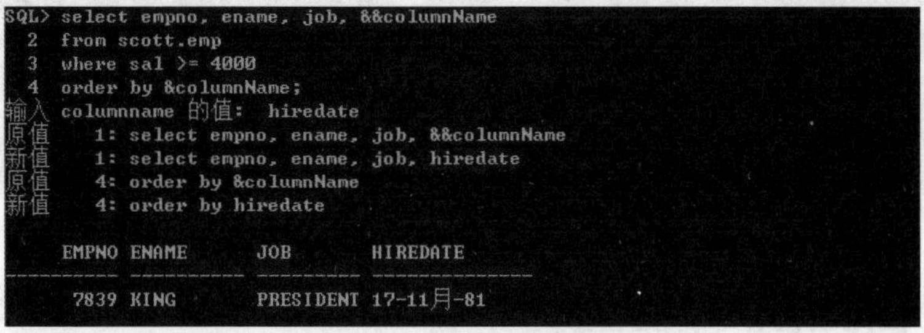

图6.15　使用&&临时变量

6.2.5 show命令

show命令可以用来显示当前SQL*Plus环境中的系统变量的值，还可以显示错误信息、初始化参数、当前用户等信息。该命令的语法格式是：

```
SHO[w] option
```

其中，option包含的选项有：

```
ALL,BTI[TLE],ERR[ORS][{FUNCTION|PROCEDURE||PACKAGE|PACKAGE
BODY|TRIGGER|VIEW|TYPE|TYPEBODY}[schema.]name],PARAMETERS [parameter_name],REL[
EASE],REPF[OOTER],REPH[EADER],SGA,SPOO[L], SQLCODE,TT[ITL E],USER。
```

show命令的基本功能如表6.3所示。

表6.3　show命令的基本功能

命　令	说　明
SHOW all	显示当前所有系统变量的值
SHOW errors	显示创建函数、存储过程、触发器、包等对象时的错误信息。当创建函数、存储过程等出错时，就可以用该命令查看出错的地方与相应的出错信息，以便修改后再次进行编译
SHOW parameters	显示初始化参数的值
SHOW release	显示数据库的版本

（续表）

命　令	说　明
SHOW SGA	显示SGA的大小，只有具有DBA权限的用户才能使用该选项
SHOW sqlcode	显示数据库操作之后的状态代码
SHOW user	显示当前连接的用户

执行SHOW sqlcode、SHOW user和SHOW SGA命令的结果如图6.16所示。

```
SQL> SHOW sqlcode
sqlcode 0
SQL> show user
USER 为 "SYS"
SQL> show SGA

Total System Global Area  612368384 bytes
Fixed Size                  1250428 bytes
Variable Size             213912452 bytes
Database Buffers          390070272 bytes
Redo Buffers                7135232 bytes
```

图6.16　show命令的执行结果

【例6.10】使用show命令查看数据块

使用show命令查看当前数据库实例的数据块大小，如图6.17所示,代码如下：

```
SQL>SHOW parameters db_block_size;
```

```
SQL> SHOW parameters db_block_size;

NAME                                 TYPE        VALUE
------------------------------------ ----------- ------------------------------
db_block_size                        integer     8192
```

图6.17　用show命令查看当前数据库

6.2.6 save命令

该命令用于将SQL缓冲区中的最近一条SQL语句或PL/SQL块保存到一个指定的文件中。在SQL*Plus中执行一条或若干条SQL命令或PL/SQL语句时，Oracle会把这些命令语句放在“缓冲区”中，但每执行一次，后面执行的语句覆盖前面执行的语句，即缓冲区中只能存放最近刚执行过的SQL或PL/SQL语句。如果要保存以往执行过的语句，可以使用SAVE命令。

1. 使用save命令保存已执行的SQL语句

如果执行过的内容需要再次使用或者需要在此基础上进行编辑处理，可以使用SAVE命令，把当前缓冲区的内容保存到文件中。

save命令的语法格式如下：

```
SAVE file_name [create]|[append]|[replace]
```

下面对参数进行说明。

- **File_name：**要创建的存档文件名。
- **Create：**表示创建一个文件file_name，将缓冲区中的内容保存到该文件中，该项为默认选项。

- **Append：** 如果file_name文件已经存在，则将缓冲区中的内容追加到file_name文件内容之后；如果该文件不存在，则创建该文件。
- **Replace：** 如果file_name文件已经存在，则覆盖file_name文件的内容；如果该文件不存在，则创建该文件。

存档文件默认保存在当前路径下，也可以使用绝对路径，例如，SAVE E:\selefile就保存在E盘下，文件名为selefile.sql，如图6.18所示。

图6.18　使用save命令保存

2. 使用save和input命令保存已执行的命令

SQL*Plus命令（不是SQL语句或PL/SQL语句）不能直接保存在缓冲区，要想保存执行过的SQL*Plus命令，可以通过结合使用save命令和input命令来实现。

使用input命令可将SQL*Plus命令输入到缓冲区中，然后使用save命令将缓冲区内SQL*Plus命令保存到文件中。

如图6.19所示为组合使用save命令和input命令保存已执行过的SQL*Plus命令的执行效果。

```
SQL>clear buffer
SQL>List
SQL>column sal heading '工资'
SQL>input column sal heading '工资'
SQL>List
SQL>save e:\savefile.sql
```

```
SQL> clear buffer
buffer 已清除
SQL> List
SP2-0223: SQL 缓冲区中不存在行。
SQL> column sal heading '工资'
SQL> input column sal heading '工资'
SQL> list
  1* column sal heading '工资'
SQL> save e:\savefile.sql
已创建 file e:\savefile.sql
SQL> select * from scott.emp;

    EMPNO ENAME      JOB            MGR HIREDATE          '工资'      COMM
    DEPTNO

     7369 SMITH      CLERK         7902 17-12月-80          800
       20

     7499 ALLEN      SALESMAN      7698 20-2月 -81         1600       300
       30

     7521 WARD       SALESMAN      7698 22-2月 -81         1250       500
       30
```

图6.19　通过save和input命令把SQL*Plus命令放入文件中并保存

Oracle从入门到精通

【TIPS】

通过clear buffer命令，可以清空SQL缓冲区中的内容。

6.2.7 get命令

通过save命令可以将缓冲区的内容保存到文件中，通过get命令可以将保存后的文件中的内容读取到缓冲区进行显示。

get命令的语法格式如下：

```
Get file_name
```

其中参数file_name表示指定的文件。

图6.20显示了下列操作的执行结果：先执行SAVE命令，将一个执行过的SELECT语句保存到savefile1.sql文件中，然后执行get命令，将文件内容读到缓冲区中。

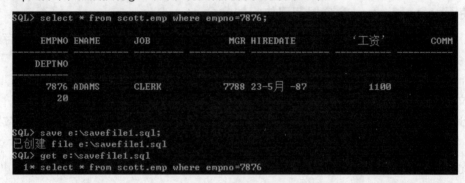

图6.20　使用get命令

6.2.8 edit命令

使用edit命令，可以将SQL*PLUS缓冲区中的内容复制到文件afiedt.buf中，并且默认在记事本中打开该文件，用户可对其中的内容进行编辑并保存。

edit命令命令语法格式为：

```
Edit [file_name]
```

其中file_name为保存缓冲区内容的文件名，默认为afiedt.buf，也可以指定一个具体的已存在的文件。图6.21所示为执行edit命令的效果。

图6.21　使用edit命令

146

对记事本中的内容进行编辑后，退出编辑器时所编辑的内容将被复制到SQL*PLUS缓冲区中。

6.2.9 @命令

@命令用于执行保存在脚本文件中的SQL、PL/SQL语句等。其语法格式为：

```
@  [file_name]
```

其中file_name表示要执行的脚本文件名。

例如，执行e:\savefile1.sql的命令是：@ e:\savefile1.sql，结果如图6.22所示。

```
SQL> @ e:\savefile1.sql

    EMPNO ENAME      JOB          MGR HIREDATE         '工资'       COMM

    DEPTNO

     7876 ADAMS      CLERK       7788 23-5月 -87         1100
       20
```

图6.22　使用@命令

6.2.10 spool命令

使用spool命令可以把SQL*PLUS中的输出结果复制到指定的文件中，直到使用spool off命令为止。spool命令的语法格式如下：

```
spool [file_name [create]|[append]|[replace]|off|out]
```

下面对参表进行说明。

- **file_name：** 表示指定的文件。
- **create：** 表示创建一个文件file_name，并将缓冲区中的内容保存到该文件中，该项为默认选项。
- **append：** 如果file_name文件已经存在，则将缓冲区中的内容追加到file_name文件内容之后；如果该文件不存在，则创建该文件。
- **replace：** 如果file_name文件已经存在，则覆盖file_name文件的内容；如果该文件不存在，则创建该文件。
- **off：** 停止将SQL*Plus中的输出结果复制到file_name文件中，并关闭该文件。
- **out：** 启动该功能，将SQL*Plus中的结果复制到file_name文件中。

⚠ 【例6.11】使用spool命令

使用spool命令把执行命令的结果输出到e:\spoolfile.txt中，如图6.23所示。

图6.23　使用spool命令

必须使用spool off命令，才能把原来执行的结果输出。

输出后保存在e:\spoolfile.txt文件中内容如图6.24所示。

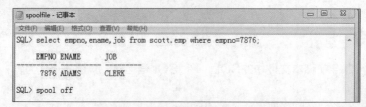

图6.24　指定文件中显示的结果

上面的执行结果是：从spool命令开始（不包括该命令），一直到spool off命令（包括该命令）之间的所有内容都被写入testspool.txt文件中。

【TIPS】

在使用spool off或spool out命令关闭输出之前，在输出文件中看不到输出的内容。

6.2.11　start命令

start命令用来将文本文件中的内容读取到缓冲区中，然后在SQL*Plus中运行这些内容。start命令的语法格式如下：

```
start   [file_name]
```

其中参数File_name为要读入执行的脚本文件。该命令将file_name文件的内容读入SQL*Plus缓冲区，然后运行缓冲区中的内容。

⚠ 【例6.12】使用start命令

使用start命令读取e:\tsavefile1.sql中内容，并运行其中内容。

```
SQL> start e:\savefile1.sql
```

执行结果如图6.25所示。

图6.25　使用start命令

【TIPS】

start命令和前面讲过的@命令的效果相同，两个都可以使用。

6.2.12　help命令

SQL*Plus工具提供的Oracle数据库的命令比较多，并且每个命令都有很多选项，记住所有的命令和命令选项比较难。为了解决这个难题，SQL*Plus提供了HELP命令来帮助用户查询指定命令的选项。HELP命令的语法形式如下：

```
HELP|?[command_name]
```

下面对参数进行说明。
- **"?"：** 是这个命令的部分字符，通过这个命令可以模糊查询的方式来查询命令格式。
- **command_name：** 表示将要查询的命令的完整命令名称。

直接执行help命令，则会输出help命令本身的语法格式和其属性描述信息。

⚠ **【例6.13】查看start命令**

start命令用来将文本文件中的内容读取到缓冲区中，使用help命令可以查看start命令的语法格式及功能描述，具体代码如下：

```
SQL>help start
```

如果不知道要使用的SQL*Plus命令，可以使用help index命令查看所有SQL*Plus命令。

⚠ **【例6.14】查看SQL*Plus命令清单**

使用help index命令来查看SQL*Plus命令清单。代码如下：

```
SQL>help index
```

⚠ **【例6.15】查看SQL*Plus命令的语法格式和属性**

使用问号（?）查看SQL*Plus命令的语法格式和属性。代码如下：

```
SQL>?describe
```

6.3 SQL*Plus格式化查询结果命令

> 在使用SQL*Plus执行查询操作时，查询结果的显示格式经常会非常混乱，可以使用格式化命令对结果进行格式化处理。常用的格式化命令有linesize、pagesize、column、pause、ttitle、btitle等，这些命令可以通过SET命令来设置显示的格式。

6.3.1 SQL*Plus环境的设置

设置SQL*Plus运行环境，可以使得SQL*Plus各种显示页面更符合用户习惯。启动SQL*Plus窗口后，在SQL*Plus窗口顶端单击右键并在弹出的快捷键菜单中执行"默认值或属性"命令，弹出 "SQL Plus属性" 对话框，其中有选项、字体、布局和颜色四个选项卡，分别用来设置相关选项。如图6.26~图6.29所示。

图6.26　SQL Plus属性-选项

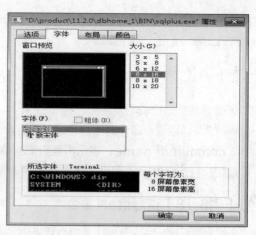

图6.27　SQL Plus属性-字体

图6.28　SQL Plus属性-布局

图6.29　SQL Plus属性-颜色

　　把"SQL*Plus属性"的字体改为10*20、窗口改为300（宽）×200（高），屏幕背景改成蓝色。操作步骤如下：

Step 01　右击标题栏，在弹出的快捷菜单中执行"属性"命令，出现"SQL Plus属性"窗口，在"字体"选项卡上，选择10×20，如图6.30所示。

图6.30　字体设置

Step 02 在"布局"选项卡的"窗口大小"选项组中将"宽度"设为300,"高度"设为200,如图6.31所示。

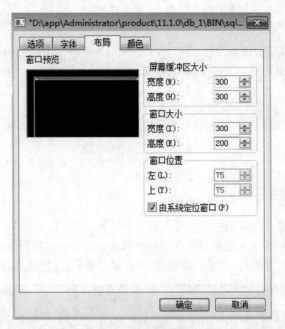

图6.31 设置窗口大小

Step 03 在"颜色"选项卡的左上方,先选择"屏幕背景"选项,然后在中间的颜色块中选择绿色,如图6.32所示。

图6.32 设置背景

Step 04 单击"确定"按钮,关闭"属性"窗口,返回命令提示符的操作界面。此时,屏幕背景变成蓝色,而且窗口的宽度由原来的80变为了300,高度也由原来的25变为了200,最终效果如图6.33所示。

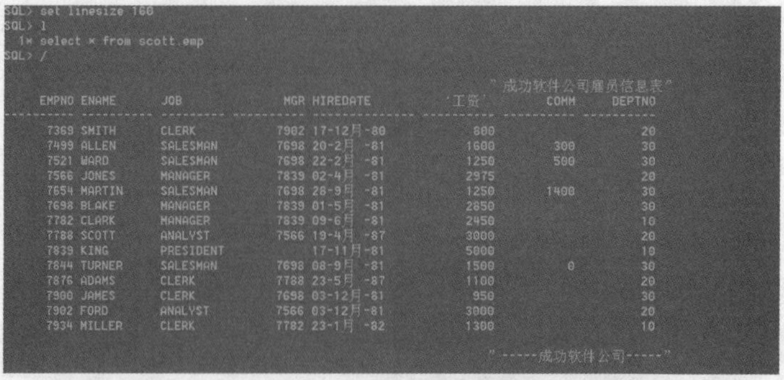

图6.33　设置后效果图

6.3.2　linesize命令

linesize命令用于设置一行数据可显示的最多字符数量。linesize的默认值为80。该默认设置是很低效的，造成的后果是：对于表中的一行数据，在屏幕上会以多行数据显示。适当调整linesize的值，使其值等于或稍大于数据行的宽度，输出的数据就不会多行显示，如图6.34所示。

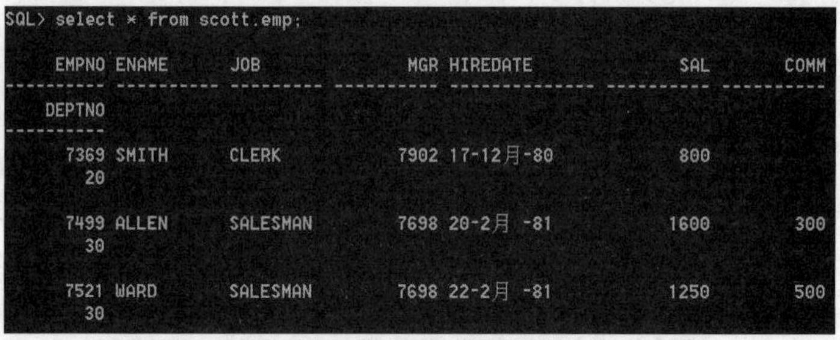

图6.34　一般查询显示图

⚠ 【例6.16】使用linesize命令

显示当前linesize 大小，并修改其值，然后查看设置后显示的结果。代码如下：

```
SQL>show linesize
SQL>set linesize 160
SQL>select * from scott.emp;
```

执行结果如图6.35所示。

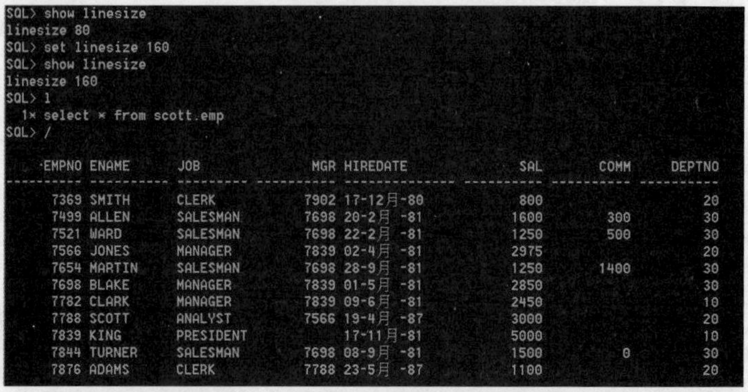

图6.35　设置linesize后的效果

6.3.3 pagesize命令

pagesize命令用来设置页面，可以设置每一页的大小，从而控制每一页显示的数据行数。在默认情况下，pagesize被设置为14（其中包括TITLE、BTITLE、COLUMN标题以及显示的空行）。图6.36所示为执行pagesize 14后的效果图。

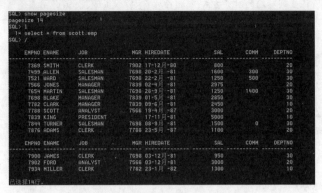

图6.36 设置pagesize后的效果

【TIPS】

不要把当前窗口区域内能够显示的行数看作SQL*Plus环境中一页的行数，真正的一页行数是由pagesize的值决定的。

【例6.17】使用pagesize命令

设置一页的行数为20，然后查看在新的pagesize下一页显示的数据。代码如下：

```
SQL>SET pagesize 20;
SQL>SHOW pagesize;
SQL>select * from scott.emp;
```

6.3.4 column命令

column命令用来控制某个列的显示格式，其详细语法格式如下：

```
column [column_name | column_alias][option]
```

下面介绍参数的含义。
- **column_name:** 要设置格式的列名。
- **column_alias:** 要设置格式的列的别名。
- **option:** 格式设置选项。具体的选项如表6.4和表6.5所示。

表6.4 Column属性选项

选　项	描　　述
clear	清除列的格式
Format format	改变列数据的显示格式,format属性如表6.4所示

（续表）

选 项	描 述
Heading text	设置列标题
Justify[align]	设置列标题的对齐方式,可选的对齐方式是left、center、right
Null text	指定为空值显示的内容

表6.5 Format属性列格式描述

选 项	描 述	示 例
An	设置列显示宽度	A5
9	数字	999999
0	强制列标题为0	099999
$	浮动的货币符号	$9999
L	本地货币符号	L9999
.	小数点位置	9999.99
,	千位分割符	9,999

⚠ 【例6.18】设置列别名和宽度

为ename列起别名并设置ename列的显示宽度。命令如下,执行效果如图6.37所示。

```
SQL>column ename heading '雇员姓名' format A15
```

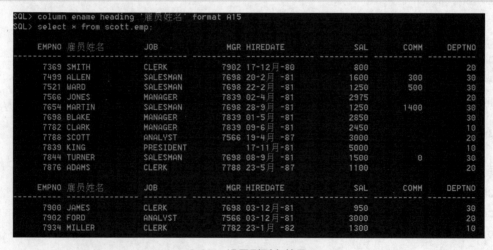

6.37 设置列别名效果

⚠ 【例6.19】设置列别名并居中

为列sal起别名,使该列居中并设置此列为货币格式。命令如下,执行效果如图6.38所示。

```
SQL>column sal heading '薪水' justify center format $99,999.99
```

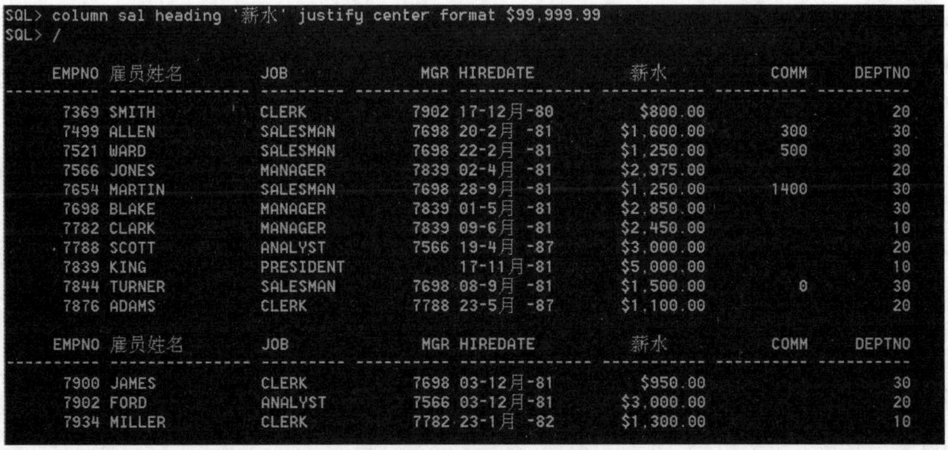

```
SQL> column sal heading '薪水' justify center format $99,999.99
SQL> /

     EMPNO 雇员姓名        JOB              MGR HIREDATE           薪水         COMM     DEPTNO
---------- -------------- --------- ---------- -------------- ----------- ---------- ----------
      7369 SMITH          CLERK           7902 17-12月-80          $800.00                    20
      7499 ALLEN          SALESMAN        7698 20-2月 -81        $1,600.00        300         30
      7521 WARD           SALESMAN        7698 22-2月 -81        $1,250.00        500         30
      7566 JONES          MANAGER         7839 02-4月 -81        $2,975.00                    20
      7654 MARTIN         SALESMAN        7698 28-9月 -81        $1,250.00       1400         30
      7698 BLAKE          MANAGER         7839 01-5月 -81        $2,850.00                    30
      7782 CLARK          MANAGER         7839 09-6月 -81        $2,450.00                    10
      7788 SCOTT          ANALYST         7566 19-4月 -87        $3,000.00                    20
      7839 KING           PRESIDENT            17-11月-81        $5,000.00                    10
      7844 TURNER         SALESMAN        7698 08-9月 -81        $1,500.00          0         30
      7876 ADAMS          CLERK           7788 23-5月 -87        $1,100.00                    20

     EMPNO 雇员姓名        JOB              MGR HIREDATE           薪水         COMM     DEPTNO
---------- -------------- --------- ---------- -------------- ----------- ---------- ----------
      7900 JAMES          CLERK           7698 03-12月-81          $950.00                    30
      7902 FORD           ANALYST         7566 03-12月-81        $3,000.00                    20
      7934 MILLER         CLERK           7782 23-1月 -82        $1,300.00                    10
```

图6.38　设置别名并居中

【例6.20】清除列的属性

清除sal列的属性设置。命令如下，执行效果如图6.39所示。

```
SQL>column ename clear
```

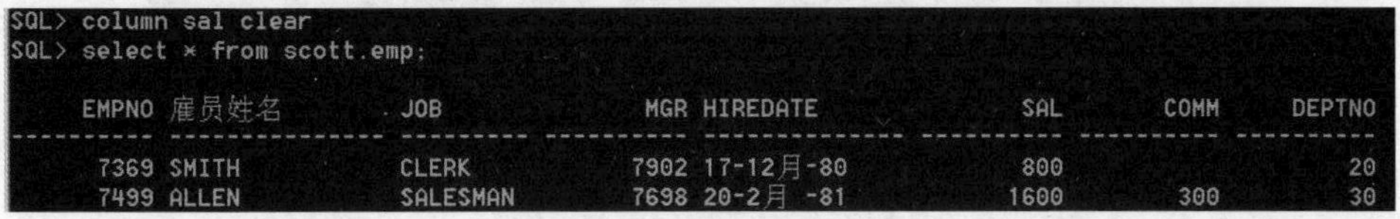

```
SQL> column sal clear
SQL> select * from scott.emp;

     EMPNO 雇员姓名        JOB              MGR HIREDATE              SAL       COMM     DEPTNO
---------- -------------- --------- ---------- -------------- ---------- ---------- ----------
      7369 SMITH          CLERK           7902 17-12月-80            800                    20
      7499 ALLEN          SALESMAN        7698 20-2月 -81           1600        300         30
```

图6.39　清除列的属性

6.3.5 pause命令

不同的查询语句可以返回不同的结果。有些查询语句可能会返回成千上万行数据。当SQL*Plus输出大量数据时，返回的结果在屏幕上快速闪过，用户难以看清。如果查询结果所包含的数据超过用户屏幕边界，这时就需要在屏幕中进行一次缓冲，存储那些已显示的数据。用户需要通过上下滚动来查看查询结果，即需要进行分页显示。

pause命令用来对查询结果进行分页显示，使SQL*Plus在一页之后暂停滚屏。其语法格式为：

```
set pause on   启动屏幕显示暂停功能
set pause off  关闭屏幕显示暂停功能
```

6.3.6 ttitle和btitle命令

在工作中要生成各种报表，通常需要设置页眉和页脚，ttitle和btitle命令分别用来设置报表的页眉和页脚。

ttitle和btitle命令的语法格式类似，其语法格式如下：

```
ttitle | btitle [printspec[text|variable]]|[off|on]
```

下面介绍主要参数的含义。

- **ttitle：** 设置页眉。

- **btitle:** 设置页脚。
- **printspec:** 格式设置，可选用的值有left、center、right、bold、Format text等。
- **on:** 表示启用设置。
- **off:** 表示取消设置。

⚠ 【例6.21】设置页眉和页脚

设置scott用户下的emp表的页眉和页脚，让页眉和页脚居中，页眉为"成功软件公司雇员信息表"，页脚为"----- 成功软件公司-----"。设置命令如下，执行效果如图6.40所示。

```
SQL>ttitle center "成功软件公司雇员信息表"
SQL>btitle center "----- 成功软件公司-----"
SQL>set linesize 160
SQL>select * from scott.emp
```

图6.40　设置页眉和页脚

6.3.7　break和computer命令

在查询过程中，可以使用break和computer命令对查询的结果进行统计计算。Break命令可以根据列值的范围分隔输出结果，使得重复的列值不进行显示。computer命令可以对某一列数据进行计算。

Break和computer命令的一般语法格式如下：

```
Break [on column_name] skip n
Computer function LABEL label of column_name on break_column_name
```

下面对参数进行说明。

- **column_name:** 指示要操作的列名。
- **skip n:** 表示在指定列的值变化之前插入n个空行。
- **function:** 指定执行的操作类型，如SUM()求和、MAX()求最大值、MIN()求最小值、AVG()求平均值、COUNT()总列数等。
- **label:** 指定显示结果时的文本信息。

⚠ 【例6.22】分组计算列值总和

计算scott.emp表中根据deptno列进行分组后，每组Sal列值总和。

```
SQL>BREAK ON deptno
```

```
SQL>compute sum of sal on deptno
SQL>select empno,ename,sal,deptno from scott.emp order by deptno;
```

执行结果如图6.41所示。

```
SQL> BREAK ON deptno
SQL> compute sum of sal on deptno
SQL> select empno,ename,sal,deptno from scott.emp order by deptno;

    EMPNO ENAME           SAL     DEPTNO
--------- ---------- --------- ----------
     7782 CLARK           2450         10
     7839 KING            5000
     7934 MILLER          1300
                    --------- **********
                         8750 sum
     7566 JONES           2975         20
     7902 FORD            3000
     7876 ADAMS           1100
     7369 SMITH            800
     7788 SCOTT           3000
                    --------- **********

    EMPNO ENAME           SAL     DEPTNO
--------- ---------- --------- ----------
                        10875 sum
     7521 WARD            1250         30
     7844 TURNER          1500
     7499 ALLEN           1600
     7900 JAMES            950
     7698 BLAKE           2850
     7654 MARTIN          1250
                    --------- **********
                         9400 sum

已选择14行。
```

图6.41　分组计算列值总和

6.4 其他缓存区编辑命令

　　SQL*Plus会在缓冲区中存储用户最近运行的命令。通过使用各种缓存区中的命令,可以调出缓冲区中存储的这些命令,对这些命令重新调用、编辑以及运行。可以使用两种方法修改缓冲区中存储的命令:可以将缓冲区中的内容传递给编辑器,也可以使用SQL*Plus的默认编辑器提供的编辑命令。表6.6中列出了常用的SQL*Plus的行编辑命令及其说明。

表6.6　常用的SQL*Plus的行编辑命令

命　令	说　明
A[PPEND] text	在行的结尾添加文本
C[HANGE] /old/new	将当前行中的old替换成new
C[HANGE] /text	从当前行删除text
CL[EAR] BUFF[ER]	删除缓冲区中的所有行
DEL	删除当前行
DEL n	删除第n行

（续表）

命　令	说　明
DEL m n	删除m行到n行，n可以是LAST
I[NPUT] text	在当前行后面添加一新行，内容是text
L[IST]	列出所有行
L[IST] n或只输入n	列出第n行，并将其设置成当前行，n可以是LAST
L[IST] m n	列出第m行到第n行
L[IST] *	列出当前行
R[UN]	列出并执行当前存储在缓冲区中的SQL命令或PL/SQL块
CONNECT	用户连接数据库
/	执行当前存储在缓冲区中的SQL命令或PL/SQL块

⚠ 【例6.23】使用APPENTD命令

执行查询命令select * from，显示"表名无效"的错误信息，这时可以使用APPENTD命令把要查询的表添加上。使用LIST命令可以查看添加后的语句是否正确，然后使用"/"执行这条命令。命令如下：

```
SQL>SELECT * FROM
SQL>APPEND  SCOTT.EMP
SQL>LIST
SQL>/
```

执行效果如图6.42所示。

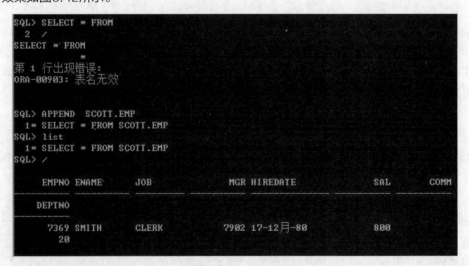

图6.42　综合应用命令

本章小结

　　本章主要讲解了SQL*Plus工具如何使用，特别是describe、get、save、show等命令的使用，以及SQL*Plus属性的设置，最后介绍了其他缓冲区命令。

项目练习

项目练习1

启动SQL*Plus工具，并通过运行SQL命令查询SCOTT.DEPT中的信息。

项目练习2

使用save命令保存执行的命令。

项目练习3

使用start命令执行保存的命令。

项目练习4

使用edit命令编辑执行文件。

项目练习5

使用spool命令保存执行文件的结果。

PL/SQL编程基础

本章概述

SQL语言的全称是结构化查询语言（Structure Query Language），要学习数据库编程技术，必须首先掌握SQL语言。但是仅有SQL语句是不够的，必须对SQL语言进行扩展。这种扩展就是PL/SQL语言。

PL/SQL是一种数据库程序设计语言，是Oracle数据库系统提供的扩展SQL语言。用户可以使用PL/SQL编写过程、函数、程序包、触发器，并且存储这些代码。使用PL/SQL语言可以在各种环境下对Oracle数据库进行访问。

重点知识

- PL/SQL概述
- PL/SQL常量和变量定义
- 条件语句
- 循环语句

7.1 PL/SQL概述

> PL/SQL是基于Ada编程语言的结构化编程语言，是由Oracle公司从版本6开始提供的专用于Oracle产品的数据库编程语言。用户可以使用PL/SQL语言编写存储过程、函数、程序包、触发器等PL/SQL代码，并且把这些代码存储起来，以便由具有适当权限的数据库用户重复调用。PL/SQL语句对大小写不太敏感，PL/SQL编程使用块结构进行编程，利用模块化方式进行构建。

7.1.1 PL/SQL与SQL的关系

PL/SQL（Procedural Language/SQL，过程化SQL）也是一种程序设计语言，是Oracle公司对标准SQL语言的过程化扩展。PL/SQL在普通SQL语句的使用上增加了编程语言的特点，所以PL/SQL可以把数据操作和查询语句组织在PL/SQL代码的过程性单元中，通过逻辑判断、循环等操作实现复杂的功能或者计算。PL/SQL主要用于在Oracle数据库系统上进行数据操作和开发应用。

7.1.2 PL/SQL基本结构

PL/SQL程序都是以块为基本单位，整个PL/SQL的块由声明部分、程序代码部分和异常处理部分组成。PL/SQL块的语法格式如下：

```
DECLARE
        -- 声明一些变量、常量、用户定义的数据类型以及游标等
        -- 这一部分可选，如不需要可以不写
BEGIN
        -- 主程序体，此处用来编写各种 PL/SQL 语句、函数和存储过程
EXCEPTION
        -- 异常处理程序，当程序中出现错误时执行这一部分，可以编写异常处理代码
END;
        -- 主程序体结束部分
```

从上面这个结构可以看出，PL/SQL块有三个部分组成：声明部分、执行部分和异常处理部分。其中，只有执行部分是必须的，其他两个部分都是可选的。PL/SQL块中的每一条语句都必须以分号结束，SQL语句可以多行，但分号表示该语句的结束。一行中可以有多条SQL语句，它们之间以分号分隔。每一个PL/SQL块由BEGIN或DECLARE开始，以END结束。注释由连字符（--）标识。

7.1.3 PL/SQL结构示例

理解了PL/SQL结构，现在通过一个小案例，让大家对其结构能够更好地掌握。示例代码如下：

```
SQL>SET ServerOutput ON;  --（打开数据输出函数）
SQL>declare
```

```
    msg varchar2(40); /* 声明变量 */
    begin
        msg:='This is a frist pl/sql';
        DBMS_OUTPUT.PUT_LINE('msg 的值为：'||msg); -- 输出变量 msg 值
    end;
/
```

在SQL*Plus中执行此脚本程序，结果如图7.1所示。

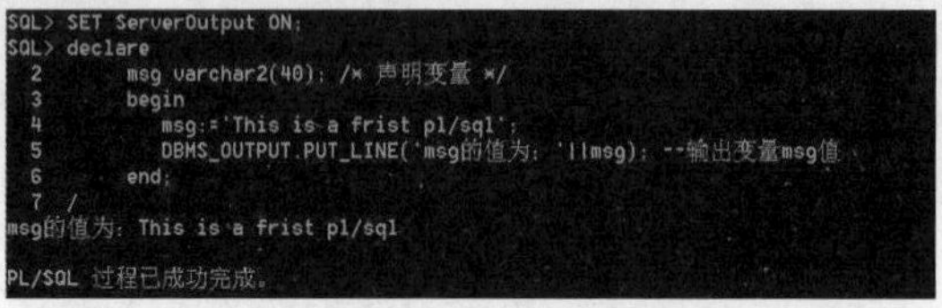

图7.1　PL/SQL编程

7.1.4　PL/SQL程序注释

PL/SQL程序块的内容一般比较长，有些内容也比较复杂和难以理解，这时可以在PL/SQL程序块中添加适当的注释来提高代码的可读性，使程序更易于理解。这些注释内容在PL/SQL编译器中被编译器忽略。注释有单行注释和多行注释两种。

1. 单行注释

单行注释由两个连字符（--）开始，其注释范围从连字符开始，到行的末尾结束。
假设有如下PL/SQL块：

```
DECLARE
VNo number(4);
VName varchar2(10);
BEGIN
  INSERT INTO scott.emp(empno,empname)
  VALUES(VNo,VName);
END;
```

用户可以加上单行注释，使得此块更加容易理解。

⚠ 【例7.1】单行注释说明

```
DECLARE
VNo number(4);                                    -- 定义 VNo 变量

VName varchar2(10);                               -- 定义 VName 变量
BEGIN
    INSERT INTO Reader(ReaderID,ReaderName) -- 插入一条记录
    VALUES  (VNo,VName);
END;
```

2. 多行注释

单行注释时，如果注释超过一行，就必须在每一行的开头使用两个连字符。这时就采用多行注释的方式。多行注释由/*开头，由*/结尾。

【例7.2】多行注释说明

```
DECLARE
    VNo number(4);                              /* 定义 V_No 变量 */
    VName varchar2(10);                         /* 定义 V_Name 变量。*/
    BEGIN
        INSERT INTO Reader(ReaderID,ReaderName) /* 插入一条记录 */
        VALUES(VNo,VName);
    END;
```

7.2 PL/SQL常量和变量定义

在PL/SQL程序中，经常使用常量和变量，常量和变量在使用前要先进行声明，然后才能使用。

7.2.1 PL/SQL字符集

1. 字符集规划

在定义常量和变量时，名称必须有符合Oracle标识符的相应规定，其字符集规定如下：

- 名称必须以字符开头。
- 名称长度不能超过30个字符。
- 名称中不能包含减号和空格。
- 不能使用PL/SQL保留字作为标识名，例如，不能声明变量名为DECLARE。
- 标识符名不区分大小写，DBName和dbname是完全相同的。
- 标识符中可以包含数字（0~9）、下划线（_）、$和#。

2. 分界符

分界符（delimiter）是对PL/SQL有特殊意义的符号（单字符或者字符序列）。它们用来将标识符相互分割开。表7.1列出了在PL/SQL中可以使用的分界符。

表7.1 PL/SQL分界符

符 号	意 义	符 号	意 义
+	加法操作符	◇	不等于操作符

（续表）

符 号	意 义	符 号	意 义
–	减法操作符	!=	不等于操作符
*	乘法操作符	~ =	不等于操作符
/	除法操作符	^=	不等于操作符
=	等于操作符	<=	小于等于操作符
>	大于操作符	>=	大于等于操作符
<	小于操作符	:=	赋值操作符
(	起始表达式分界符	=>	链接操作符
)	终结表达式操作符	..	范围操作符
;	语句终结符	||	串连接操作符
%	属性指示符	<<	起始标签分界符
,	项目分隔符	>>	终结标签分界符
@	数据库链接指示符	— —	单行注释指示符
/	字符串分界符	/*和*/	多行注释起始符；多行注释终止符
:	绑定变量指示符	<space>	空格
**	指数操作符	<tab>	制表符

7.2.2 数据类型

PL/SQL变量和常量声明时，需要按照字符集的规定进行命名。在命名常量和变量时，需要规定其相应的数据类型。下面介绍PL/SQL中常用的数据类型。

1. 字符类型

字符类型变量用来存储字符串或者字符数据，其类型包括VARCHAR2、CHAR、LONG、NCHAR和NVARCHAR2等。

（1）VARCHAR2类型

和数据库类型中的VARCHAR2类似，可以存储变长字符串，声明语法为：

```
VARCHAR2(Length);
```

其中，Length是字符串的长度，必须在定义变量和常量时给出。VARCHAR2最大可以存储的字符长度为32767个字节。

【TIPS】

数据库类型的VARCHAR2的最大长度是4000字节，所以一个长度大于4000字节的PL/SQL类型VARCHAR2变量不可以赋值给数据库中的一个VARCHAR2变量，而只能赋给LONG类型的数据库变量。

164

（2）CHAR类型

表示定长字符串。声明语法为：

```
CHAR(Length);
```

Length也是长度，以字节为单位，最大为32767个字节。与VARCHAR2不同，Length可以不指定，默认为1。如果赋给CHAR类型的值不足Length，则在其后面用空格补全，这也是不同于VARCHAR2的地方。

🔑【TIPS】
数据库类型中的CHAR只有2000字节，所以如果PL/SQL中CHAR类型的变量长度大于2000个字节，则不能赋给数据库中的CHAR。

（3）LONG类型

该变量是一个可变的字符串，最大长度是32760字节。LONG变量与VARCHAR2变量类似。数据库类型的LONG长度最大可达2GB，所以几乎任何字符串变量都可以赋值给它。

2. 数值类型

数值类型变量存储整数或者实数。它包含NUMBER、PLS_INTEGER和BINARY_INTEGER这三种基本类型。其中，NUMBER类型的变量可以存储整数或浮点数，而BINARY_INTEGER或PLS_INTEGER类型的变量只存储整数。

- PLS_INTEGER类型的存储范围为−2147483647～2147483647，如果定义的数据数值大于这个数字，系统就会报错。
- BINARY_INTEGER类型的存储范围为−2147483647～2147483647，如果定义的数据数值大于这个数字，系统不会报错，系统会自动指定一个NUMBER类型来替换这个BINARY_INTEGER类型。
- NUMBER（m，n）是一种格式化的数字，其中m是指所有的有效数字的位数，n是小数点以后的数字位数。

3. 日期时间类型

PL/SQL的日期和时间类型包括date类型、timestamp类型和interval类型。这三种日期和时间类型与SQL相应的类型具有相同的名称和含义。

- PL/SQL的date类型可以存储世纪、年、月、日、时、分和秒。其中，秒不能带小数。可以使用内置的to_date（）和to_char（）函数在字符串和date类型之间进行相互转换。使用这些内置函数，通过调整日期格式，可以使其包含或不包含日期或时间的值，也可以使其使用12时制或24时制。
- PL/SQL的timestamp类型用于描述时戳，有三种不同的类型，即timestamp、timestamp with time zone和timestamp with local time zone类型。
- PL/SQL有两种类型的interval，即interval year to month和interval day to second。这两种类型的差别主要在于计算的精度不同。

4. 布尔类型

布尔类型中的唯一类型是BOOLEAN，主要用于控制程序流程。一个布尔类型变量的值可以是TRUE、FALSE或NULL。

5. %type类型和%rowtype类型

在PL/SQL中，除了可以使用前面提到的SQL数据类型，还可以在声明变量时使用%type和%rowtype类型。

（1）%type类型

在PL/SQL编程中，为了保持某个变量的数据类型和表中某个字段的数据类型一致，可以定义数据类型为%type类型。%type类型隐式地将变量的数据类型指定为表中对应列的数据类型。

%type类型定义变量的形式如下：

```
Variable_name table_name.column_name%type
```

【例7.3】使用%pyte类型修改变量

根据emp表中的deptno字段的值，为姓名为ALLEN的雇员修改工资；若部门号为10，则工资加200；若部门号为20，则工资加400；否则工资加600。代码如下：

```
SQL> SET SERVEROUTPUT ON;
SQL> select * from scott.emp where ename='ALLEN';
SQL>declare
wname scott.emp.ename%type := 'ALLEN';  --wname 变量的数据类型和 emp.ename 的数据类型一样
wincrement  scott.emp.sal%type;     --  wincrement 变量的数据类型和 emp.sal 的数据类型一样
wdept scott.emp.deptno%type; --wdept 变量的数据类型和 emp.deptno 的数据类型一样
begin
  select deptno into wdept from scott.emp where ename = 'ALLEN';
  if wdept = 10 then
     wincrement :=200;
  elsif wdept = 20 then
     wincrement :=400;
  else
     wincrement :=600;
  end if;
  update scott.emp set sal = sal +wincrement where ename = 'ALLEN';
  commit;
end;
/
```

查看最初原始数据，如图7.2所示。

```
SQL> SET SERVEROUTPUT ON;
SQL> select * from scott.emp where ename='ALLEN';

     EMPNO ENAME      JOB              MGR HIREDATE              SAL       COMM
---------- ---------- --------- ---------- -------------- ---------- ----------
    DEPTNO
----------
      7499 ALLEN      SALESMAN        7698 20-2月 -81           1600        300
        30
```

图7.2　初始数据

运行pl/sql程序，如图7.3所示。

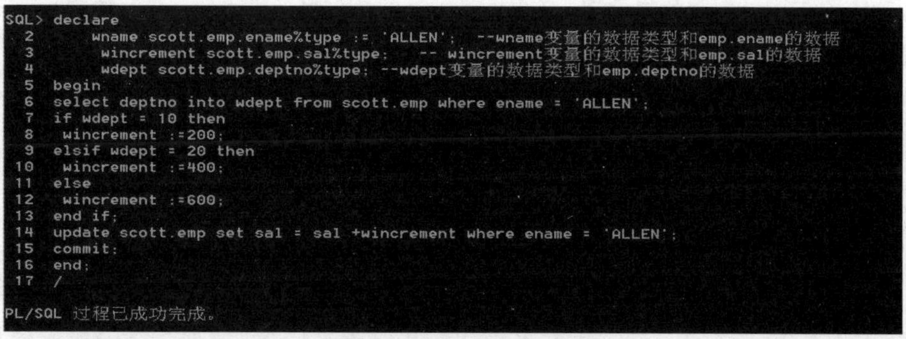

图7.3　运行pl/sql程序

程序运行后，ALLEN属于部门30，其工资增加了600，变为2200，结果如图7.4所示。

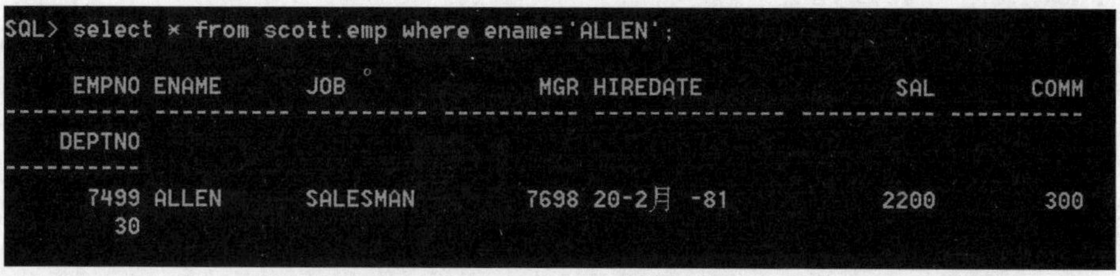

图7.4　运行pl/sql程序后的结果

⚠ 【例7.4】使用%pyte类型定义变量

使用%type类型定义变量，代码如下：

```
SQL>SET SERVEROUTPUT ON
SQL>DECLARE
  vnum constant scott.emp.empno%type:=7521;
  vname scott.emp.ename%type;
  begin
    select ename into vname
    from scott.emp where empno=vnum;
    DBMS_OUTPUT.PUT_LINE('员工编号: '||vnum);
    DBMS_OUTPUT.PUT_LINE('员工姓名: '||vname);
  end;
/
```

执行结果如图7.5所示。

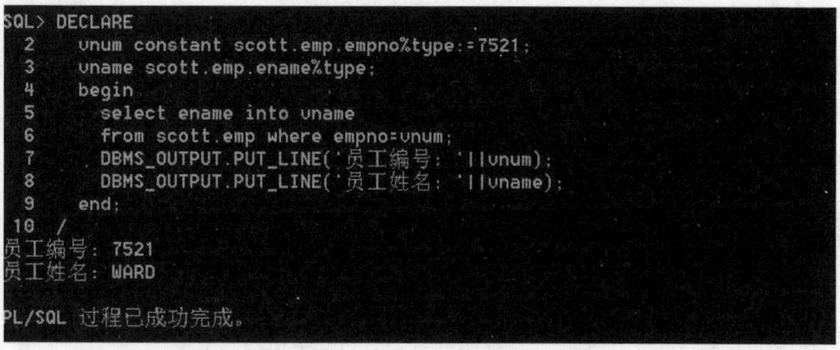

图7.5　使%type类型定义变量

（2）%rowtype

%type类型只是针对表中的某一列，而%rowtype类型则针对表中的一行，使用%rowtype类型定义的变量可以存储表中的一行数据。

%rowtype类型定义变量的形式如下：

```
Variable_name table_name %rowtype;
```

【例7.5】 使用%rowtype类型定义变量

使用%rowtype类型定义变量，代码如下：

```
SQL>SET SERVEROUTPUT ON
SQL>DECLARE
vnum constant scott. emp.empno%type:=7521;
vemp scott.emp %rowtype;
begin
  select * into vemp
  from scott.emp where empno=vnum;
  DBMS_OUTPUT.PUT_LINE('员工编号: '||vnum);
  DBMS_OUTPUT.PUT_LINE('员工姓名: '||vemp.ename);
end;
/
```

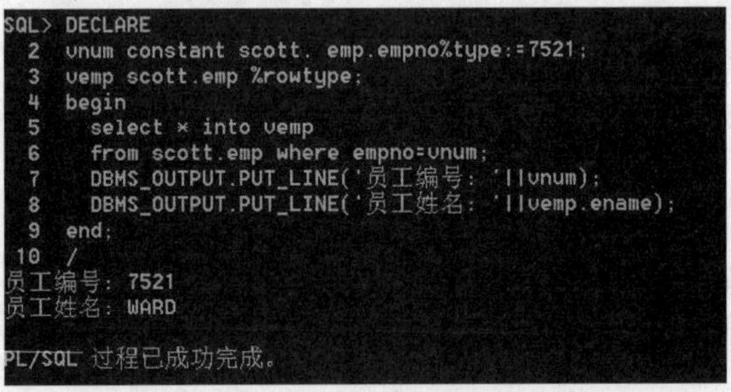

图7.6　使用%rowtype类型定义变量

在例7.5中，使用%rowtype类型定义了一个变量one_emp，其类型为emp表的一行，向该变量赋予一行数据后，使用one_emp.ename的形式读取该行数据中的ename列值。

6. 记录（RECORD）类型和表类型

PL/SQL记录类型和表类型都是用户自定义的复合类型。记录类型可以存储多个字段值，类似于表中的一行数据，而表类型则可以存储多行数据。

（1）记录（RECORD）类型

记录类型与表的行结构相似，记录类型定义的变量可以存储由一个或多个字段组成的一行数据，而不必将每一列单独处理。

创建记录类型的语法如下：

```
TYPE record_name is RECORD(field_name data_type);
```

语法说明如下。

● **record_name:** 创建的记录类型的名称。

- **IS RECORD:** 表示创建的是记录类型。
- **field_name:** 记录类型中的字段名。
- **data_type:** 任何合法的PL/SQL中的数据类型。

⚠ **【例7.6】创建记录类型**

在PL/SQL中创建一个记录类型，然后使用该类型定义一个变量，并为这个变量赋值，代码如下：

```
SQL>SET SERVEROUTPUT ON
SQL>DECLARE
type newtype is record(
empno number(4),ename varchar2(10));
vemp newtype;
begin
  select empno,ename
  into vemp
  from scott.emp where empno=7521;
  DBMS_OUTPUT.PUT_LINE('员工编号为: '||vemp.empno);
  DBMS_OUTPUT.PUT_LINE('员工姓名为: '||vemp.ename);
end;
/
```

执行结果如图7.7所示。

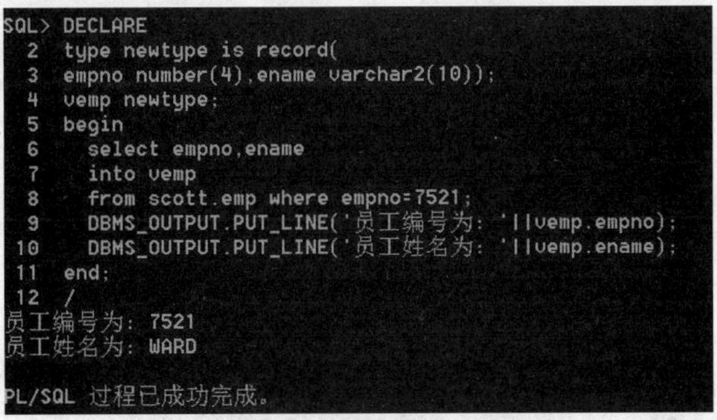

图7.7 使用记录类型

在上例中，定义了一个名称为emp_type的记录类型，该类型有4个字段。然后使用该类型定义了一个变量one_emp，并在程序体重向该变量赋予编号为7900的员工empno、ename、job和sal列的值。

（2）表类型

使用记录类型只能保存一行数据，这就限制了查询语句的返回行数。如果需要返回多行数据，就可以使用表类型，其允许处理多行数据，和表类似。

创建表类型的语法如下。

```
TYPE table_name is table of data_type index by binary_integer
```

语法说明如下。

- **table_name:** 创建的表类型的名称。
- **IS table:** 表示创建的是表类型。

- **index by binary_integer：** 指定系统创建一个主键索引，用于引用表类型变量的特定行。

⚠️ 【例7.7】创建表类型

在PL/SQL中创建一个表类型，然后使用该表类型定义一个变量，并为这个变量赋值，最后输出变量中的值，代码如下：

```sql
SQL>SET SERVEROUTPUT ON
SQL>DECLARE
TYPE tabtype is table of scott.emp%rowtype index by binary_integer;
vemp  tabtype ;
begin
  vemp(1).empno :=1000;
  vemp(1).ename :='mite';
  vemp(1).job := 'salesman';
  vemp(1).sal :=3500;
  vemp(2).empno :=1200;
  vemp(2).ename :='kaite';
  vemp(2).job := 'manager';
  vemp(2).sal :=6000;
  DBMS_OUTPUT.PUT_LINE(vemp(1).empno|| ', '||
  vemp(1).ename|| ', '||
  vemp(1).job|| ', '||
  vemp(1).sal);
  DBMS_OUTPUT.PUT_LINE(vemp(2).empno|| ', '||
  vemp(2).ename|| ', '||
  vemp(2).job|| ', '||
  vemp(2).sal);
end;
/
```

执行结果如图7.8所示。

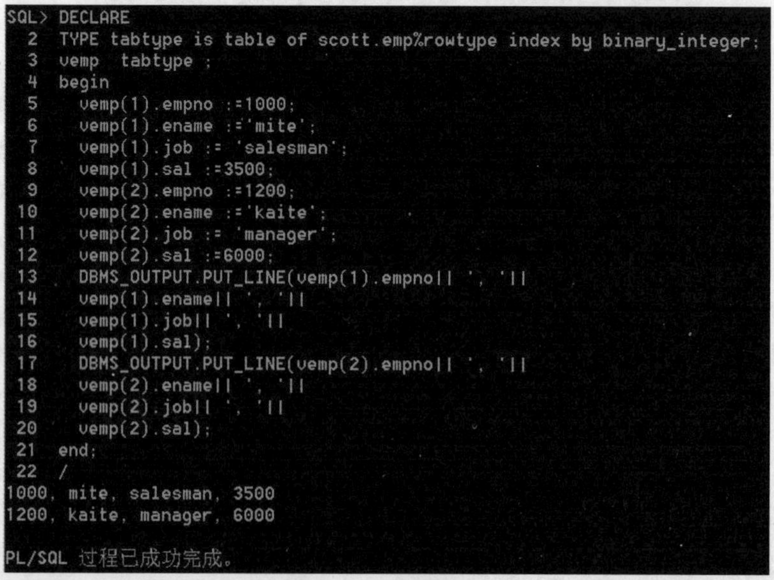

图7.8　使用表类型

表类型变量在存取值时使用的是索引值，如new_emp（1）和new_emp（2），分别表示该表类型变量new_emp中的第一行数据与第二行数据。

如果要删除表类型变量中的记录，可以使用DELETE方法，形式如下：

```
Variable_name delete[(index_number)];
```

其中，Variable_name表示变量名，index_number表示索引值，如果不指定索引值，则删除变量中的所有记录。

对表类型变量进行操作时，除了可以使用DELETE方法之外，还可以使用如下方法。

- **COUNT：** 返回表类型变量中的记录数。
- **FIRST：** 返回表类型变量中的第一行索引。
- **LAST：** 返回表类型变量中的最后一行索引。
- **NEXT：** 返回表类型变量的下一行索引。

7.2.3 定义变量和常量

1. 定义变量

变量是指在程序运行过程中其值可以变化的数据存储结构，定义变量需要定义变量名和变量的数据类型，也可以根据需要设置变量的初始值。其语法格式为：

```
变量名 数据类型 [（变量长度）: =＜初始值＞]
```

变量的长度和初始值是可选项，不是必须的，是根据需要进行设置。

⚠ 【例7.8】定义变量

定义一个可变字符串DeptName，用于存储一个学院的名字，其长度最大为40，该变量默认赋值为"信息工程学院"。

```
Declare DeptName varchar2(30):=' 信息工程学院'
```

2. 定义常量

常量是指在程序运行过程中其值不可改变的数据存储结构，定义常量必须要有常量名、数据类型、常量值和constant关键字。其语法格式为：

```
常量名constant 数据类型: =＜常量值＞
```

对于一些固定的值，如圆周率、一年的天数、光的速度等，为了防止在编程过程被随便修改，最好定义为常量。

⚠ 【例7.9】定义常量

求一年有多少天。

```
yday constant pls_integer:=365; -- 定义 yday 为一个常量。
```

7.3 条件语句

> Oracle提供了两种条件选择语句来对程序进行逻辑控制，分别是IF条件语句和CASE表达式。条件是可以取值为true、false或null的表达式。如果条件取值为true，则需要处理条件的代码。相反，如果条件取值为false，则忽略该条件包含的代码。如果条件取值为null，因既不是true，也不是false，将产生异常。

7.3.1 IF条件语句

在PL/SQL块中，IF 条件语句的结构如下：

```
IF 〈条件表达式〉 THEN
〈执行语句1〉
[ELSIF 〈条件表达式〉 THEN
〈执行语句2〉
……
ELSE
〈执行语句n〉]
END IF;
```

🔑【TIPS】

这里的条件中的ELSIF的写法和其他编程语言中else if有区别。

⚠️【例7.10】使用IF条件语句

在PL/SQL语句中，使用IF条件语句判断成绩，根据成绩的不同，判断成绩后相应地转换为优秀、良好、及格和不及格，代码如下：

```
SQL>SET SERVEROUTPUT ON
SQL>DECLARE
score integer:=82;
begin
if score>=90 then
DBMS_OUTPUT.PUT_LINE('优秀');
elsif score>=80 then
DBMS_OUTPUT.PUT_LINE('良好');
elsif score>=60 then
DBMS_OUTPUT.PUT_LINE('及格');
else
DBMS_OUTPUT.PUT_LINE('不及格');
end if;
end;
/
```

执行结果如图7.9所示。

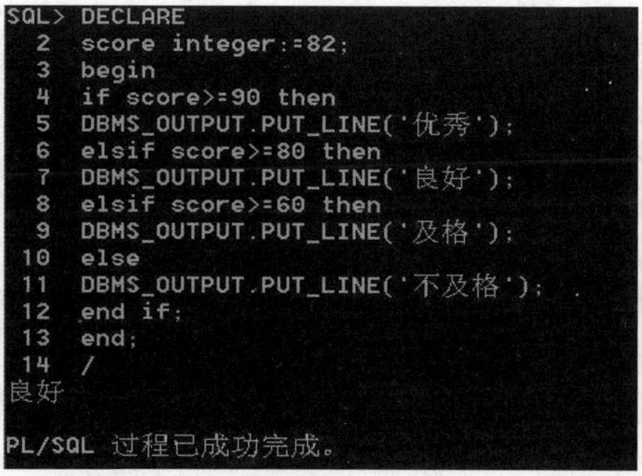

```
SQL> DECLARE
  2  score integer:=82;
  3  begin
  4  if score>=90 then
  5  DBMS_OUTPUT.PUT_LINE('优秀');
  6  elsif score>=80 then
  7  DBMS_OUTPUT.PUT_LINE('良好');
  8  elsif score>=60 then
  9  DBMS_OUTPUT.PUT_LINE('及格');
 10  else
 11  DBMS_OUTPUT.PUT_LINE('不及格');
 12  end if;
 13  end;
 14  /
良好

PL/SQL 过程已成功完成。
```

图7.9　使用IF条件语句

7.3.2 CASE条件语句

在PL/SQL块中，CASE条件语句的结构有两种。

1. 简单CASE表达式

```
CASE <变量>
WHEN <表达式1> THEN 值1
WHEN <表达式2> THEN 值2
……
WHEN <表达式n> THEN 值n
ELSE 值n + 1
END;
```

【例7.11】使用简单CASE表达式

在PL/SQL语句中，使用CASE条件语句判断成绩的不同等级，代码如下：

```
SQL>SET SERVEROUTPUT ON
SQL>DECLARE
VResult VARCHAR2(20):='优秀';
BEGIN
  CASE  VResult
  WHEN  '不及格'  THEN  DBMS_OUTPUT.PUT_LINE('成绩 < 60');
  WHEN  '及格'    THEN  DBMS_OUTPUT.PUT_LINE('60 <= 成绩 < 70');
  WHEN  '中等'    THEN  DBMS_OUTPUT.PUT_LINE('70 <= 成绩 < 80');
  WHEN  '良好'    THEN  DBMS_OUTPUT.PUT_LINE('80 <= 成绩 < 90');
  WHEN  '优秀'    THEN  DBMS_OUTPUT.PUT_LINE('90 <= 成绩 <= 100');
  ELSE   DBMS_OUTPUT.PUT_LINE('定义的变量错误');
  END case;
END;
/
```

执行结果如图7.10所示。

```
SQL> DECLARE
  2   VResult VARCHAR2(20):='优秀';
  3   BEGIN
  4     CASE   VResult
  5     WHEN  '不及格'   THEN  DBMS_OUTPUT.PUT_LINE ('成绩 < 60');
  6     WHEN  '及格'     THEN  DBMS_OUTPUT.PUT_LINE ('60 <= 成绩 < 70');
  7     WHEN  '中等'     THEN  DBMS_OUTPUT.PUT_LINE ('70 <= 成绩 < 80');
  8     WHEN  '良好'     THEN  DBMS_OUTPUT.PUT_LINE ('80 <= 成绩 < 90');
  9     WHEN  '优秀'     THEN  DBMS_OUTPUT.PUT_LINE ('90 <= 成绩 <= 100');
 10     ELSE   DBMS_OUTPUT.PUT_LINE ('定义的变量错误');
 11     END case;
 12   END;
 13   /
90 <= 成绩 <= 100

PL/SQL 过程已成功完成。
```

图7.10　使用简单CASE条件语句

2. 搜索CASE表达式

```
CASE
WHEN condition1 THEN results1;
WHEN condition2 THEN results2;
...
WHEN conditionN THEN resultN;
[ELSE default_result;]
End CASE;
```

与简单CASE表达式相比，CASE关键字后面不再接待求表达式，而WHEN子句中的表达式也换成了条件语句（condition），其实搜索CASE表达式就是将待求表达式放在条件语句中进行范围比较。

⚠ 【例7.12】使用搜索CASE表达式

在PL/SQL语句中，使用CASE条件语句，根据不同的成绩来判断成绩的等级类型，分别输出优秀、良好、中等、及格和不及格等，代码如下：

```
SQL>SET SERVEROUTPUT ON
SQL>DECLARE
grade integer:=76;
BEGIN
  CASE
    WHEN grade>=90  THEN  DBMS_OUTPUT.PUT_LINE ('优秀' );
    WHEN grade>=80  THEN  DBMS_OUTPUT.PUT_LINE ('良好');
    WHEN grade>=70  THEN  DBMS_OUTPUT.PUT_LINE ('中等');
    WHEN grade>=60  THEN  DBMS_OUTPUT.PUT_LINE ('及格' );
    ELSE  DBMS_OUTPUT.PUT_LINE ('不及格 ');
  END CASE;
END;
/
```

执行结果如图7.11所示。

```
SQL> DECLARE
  2   grade integer:=76;
  3   BEGIN
  4     CASE
  5        WHEN grade>=90  THEN  DBMS_OUTPUT.PUT_LINE ('优秀');
  6        WHEN grade>=80  THEN  DBMS_OUTPUT.PUT_LINE ('良好');
  7        WHEN grade>=70  THEN  DBMS_OUTPUT.PUT_LINE ('中等');
  8        WHEN grade>=60  THEN  DBMS_OUTPUT.PUT_LINE ('及格');
  9        ELSE    DBMS_OUTPUT.PUT_LINE ('不及格');
 10     END CASE;
 11  END;
 12  /
中等

PL/SQL 过程已成功完成。
```

图7.11 使用搜索CASE条件语句

7.4 循环语句

> 循环是一种程序控制结构，可以使用它来遍历一系列PL/SQL语句，并且在0次和无限次之间执行这些语句。循环语句一般由循环体和循环结束条件组成，循环体是指被重复执行的语句集，而循环结束条件则用于终止循环。如果没有循环结束条件，或循环结束条件永远返回FALSE，则循环将陷入死循环。

7.4.1 LOOP循环语句

最基本的循环称为无限制循环，其基本语法格式为loop…end loop。无限制是指：如果没有exit语句，循环将一直运行下去。向PL/SQL发出的停止执行循环语句的命令是exit。如果需要通过判断来决定是否退出循环，还可以使用exit when语句。

1. 循环语句LOOP…EXIT…END

此语句的功能是重复执行循环体中的程序块，直到执行EXIT语句，则退出循环。LOOP…EXIT…END语句的语法结构如下：

```
LOOP
〈程序块 1〉
IF 〈条件表达式〉 THEN
EXIT
END IF
〈程序块 2〉
END LOOP;
```

⚠ 【例7.13】使用LOOP…EXIT…END语句

求1+2+3+…+ 50的和。

```
SQL>SET ServerOutput ON;
SQL>DECLARE
```

```
    Val1 INTEGER := 1;
    CSum INTEGER := 0;
BEGIN
    LOOP
        CSum := CSum + Val1;
        dbms_output.put_line(Val1);
        IF Val1 =50 THEN
            EXIT;
        END IF;
        dbms_output.put_line(' + ');
        Val1 := Val1 + 1;
    END LOOP;
    dbms_output.put_line(' = ');
    dbms_output.put_line(CSum);
END;
/
```

执行结果如图7.12所示。

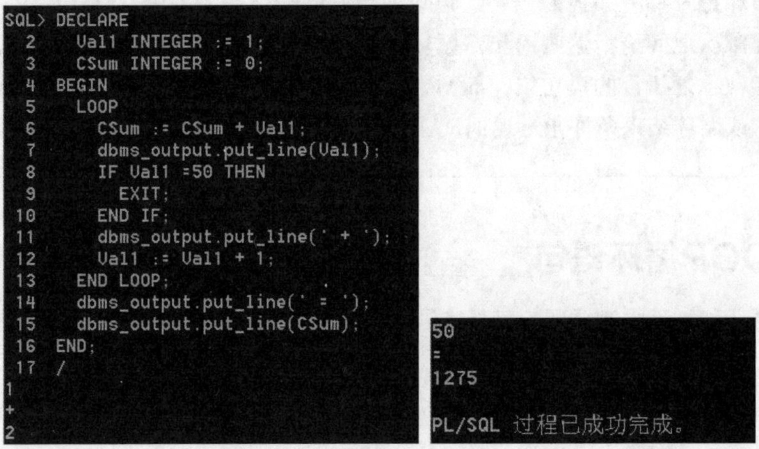

图7.12　LOOP循环1到100

2. 循环语句LOOP…EXIT WHEN…END语句

此语句的功能是重复执行循环中的程序块,直到满足EXIT WHEN后面的判断语句,则退出循环。LOOP…EXIT WHEN…END 语句的语法结构如下:

```
LOOP
    〈程序块1〉
    EXIT WHEN 〈条件表达式〉
    〈程序块2〉
END LOOP;
```

⚠ 【例7.14】使用LOOP…EXIT WHEN…END语句

求1+2+3+…100的和。

```
SQL>SET ServerOutput ON;
```

```
SQL>DECLARE
  Val1 INTEGER := 1;
  CSum INTEGER := 0;
BEGIN
  LOOP
    CSum := CSum + Val1;
    dbms_output.put_line(Val1);
    EXIT WHEN Val1 =50;
    dbms_output.put_line(' + ');
    Val1 := Val1 + 1;
  END LOOP;
  dbms_output.put_line(' = ');
  dbms_output.put_line(CSum);
END;
/
```

7.4.2 WHILE循环语句

循环语句WHILE…LOOP…END LOOP的功能是当WHILE后面的条件语句成立时，重复执行循环体重的程序块。循环语句WHILE…LOOP…END LOOP的语法结构如下：

```
WHILE 〈条件表达式〉
LOOP
  〈程序块〉
END LOOP;
```

⚠ 【例7.15】使用WHILE循环语句

用WHILE…LOOP…END LOOP语句求1+2+3+…+50的和。

```
SQL>SET ServerOutput ON;
SQL>DECLARE
  Val1 INTEGER := 1;
  CSum INTEGER := 0;
BEGIN
  WHILE Val1 <= 50
  LOOP
    CSum := CSum + Val1;
    dbms_output.put_line(Val1);
    IF Val1 < 50 THEN
      dbms_output.put_line(' + ');
    END IF;
    Val1 := Val1 + 1;
  END LOOP;
  dbms_output.put_line(' = ');
  dbms_output.put_line(CSum);
END;
/
```

7.4.3 FOR循环语句

循环语句FOR…IN…LOOP…END LOOP将定义一个循环变量，并指定循环变量的初始值和终止值。每循环一次，循环变量自动加1。FOR…IN…LOOP…END LOOP语句的语法结构如下：

```
FOR <循环变量> IN <初始值> ... <终止值>
LOOP
  <程序块>
END LOOP;
```

⚠ 【例7.16】使用FOR循环语句

用FOR…IN…LOOP…END LOOP语句求1+2+3…+5的和，代码如下：

```
SQL>SET ServerOutput ON;
SQL>DECLARE
  Val1 INTEGER;
  CSum INTEGER:= 0;
BEGIN
  FOR val1 IN 1..5
  LOOP
    CSum := CSum + val1;
    dbms_output.put_line(val1);
    IF val1 < 5 THEN
      dbms_output.put_line('+');
    END IF;
  END LOOP;
  dbms_output.put_line('=');
  dbms_output.put_line(CSum);
END;
/
```

执行结果如图7.13所示。

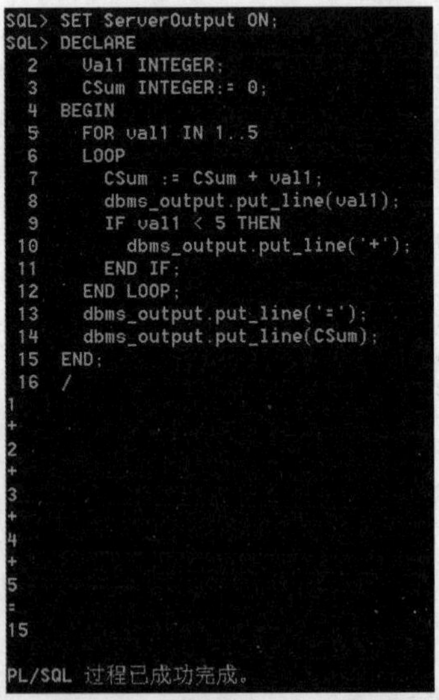

图 7.13　FOR循环计算1~5的和

本章小结

　　本章主要是在SQL的基础上讲解PL/SQL编程，包括PL/SQL和SQL的关系、PL/SQL的基本结构、PL/SQL的各种数据类型的定义和使用、PL/SQL的各种条件和循环。

项目练习

项目练习1

　　在PL/SQL中创建一个表类型，然后使用表类型定义一个变量，为这些变量赋值，最后输出自己定义好的变量中的值。

项目练习2

　　在PL/SQL中输入一个成绩，根据成绩的范围，确定输出不同的级别，如优秀、良好、中级、及格和不及格。

项目练习3

　　在PL/SQL中，使用循环语句求1+2+…+10的总和。

Chapter

08

游标和异常处理

本章概述

　　本章将介绍PL/SQL的高级应用——游标和异常处理。游标（Cursor）是一个指向上下文区的指针，可以理解为一次访问一行记录，通过游标可以控制上下文区中一条条的处理记录。在编程中经常有各种异常，这些异常如何定义和如何使用，异常处理给出了完整的案例和解决方案。

重点知识

- 游标
- 游标属性
- PL/SQL异常处理

8.1 游标

> 游标是构建在PL/SQL中用来查询数据库和获取记录集合（结果集）的指针，它使开发人员能够一次访问一行结果集。允许程序开发人员完成需要分别在结果集中每个记录上执行的过程代码的任务。也就是说，游标允许开发人员以编程方式访问数据。在Oracle系统中有两种经常使用的游标类型，即显式游标和隐式游标。

在创建游标的过程中，显式游标必须通过编写必要的PL/SQL例程来进行管理。游标的整个生命期都在用户的控制之下。因此，用户可以详细地控制PL/SQL怎样在结果集中访问记录。用户可以定义游标，打开游标，从游标中获取数据，使用完成后还可以关闭游标。

隐式游标不用提供明确的代码来处理游标，即可在用户的PL/SQL中使用。在使用隐式游标时，仍然可以处理结果集中的记录，但是不必显式编写代码以管理游标的生命周期。下面，我们将以显示游标为基础对游标的使用过程进行讲解。

8.1.1 定义游标

定义游标，主要是定义一个游标名称来对应一条查询语句，从而可以利用该游标对此查询语句返回的结果集进行单行操作。

声明游标的语法结构如下：

```
CURSOR cursor_name [(parameter[, parameter]…)]  [return ret_type] IS
select statement;
```

下面对参数进行说明。

- **cursor_name：** 是游标的名字。
- **Parameter：** 是为游标定义的输入参数，使用输入参数可以使游标的应用更加灵活。用户需要在打开游标时为输入参数赋值，也可以使用参数的默认值。输入参数可以有多个，以逗号分隔开即可。
- **return ret_type：** 游标操作后的返回类型，是可选项。
- **select statement：** 是将要处理的查询语句。

⚠ 【例8.1】定义游标

声明一个游标cursor_test，其对应于对emp表的查询操作，查询emp表中指定部门的员工部分信息，代码如下：

```
SQL>Declare
    Cursor cursor_test(dept_number number:=10)
    IS
    Select empno,ename    From emp
    where deptno= dept_number;
    Begin
    …;
    End;
```

8.1.2 打开游标

声明游标时为游标指定了查询语句，但此查询语句并不会被Oracle执行。只有打开游标后，才能执行查询语句。在打开游标的过程中，如果游标有输入参数，用户需要为这些参数赋值，否则将会报错。参数如果设置了默认值，可以不赋值。

打开游标的语法如下：

```
OPEN  cursor_name[(value[…])];
```

打开游标就是执行定义的SELECT语句。执行完毕，查询结果装入内存，游标停在查询结果的首部，注意并不是第一行。当打开一个游标时，会完成以下几件事情。

- 检查联编变量的取值。
- 根据联编变量的取值，确定活动集。
- 活动集的指针指向第一行。

⚠ 【例8.2】打开游标

在例8.1中的BEGIN…END块中，使用OPNE语句打开游标cursor_test，并且输入参数赋值10，指定查询部门编号为10的员工的信息，代码如下：

```
OPEN cursor_test(10)
```

8.1.3 从游标获取数据

当打开游标后，游标所对应的SELECT语句也就被执行了。如果想获取结果集中的数据，就需要从游标获取数据。获取数据时，需要使用FETCH语句，把结果集中获取的单行数据保存到定义好的变量中。其语法格式如下：

```
FETCH cursor_name INTO variable[,…];
```

或

```
FETCH cursor_name  INTO PL/SQL记录;
```

下面对参数进行介绍。

- **cursor_name：** 标识了已经被声明的并且被打开的游标。
- **variable：** 是已经被声明的PL/SQL变量的列表（变量之间用逗号隔开），而PL/SQL记录是已经被声明的PL/SQL记录。在这两种情形中，INTO子句中的变量的类型都必须是与查询的选择列表的类型相兼容，否则将拒绝执行。

⚠ 【例8.3】从游标获取数据

在例8.1中的DECLARE子句中，创建自定义记录类型new_type，然后使用该类型定义变量v_emp，代码如下：

```
Type new_type IS RECORD(
  Empno number(4),
  Ename varchar2(10),
```

```
    Job varchar2(9),
    Sal number(7,2)
);
v_emp new_type;
```

在BEGIN…END块中的打开游标的语句后面，使用FETCH语句检索游标mycursor，将游标中的单行数据赋值给one_emp变量，代码如下：

```
FETCH mycursor into v_emp;
```

如果使用普通类型变量，如事先创建NUMBER（4）类型的变量emp_num等，则可以使用如下形式获取游标中的记录值：

```
FETCH mycursor into emp_num,emp_name,emp_job,emp_sal;
```

游标中包含一个数据行指针，这个指针指向当前数据行。打开游标后，指针指向结果集中的第一行，FETCH语句每执行一次，游标向后移动一行，直到结束（游标只能逐个向后移动，而不能跳跃移动或是向前移动）。游标的最后一条记录是不存在的，是空的，表示数据行已经完成了遍历，游标的%found属性值为false。

8.1.4 关闭游标

游标使用后，需要使用CLOSE关闭。游标关闭后，Oracle将释放与游标相关联的资源。其语法如下：

```
Close cursor_name;
```

其中，cursor_name给出了原来被打开的游标。一旦关闭了游标，也就关闭了SELECT操作，释放了所占用的内存区。如果再从游标提取数据就是非法的。这样做会产生下面的Oracle错误：

```
ORA-1001:Invalid  CURSOR        -- 非法游标
```

或

```
ORA-1002:FETCH out Of sequence  -- 超出界限
```

类似地，关闭一个已经被关闭的游标也是非法的，这也会触发ORA-1001错误。

⚠️ 【例8.4】对游标的各种操作

代码如下：

```
SQL>SET SERVEROUTPUT ON
SQL>DECLARE
Cursor cursor_test(dept_number number:=10)  -- 定义游标
IS
  Select empno,ename
  From scott.emp
```

```
    where deptno= dept_number;
  Type new_type IS RECORD(          -- 创建记录
    Empno number(4),
    Ename varchar2(10)
  );
  v_emp new_type;
  Begin
    Open cursor_test(10);            -- 打开游标
    Loop        -- 开始循环
      FETCH cursor_test INTO v_emp; -- 检索游标
      Exit when cursor_test%notfound;   -- 游标为空时返回退出循环
      DBMS_OUTPUT.PUT_LINE('当前记录是'||cursor_test%rowcount||'行: '|| v_emp.
ename);
    End loop;          -- 结束循环
    Close cursor_test;   -- 关闭游标
  End;
  /
```

执行结果如图8.1所示。

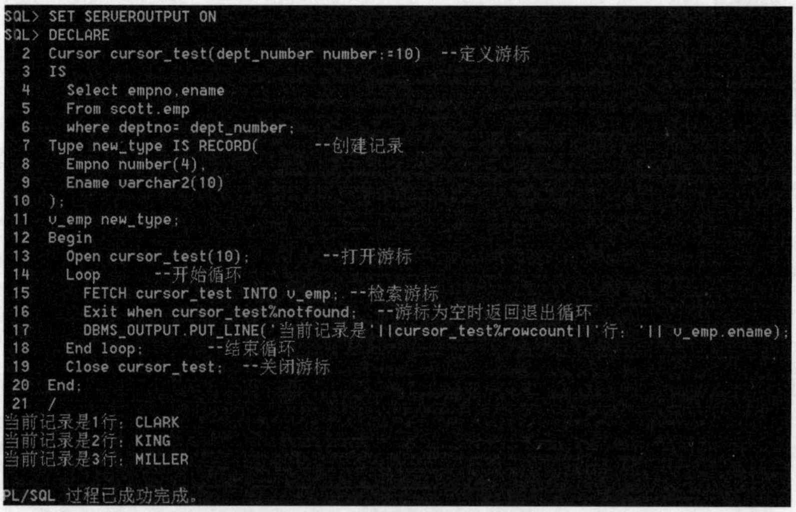

图8.1 运行游标的过程

🔑【TIPS】

使用显式游标时，需注意以下事项：

- 使用前须用%ISOPEN检查其打开状态，只有此值为TRUE的游标才可使用，否则要先将游标打开。
- 在使用游标的过程中，每次都要用%FOUND或%NOTFOUND属性检查是否返回成功，即是否还有要操作的行。
- 将游标中的行取至变量组中时，对应变量个数和数据类型必须完全一致。使用完游标必须将其关闭，以释放相应的内存资源。
- %rowcount表示受SQL语句影响的行数。
- 用游标也能实现修改和删除操作，但必须在游标定义时指定FOR子句后面的编辑类，如DELETE或UPDATE。

⚠ 【例8.5】声明用于检索的游标

声明一个游标，用于检索指定员工编号的雇员信息，然后使用游标的%found属性来判断是否检索到指定员工编号的雇员信息。代码如下：

```
SQL>set serveroutput on      -- 打开输出显示
SQL>declare
    tname varchar2(30);       -- 声明变量，用于存储雇员名称
  tjob varchar2(30);                  -- 声明变量，用于存储雇员职务
    Cursor empcur      -- 定义游标
Is
select ename,job from  scott.emp
    Where empno=7876;
    Begin
        Open empcur;  -- 打开游标
        Fetch empcur  into tname, tjob; -- 读取游标，并存储雇员名和职位
        If  empcur%found then   -- 若有数据记录，输出雇员信息
            Dbms_output.put_line('编号是 7876 的雇员名：'|| tname||',工作：'||
tjob);
        Else
            Dbms_output.put_line('没有此雇员信息');
        End if;
    End;
    /
```

执行结果如图8.2所示。

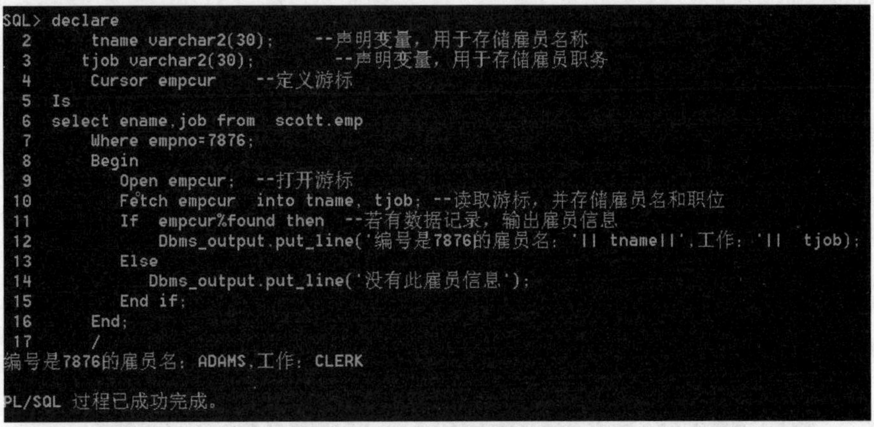

图8.2   属性判断结果

8.1.5 游标FOR循环

使用FOR语句可以控制游标的循环操作。在使用FOR语句的情况下，不需要手动打开和关闭游标，也不需要手动判断游标是否还有返回记录，而且在FOR语句中设置的循环变量本身存储了当前检索记录的所有值，因此也不再需要定义变量可以接受记录的值。

FOR语句中遍历游标中数据时，其语法格式为：

```
For var_record in cursor_name loop
plsqlstement
end loop;
```

执行结果如图8.3所示。

- **var_record record:** 类型的变量。
- **cursor_name:** 游标名。
- **plsqlstement:** PL/SQL语句。

FOR循环时，不需要OPEN、CLOSE操作。如果游标有输入参数，则只能使用该参数的默认值。

⚠ 【例8.6】使用FOR循环

使用FOR循环来读取游标中的信息，代码如下：

```
SQL>SET SERVEROUTPUT ON
SQL>DECLARE
Cursor testcursor(dept_number number:=10)  --定义游标
IS
  Select empno,ename
  From scott.emp where deptno= dept_number;
  Begin
    FOR current_cursor in testcursor
    loop
      DBMS_OUTPUT.PUT_LINE('当前记录是'||testcursor%rowcount||'行：'||current_
cursor.ename);
    End loop;
  End;
/
```

执行结果如图8.3所示。

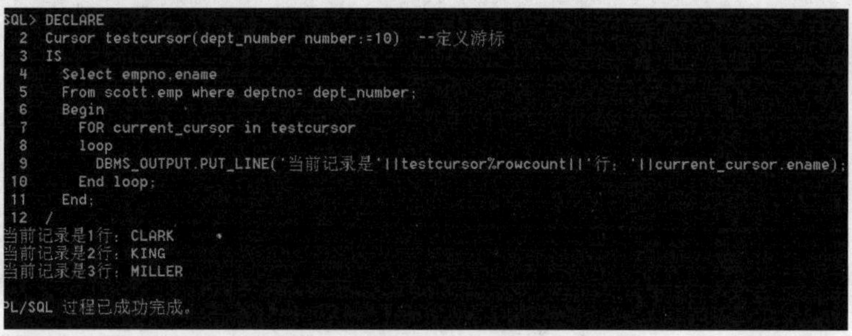

图8.3　FOR循环实现游标

8.1.6 隐式游标

隐式游标不用提供明确的代码来处理游标，即可在用户的PL/SQL中使用。在使用隐式游标时，仍然可以处理结果集中的记录，但是不必显式编写代码管理游标的生命周期。隐式游标是作为用户PL/SQL代码中的一些操作结果而建立的游标，在这里没有明确地建立游标变量，但是Oracle可以提供在PL/SQL中使用的结果集。有两种类型的隐式游标，一个是在用户的PL/SQL中使用数据操纵语言时，由Oracle预先定义的名称为SQL的隐式游标，还有一种是称为cursor for loop的隐式游标。

如果在PL/SQL程序中用SELECT语句进行操作，则隐式地使用了游标，也就是隐式游标。这种游标无需定义，也不需打开和关闭。每个隐式游标必须有一个into。

【例8.7】使用隐式游标

代码如下：

```
SQL>SET SERVEROUTPUT ON
SQL>DECLARE UserName scott.emp.ename%type;
BEGIN
    SELECT ENAME INTO UserName
  FROM scott.emp
  WHERE EMPNO=7876;
  DBMS_OUTPUT.PUT_LINE('用户名是：'||UserName);
END;
/
```

执行结果如图8.4所示。

```
SQL> DECLARE UserName scott.emp.ename%type;
  2  BEGIN
  3      SELECT ENAME INTO UserName
  4    FROM scott.emp
  5    WHERE EMPNO=7876;
  6    DBMS_OUTPUT.PUT_LINE('用户名是：'||UserName);
  7  END;
  8  /
用户名是：ADAMS

PL/SQL 过程已成功完成。
```

图8.4　使用隐式游标

使用隐式游标的SELECT语句，必须只选中一行数据或只产生一行数据。

8.2　游标属性

游标检索的数据是单行数据，而游标中的查询语句返回的是一个结果集合，有多行数据。我们检索出来的单行数据是结果集中的哪一行呢？游标中的记录是需要循环读取的，每循环一次，就读取一行记录。这时就要了解游标的各个属性。

显式游标和隐式游标均有%ISOPEN、%FOUND、%NOTFOUND和%ROWCOUNT四种属性。它们描述与游标操作相关的DML语句的执行情况。游标属性只能用在PL/SQL的流程控制语句内，而不能用在SQL语句内。下面将对游标的属性进行介绍。

1. 是否找到游标（%FOUND）

该属性表示当前游标是否指向有效一行，返回布尔类型的值，是则为TRUE，否则为FALSE。通过检查此属性可以判断是否结束游标使用。

⚠ 【例8.8】使用%FOUND属性

使用%FOUND属性可以循环执行游标读取数据。代码如下：

```
SQL>SET ServerOutput ON;     /* 打开显示模式 */
SQL>DECLARE   -- 开始声明部分
  vName VARCHAR2(10);   -- 声明变量，用来保存游标中的用户名
  vId NUMBER(4);     -- 声明变量，用来保存游标中的用户编号
  -- 定义游标，varType为参数，指定用户类型编号
  CURSOR testCur(vno NUMBER) IS
    SELECT empno, ename
    FROM scott.emp
    WHERE deptno = vno;
    BEGIN    -- 开始程序体
       IF testCur%ISOPEN = FALSE Then
           OPEN testCur(10);
       END IF;
       FETCH testCur INTO vId, vName;   -- 读取当前游标位置的数据
       WHILE testCur%FOUND -- 如果当前游标有效，则执行循环
       LOOP
           dbms_output.put_line('用户编号:' || vId ||', 用户名:' || vName); --
显示读取的数据
           FETCH testCur INTO vId, vName;   -- 读取当前游标位置的数据
       END LOOP;
       CLOSE testCur;    -- 关闭游标
    END;   -- 结束程序体
     /
```

执行结果如图8.5所示。

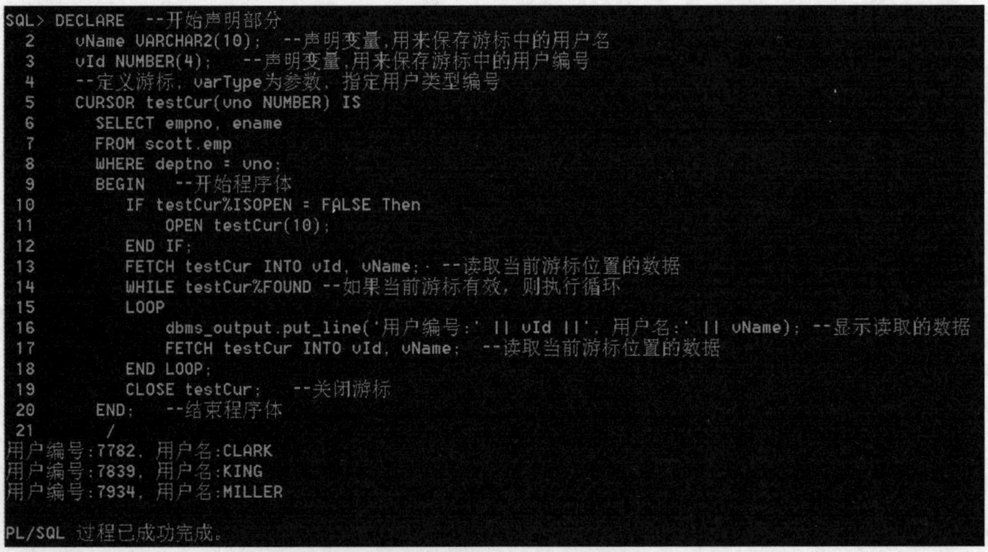

图8.5 使用%FOUND属性

2. 是否没找到游标（%NOTFOUND）

该属性与%FOUND属性相类似，但其值正好相反。

【例8.9】使用%NOTFOUND属性

代码如下：

```
SQL>SET ServerOutput ON;    /* 打开显示模式 */
SQL>DECLARE  --开始声明部分
Cursor testcursor(dept_num number:=20)  --定义游标
IS
  Select empno,ename
  From scott.emp
  where deptno= dept_num;
Type emp_type IS RECORD(                    --创建记录
  Empno number(4),
  Ename varchar2(10)
 );
myemp emp_type;
Begin
   Open testcursor(20);                     --打开游标
   Loop                                     --开始循环
   FETCH testcursor INTO myemp;             --检索游标
   Exit when testcursor%notfound;           --游标为空时返回退出循环
    DBMS_OUTPUT.PUT_LINE('当前记录是'||testcursor%rowcount||'行：'||myemp.
ename);
    End loop;                               --结束循环
Close testcursor;                           --关闭游标
End;
/
```

执行结果如图8.6所示。

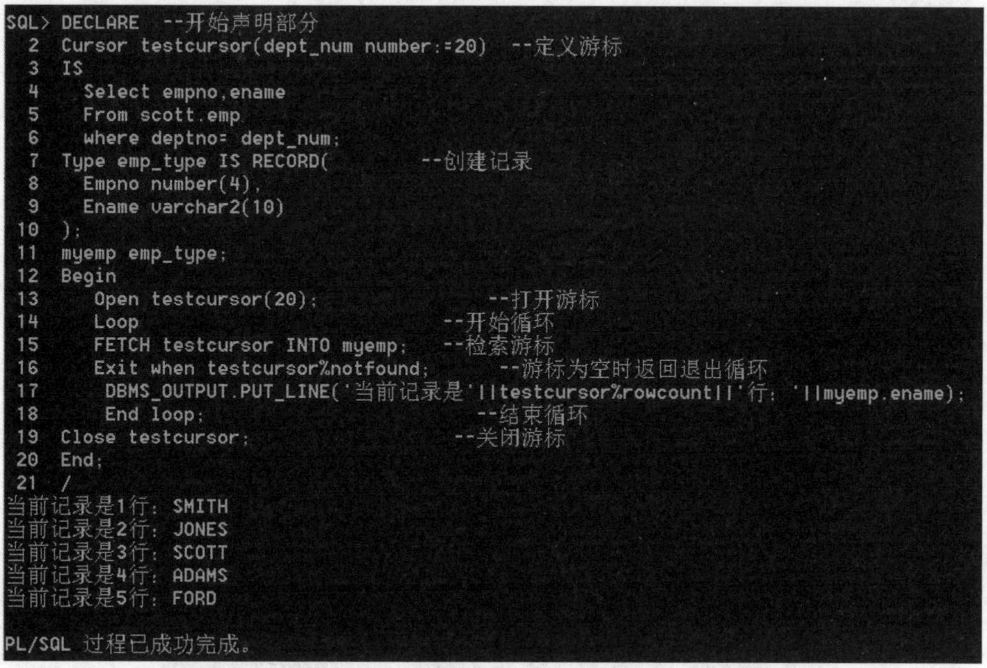

```
SQL> DECLARE  --开始声明部分
  2  Cursor testcursor(dept_num number:=20)  --定义游标
  3  IS
  4    Select empno,ename
  5    From scott.emp
  6    where deptno= dept_num;
  7  Type emp_type IS RECORD(          --创建记录
  8    Empno number(4),
  9    Ename varchar2(10)
 10  );
 11  myemp emp_type;
 12  Begin
 13     Open testcursor(20);                  --打开游标
 14     Loop                          --开始循环
 15     FETCH testcursor INTO myemp;  --检索游标
 16     Exit when testcursor%notfound;        --游标为空时返回退出循环
 17      DBMS_OUTPUT.PUT_LINE('当前记录是'||testcursor%rowcount||'行：'||myemp.ename);
 18      End loop;                       --结束循环
 19  Close testcursor;                 --关闭游标
 20  End;
 21  /
当前记录是1行：SMITH
当前记录是2行：JONES
当前记录是3行：SCOTT
当前记录是4行：ADAMS
当前记录是5行：FORD

PL/SQL 过程已成功完成。
```

图8.6　使用%NOTFOUND属性

3. 游标行数（%ROWCOUNT）

该属性记录了游标抽取过的记录行数，也可以理解为当前游标所在的行号。这个属性在循环判断中也很有效，不必抽取所有记录行，就可以中断游标操作。

⚠ 【例8.10】使用%ROWCOUNT属性

只读取前4行记录。代码如下：

```
SQL>SET ServerOutput ON;      /* 打开显示模式 */
SQL>DECLARE    -- 开始声明部分
   VName VARCHAR2(10);                        -- 声明变量，用来保存游标中的用户名
   VId NUMBER;                                -- 声明变量，用来保存游标中的用户编号
   -- 定义游标，varType 为参数，指定用户类型编号
   CURSOR testCur(VNO NUMBER) IS
     SELECT empno, ename FROM scott.emp
     WHERE deptno= VNO;
BEGIN                                         -- 开始程序体
   IF testCur%ISOPEN = FALSE Then
     OPEN testCur(20);
   END IF;
   FETCH testCur INTO VId, VName;             -- 读取当前游标位置的数据
   WHILE testCur%FOUND                        -- 如果当前游标有效，则执行循环
   LOOP
     dbms_output.put_line('用户编号:' || VId ||', 用户名:' || VName); -- 显示读取
的数据
     IF testCur%ROWCOUNT = 4 THEN
       EXIT;
     END IF;
     FETCH testCur INTO VId, VName;           -- 读取当前游标位置的数据
   END LOOP;
   CLOSE testCur;                             -- 关闭游标
END;                                          -- 结束程序体
/
```

执行结果如图8.7所示。

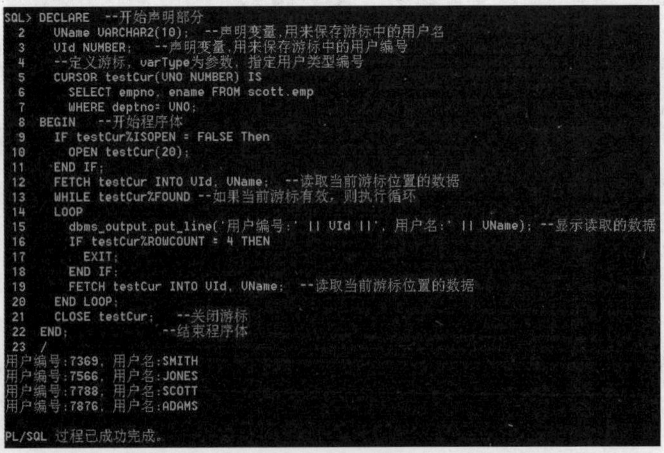

图8.7　使用%ROWCOUNT属性

用户还可以用FOR语句控制游标的循环，系统隐含地定义了一个数据类型为%ROW COUNT的记录，作为循环计数器，并将隐式地打开和关闭游标。

4. 是否打开游标（%ISOPEN）

该属性表示游标是否处于打开状态。在实际应用中，使用一个游标前，第一步往往是先检查它的%ISOPEN属性，看其是否已打开。若没有，要打开游标，再向下操作。这也是防止运行过程中出错的必备一步。

8.3　PL/SQL异常处理

在执行过程中，PL/SQL程序块可能会出现各种各样的错误。这些错误一般称为异常。当异常出现后，为了处理这些异常，就可以编写不同的异常处理情况。PL/SQL异常有两种类型：用户定义的异常和系统定义异常。

8.3.1　自定义异常处理

当异常产生时，如果没有对异常进行处理的语句，则整个程序会停止执行或崩溃。所以当异常产生后，程序应该能够对异常进行控制，对程序的异常控制就是异常处理。

在PL/SQL中处理异常需要使用EXCEPTION语句，具体语法结构如下：

```
EXCEPTION
WHEN exception1 then
Statements1;
[…]
When others then
Statementn;
```

语法说明如下。
- **Exception\<n\>：** 出现的异常名。
- **When others：** 其他异常情况，该语句需要放在EXCEPTION语句块的最后。

8.3.2　预定义异常

预定义异常是指Oracle系统为一些常见错误定义好的异常。Oracle中的预定义异常如表8.1所示。

表8.1　Oracle中的预定义异常

异常名称	错误代码	含　义
ACCESS_INTO_NULL	ORA–06530	试图给未初始化对象的属性赋值

（续表）

异常名称	错误代码	含 义
CASE_NOT_FOUND	ORA-06592	CASE语句中未找到匹配的WHEN子句，也没有默认的ELSE子句
CURSOR_ALREADY_OPEN	ORA-06511	试图打开一个已经打开的游标
DUP_VAL_ON_INDEX	ORA-0001	试图向具有唯一约束的列中插入重复值
INVALID_CURSOR	ORA-01001	试图进行非法游标操作
INVALID_NUMBER	ORA-01722	试图将一个无法代表有效数字的字符串转换成数字
LOGIN_DENIED	ORA-01017	试图用错误的用户名或密码连接数据库
NO_DATA_FOUND	ORA-01403	数据不存在
NOT_LOGGED_ON	ORA-01012	试图在连接数据库之前访问数据库中的数据
PROGRAM_ERROR	ORA-06501	PL/SQL内部错误
ROWTYPE_MISMATCH	ORA-06504	宿主游标变量与PL/SQL游标变量返回类型不兼容
SELF_IS_NULL	ORA-30625	试图在空对象中调用MEMBER方法
STORAGE_ERROR	ORA-06500	内存出现错误或已用完
SUBSCRIPT_BEYOND_COUNT	ORA-06533	试图通过大于集合元素个数的索引值引用嵌套表或变长数组元素
SUBSCRIPT_OUTSIDE_LIMIT	ORA-06532	试图通过合法范围之外的索引值引用嵌套表或变长数组元素
SYS_INVALID_ROWID	ORA-01410	将字符串转换成通用记录号rowid的操作失败
TIMEOUT_ON_RESOURCE	ORA-00051	等待资源时发生超时
TOO_MANY_ROWS	ORA-01422	SELECT INTO语句返回多条记录
VALUE_ERROR	ORA-06502	发生算术、转换、截断或大小约束错误
ZERO_DIVIDE	ORA-01476	试图将0作为除数

⚠️【例8.11】预定义异常

随便输入一个不存在的工号时，系统会提示"编号未找到！"代码如下：

```
SQL>SET SERVEROUTPUT ON;
SQL>DECLARE
    TENAME SCOTT.EMP.ENAME%TYPE;
    BEGIN
       SELECT ENAME INTO TENAME
       FROM SCOTT.EMP
       WHERE EMPNO = &NUM;
       DBMS_OUTPUT.PUT_LINE('姓名:' || TENAME);
       EXCEPTION
       WHEN no_data_found THEN
       DBMS_OUTPUT.PUT_LINE('姓名不存在! ');
```

```
        END;
/
```

执行结果如图8.8所示。

```
SQL> set serveroutput on
SQL> DECLARE
  2      TENAME SCOTT.EMP.ENAME%TYPE;
  3      BEGIN
  4          SELECT ENAME INTO TENAME
  5          FROM SCOTT.EMP
  6          WHERE EMPNO = &NUM;
  7          DBMS_OUTPUT.PUT_LINE('姓名: ' || TENAME);
  8          EXCEPTION
  9          WHEN no_data_found THEN
 10          DBMS_OUTPUT.PUT_LINE('姓名不存在！');
 11      END;
 12  /
输入 num 的值: 6
原值    6:          WHERE EMPNO = &NUM;
新值    6:          WHERE EMPNO = 6;
姓名不存在！

PL/SQL 过程已成功完成。
```

图8.8 预定义异常结果

8.3.3 自定义异常

除了Oracle预定义异常之外，用户还可以定义自己在代码中需要处理的异常，因为这些异常Oracle系统无法判断，需要用户自己定义，这些异常称为自定义异常。

⚠ 【例8.12】自定义异常

请编写一个pl/sql 块，接收一个雇员的编号，并给该雇员工资增加600元，如果该雇员不存在，请提示。

```
SQL>CREATE OR REPLACE PROCEDURE EX_TEST(SNO NUMBER) IS
    BEGIN
        UPDATE SCOTT.EMP SET SAL = SAL + 600 WHERE EMPNO = SNO;
    END;
```

首先看系统反应。

```
-- 执行存储过程
EXEC EX_TEST(56);
```

这里，编号为56的雇员是不存在的，系统没有任何反应。

下面定义一个异常，系统给出提示。

```
SQL>SET SERVEROUTPUT ON;
SQL>CREATE OR REPLACE PROCEDURE EX_TEST(SNO NUMBER) IS
    -- 定义一个异常
        MYEX EXCEPTION;
```

```
    BEGIN
    -- 更新用户 sal
      UPDATE scott.EMP SET SAL = SAL + 600 WHERE EMPNO = SNO;
    --sql%notfound 这是表示没有 update
    --raise myex; 触发 myex
      IF SQL%NOTFOUND THEN RAISE MYEX;
      END IF;
      EXCEPTION
      WHEN MYEX THEN DBMS_OUTPUT.PUT_LINE('没有更新任何用户');
    END;
     /
```

执行此存储过程，提示自定义错误：

```
SQL> exec ex_test(60);
```

系统提示信息是："没有更新任何用户"，如图8.9所示。

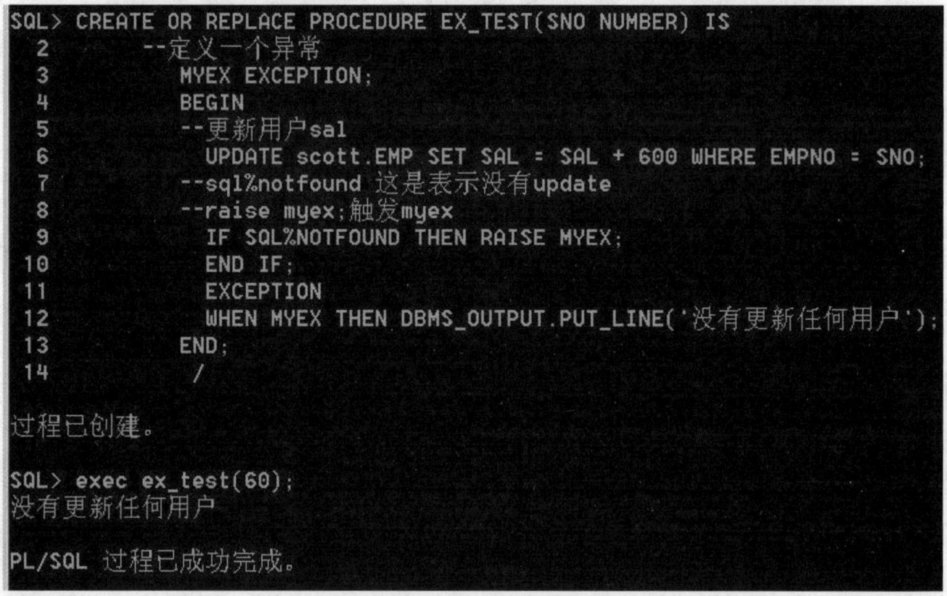

图8.9　自定义异常结果

本章小结

　　本章主要介绍了游标的使用，游标主要用于单条记录的处理，可以方便地处理一行记录；然后介绍了如何处理编程中的各种异常，以及如何自己定义异常。

项目练习

项目练习1

创建一个游标cur1，可以通过用户输入deptno，查询dept表中的每条记录。

项目练习2

创建一个游标，查询dept表中的前三条记录。

Chapter

09

存储过程、函数、触发器和包

本章概述

　　Oracle数据库中的存储过程和函数是由多条语句组成的可以整体执行的语句块。这些语句块可以进行显式命名，并被其他应用调用，它们是数据库常用对象。另一种数据库常用对象是触发器，它也是程序块，不同的是在用户创建触发器之后，会在触发条件成立时自动执行代码块，无需人为调用。包可以将一些过程和函数组织在一起，通过这种方式将PL/SQL代码模块化，构建供其他编程人员重用的代码集合。

重点知识

- 存储过程
- 函数
- 触发器
- 包

9.1 存储过程

> 存储过程是编译好且存储在数据库服务器中的程序代码，有自己的名字，既可以没有参数，也可以有若干个输入、输出参数，在需要的时候可以被调用执行。存储过程在创建时就被编译和优化，调用一次以后，相关信息就保存在内存中，下次调用时可以直接执行。

存储过程有以下优点：

- 实现了模块化编程，一个存储过程可以被多个用户共享和重用。
- 存储过程具有对数据库立即访问的功能。
- 可以提高数据库执行效率，加快程序的运行速度。
- 可以减少网络通信量。
- 隐藏了数据，提高了数据库的安全性。

9.1.1 创建存储过程

创建一个存储过程与编写普通的PL/SQL程序块有很多类似之处，存储过程也包括声明部分、执行部分和异常处理部分。区别在于创建存储过程需要使用关键字PROCEDURE，关键字后是存储过程名、相应的参数列表等。

存储过程中可以实现数据库中数据的增加、修改、删除、查询等操作，也可以实现复杂的运算。下面是存储过程的创建语法：

```
CREATE [ OR REPLACE ]  PROCEDURE  [SCHEMA.]  <procedure_name>
[<parameter_name> [[IN]datatype [{:=  |default} expression]
                 |{OUT|IN OUT} datatype] [, …]
 { IS | AS }
BEGIN
  <body>
END [ < procedure_name > ];
```

下面介绍各参数的意义。

- **CREATE：** 创建一个存储过程。
- **REPLACE：** 如果要创建的存储过程已存在，则将其替换为当前定义的存储过程。
- **SCHEMA：** 存储过程所属的方案名称。
- **procedure_name：** 所创建存储过程的名称。
- **parameter_name：** 存储过程中的参数名称。
- **IN：** 存储过程的参数类型，输入参数，表示此参数接受存储过程外传来的值，是默认参数类型。datatype [{:= | default} expression]表示传入参数的数据类型和默认值。
- **default：** 参数的默认值。
- **OUT：** 指示参数是输出参数。

- **IN OUT：**指示参数是既可输入也可输出的参数类型。
- **{ IS | AS }：**连接词。
- **Body：**过程体，是存储过程的具体操作部分。

【TIPS】--

　　如果用户在自己的模式中创建存储过程，需要有CREATE PROCEDURE 权限。如果想在其他模式下创建存储过程，需要有CREATE ANY PROCEDURE 权限。如果想修改或替换其他模式的存储过程，需要有ALTER ANY PROCEDURE 权限。

可以在SQL*Plus中使用CREATE命令创建存储过程。

⚠ 【例9.1】创建存储过程addcomm

创建存储过程addcomm，将SCOTT.emp表中所有人的津贴增加200。

```
SQL>SET SERVEROUTPUT ON
SQL>CREATE OR REPLACE PROCEDURE addcomm
AS
BEGIN
  UPDATE scott.emp SET comm =comm+ 200 ;
  Dbms_output.put_line('津贴增加成功');
END;
/
```

执行完毕，显示"过程已创建"，如图9.1所示。

```
SQL> SET SERVEROUTPUT ON
SQL> CREATE OR REPLACE PROCEDURE addcomm
  2  AS
  3  BEGIN
  4    UPDATE scott.emp SET comm =comm+ 200 ;
  5    Dbms_output.put_line('津贴增加成功');
  6  END;
  7  /
过程已创建。
```

图9.1　创建存储过程addcomm

存储过程被创建后就保存到了数据库中，可以查看已存在的存储过程的脚本。

⚠ 【例9.2】创建存储过程Insertemp

创建存储过程Insertemp，向emp表中插入一条记录。

```
SQL>SET SERVEROUTPUT ON
SQL>CREATE OR REPLACE PROCEDURE Insertemp
    AS
    Begin
        INSERT INTO scott.emp(empno,ename) values(7000,'luck');
        Commit;
        Dbms_output.put_line('已成功插入数据');
    END;
/
```

执行完毕，显示"过程已创建"，如图9.2所示。

图9.2　创建存储过程Insertemp

⚠ 【例9.3】查看已创建的存储过程

在视图USER_SOURCE中查看刚刚创建的存储过程ADDCOMM的脚本。

```
SQL>SELECT   text
    FROM      USER_SOURCE
    WHERE    NAME='ADDCOMM'   AND   TYPE='PROCEDURE';
```

执行结果如图9.3所示。

图9.3　查看已创建的存储过程

🔑【TIPS】

procedure_name名字必须大写。例9.3中使用了视图USER_SOURCE，该视图中记录的是数据库对象的信息，WHERE语句中的TYPE指明了对象的类型，这里是PROCEDURE（存储过程）。

Oracle数据字典中有视图USER_SOURCE、ALL_SOURCE 和DBA_SOURCE，用于存放模式对象创建的脚本。从这些视图中查询存储过程或函数时，需要把名称大写，小写则得不到想要的记录。使用USER_SOURCE可以查看当前用户模式下的所有对象，使用ALL_SOURCE可以查看该用户模式下及该用户有权访问的所有对象。如果想查看Oracle中所有的对象，要使用DBA_SOURCE视图。

如果在编写或修改存储过程时遇到错误并导致编译失败，可以使用查看错误提示，从而缩小错误排查范围。

错误显示语句的语法格式如下：

```
SHOW ERRORS PROCEDURE <procedure_name>;
```

9.1.2 调用过程

不同环境下，存储过程的执行方式不同。

可以使用EXECUTE命令执行存储过程，但必须具有对该存储过程的EXECUTE权限。语法如下：

```
EXECUTE  <procedure_name (parameter_list)>
```

下面介绍各参数的意义。

- **EXECUTE：** 执行命令。
- **procedure_name：** 存储过程名称。
- **parameter_list**：参数列表，没有参数可以不写，带参数的存储过程详见9.1.3小节。

不带参数的存储过程的执行情况如图9.4所示。

```
SQL> execute addcomm
津贴增加成功

PL/SQL 过程已成功完成。
```

图9.4 执行存储过程

在块、函数或存储过程中执行存储过程时，要把存储过程作为一个单独的整体执行，执行方式如下：

```
BEGIN
   <procedure_name>
END;
```

如果存储过程包含的对象被修改，存储过程可能变得无效。可以使用ALTER命令对存储过程进行重新编译。前提是必须具有对该存储过程的编译权限。

编译语法如下：

```
ALTER  PROCEDURE  <procedure_name> COMPILE;
```

图9.5演示了存储过程重新编译的情况。

```
ALTER Procedure addcomm compile;
```

```
SQL> ALTER Procedure addcomm compile;

过程已更改。
```

图9.5 重新编译存储过程addcomm

9.1.3 带参数的存储过程

存储过程中可以带参数。参数分为输入参数、输出参数和输入输出参数三种，可以是常量、变量、表达式等。参数的使用增加了存储过程的灵活性，给数据库编程带来极大的方便。

1. 输入参数

输入参数对于存储过程是只读的，它由调用者传递给存储过程。在存储过程执行过程中，可以使用输入参数，但无法改变该参数的值。

⚠ 【例9.4】创建带参数的存储过程

创建存储过程addsal，传入一个参数produ，scott.emp表中所有人的工资增加到原来的produ倍。

```
SQL>CREATE PROCEDURE addsal (produ IN  number)
    AS
    BEGIN
      UPDATE scott.emp SET sal =sal * produ ;
      COMMIT;
    END;
/
```

执行情况如图9.6所示。

```
SQL> CREATE PROCEDURE addsal (produ IN  number)
  2       AS
  3       BEGIN
  4          UPDATE scott.emp SET sal =sal * produ ;
  5          COMMIT;
  6       END;
  7  /

过程已创建。
```

图9.6　创建带参数的存储过程

调用时向存储过程传入参数2，代码如下：

```
BEGIN
addsal(2);
END;
/
```

```
SQL> BEGIN
  2  addsal(2);
  3  END;
  4  /

PL/SQL 过程已成功完成。
```

图9.7　存储过程传入参数

可以在调用存储过程前后，两次查询emp表，确认修改是否成功。代码和运行结果如图9.8所示。

```
SQL> select * from scott.emp;

    EMPNO ENAME      JOB          MGR HIREDATE           SAL       COMM
---------- ---------- --------- ---------- ---------- ---------- ----------
    DEPTNO
----------
     7369 SMITH      CLERK          7902 17-12月-80       1600
        20

     7499 ALLEN      SALESMAN       7698 20-2月 -81       4400        500
        30

     7521 WARD       SALESMAN       7698 22-2月 -81       2500        700
        30
```

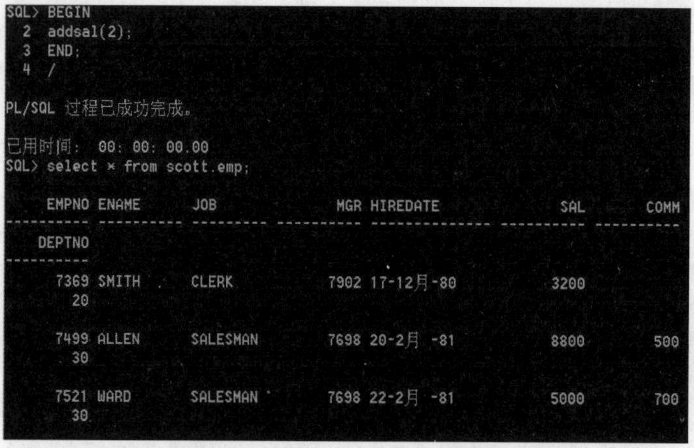

图9.8 执行存储过程，并检验其运行结果

在定义输入参数时，可以设置默认值，这样就允许用户可以不为该参数传值。下面的例子演示如何设置参数的默认值。

⚠ 【例9.5】为存储过程的参数设置默认值

创建存储过程，通过输入参数可以向表SCOTT.EMP中添加雇员记录，其中所在部门编号默认为10。

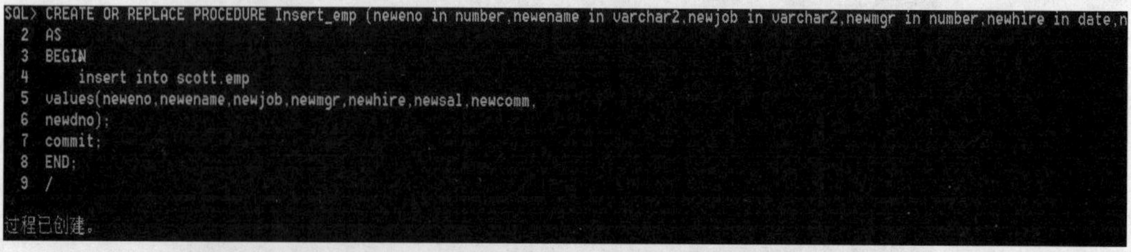

```
SQL>CREATE OR REPLACE PROCEDURE Insert_emp (neweno in number,newename
in varchar2,newjob in varchar2,newmgr in number,newhire in date,newsal in
number,newcomm in number,newdno in number default 10)
AS
BEGIN
    insert into scott.emp
values(neweno,newename,newjob,newmgr,newhire,newsal,newcomm,
newdno);
commit;
END;
/
```

调用时向存储过程传入参数，代码如下：

```
EXECUTE Insert_emp(1001,'luci','sales',7322,'17-7月-01',3000, 200);
```

执行成功后，可查询emp表确定新数据的插入。运行情况和结果如图9.9、图9.10和图9.11所示。

图9.9 创建例9.4中的存储过程

```
SQL> EXECUTE Insert_emp(1001,'luci','sales',7322,'17-7月-01',3000, 200);
PL/SQL 过程已成功完成。
```

图9.10　利用存储过程插入一条员工记录

```
SQL> select * from scott.emp;

    EMPNO ENAME      JOB          MGR HIREDATE           SAL      COMM
                                                              
    DEPTNO

     1001 luci       sales       7322 17-7月 -01         3000       200
     10
```

图9.11　查看插入的员工记录

在存储过程中，如果有多于一个参数，在调用时有两种方式：

● 严格按照定义时参数的顺序给它们赋值。

● 在调用时，可以不严格按照定义时的顺序，但是在赋值时写明每个参数的名称和被赋予的值，即完整的赋值表达式。

具有默认值的参数一般位于参数列表的末尾，因为有时候可能会省略该参数，使用默认值。

参数列表中的varchar2和number类型的参数不用给出长度，否则会出错。

2. 输出参数

存储过程没有显式的返回值，但是可以通过out参数获得存储过程的处理结果。

【例9.6】创建带输出参数的存储过程

创建存储过程，使用户可以输入相应的雇员编号，得到scott.emp表中该雇员的工作类型。

```
SQL>CREATE PROCEDURE Getjob(num in number, jobtype out varchar2)
 AS
    BEGIN
      SELECT job INTO jobtype
      FROM scott.emp
      WHERE empno=num;
      COMMIT;
    END;
/
```

运行结果如图9.12所示。

```
SQL> CREATE PROCEDURE Getjob(num in number, jobtype out varchar2)
  2    AS
  3      BEGIN
  4        SELECT job INTO jobtype
  5        FROM scott.emp
  6        WHERE empno=num;
  7        COMMIT;
  8      END;
  9  /

过程已创建。
```

图9.12　创建例9.5中的存储过程

在执行带有输出参数的存储过程的时候，应该声明一个变量，将变量置于输出参数的位置上，这样运行结果会赋值给该变量。

```
SQL>DECLARE
jobkind varchar2(10);
BEGIN
    Getjob(7876,jobkind);
END;
/
```

执行过程如图9.13所示。

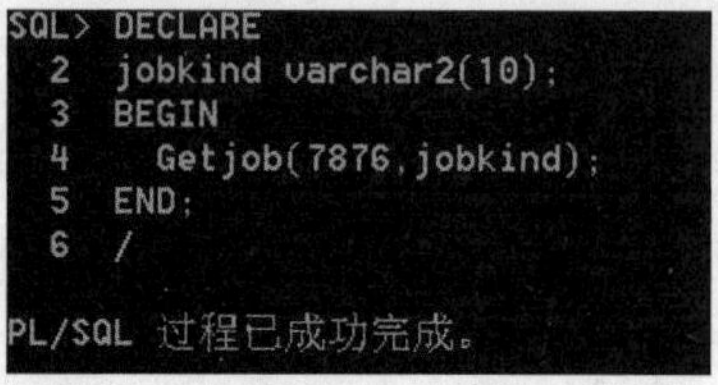

图9.13　执行例9.5中的存储过程

执行成功，但是看不到具体结果。可以开启服务器输出（serveroutput），使用dbms_output.put_line向屏幕输出结果。这样就可以在屏幕上输出查询出的雇员的具体工作类型。

代码如下，结果如图9.14所示。

```
SQL>Set serveroutput on
SQL>DECLARE
jobkind varchar2(10);
BEGIN
    Getjob(7876,jobkind);
    Dbms_output.put_line(jobkind);
END;
/
```

图9.14　输出设置和效果

【TIPS】

DECLARE语句用于声明一个变量。调用带有参数的存储过程时，必须为输出参数指定输出变量名，注意不能够随意缺省参数。

3. 输入输出参数

IN OUT参数既可以作为输入参数，也可以作为输出参数。需要先对参数的值进行处理，再输出处理结果时，使用IN OUT参数。

⚠ 【例9.7】创建IN OUT参数的存储过程

使用IN OUT参数交换两个变量的值。

```
SQL>CREATE OR REPLACE PROCEDURE Swaptwo(para1 in out number,para2 in out
number)
AS
BEGIN
        DECLARE
m number;
        BEGIN
          M:=para1;
          para1:=para2;
          para2:=m;
        END;
END;
```

执行结果如图9.15所示。

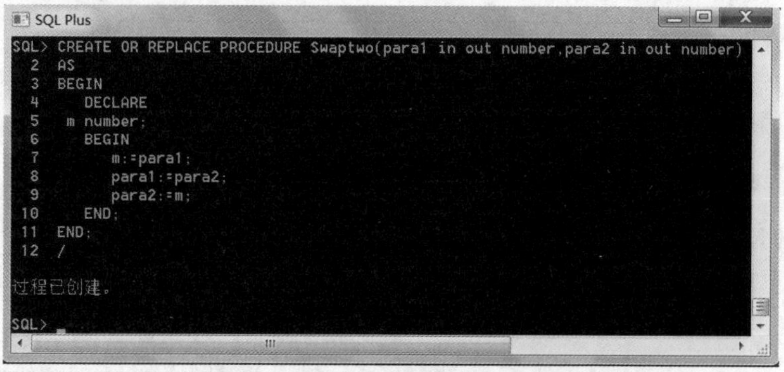

图9.15　有INOUT参数的存储过程

🔑【TIPS】

DECLARE语句声明了一个中间变量，用于交换两个输入参数的值。IN OUT参数既可输入，也可输出，这个特点使其使用方便，但是也带来了安全隐患。如无必要，尽量避免使用。

9.1.4 删除存储过程

可以使用DROP PROCEDURE命令删除存储过程。如果想删除其他用户创建的存储过程，必须具有DROP ANY PROCEDURE权限。

命令格式如下：

```
DROP PROCEDURE < procedure_name >
```

当存储过程正在执行时，如果试图修改或删除它，系统会报错。如果过一段时间后仍不能进行修改或删除操作的话，可使用如下代码：

```
SELECT  V$session.sid, V$session.serial#, V$sql.sql_text
```

```
FROM    V$session, V$sql
WHERE   V$session.sql_hash_value= V$sql. hash_value  AND
        V$session.sql_address= V$sql. Address     AND
        V$sql.sql_text  LIKE '%< procedure_name >%'
```

【TIPS】 -

　　这个查询主要是查看有哪些会话正在执行该存储过程。仔细记下正在执行该存储过程的会话的sid和
serial#,便于下一步结束这些会话。

结束会话的命令格式如下：

```
ALTER SYSTEM KILL SESSION '<sid>,< serial#>
```

如果执行成功，则可以开始修改或删除该存储过程。

9.2 函数

　　　　函数是ORACLE数据库常用对象，包含传入参数，其中的语句块进行处理，
最后返回处理结果。ORACLE中的函数分为两类：一类是系统函数，一类是自定
义函数。

最常用的系统函数及其功能如表9.1、表9.2和表9.3所示。

表9.1　数值函数

函数名称	函数功能
ABS	返回绝对值
CEIL	取大于或等于所给参数的最小整数
FLOOR	取小于或等于所给参数的最大整数
ROUND（n[,m]）	四舍五入为指定的精度或长度

表9.2　字符函数

函数名称	函数功能
UPPER	将输入字符串转换成大写
SUBSTR（char,m [,n]）	求所给字符串的子串

（续表）

函数名称	函数功能
LENGTH	返回字符串的长度
CONCAT	合并字符串

表9.3　日期函数

函数名称	函数功能
SYSDATE	返回系统当前日期和时间
TO_CHAR	转换日期为字符串
ADD_MONTHS（d,n）	返回d日期后n个月的日期
LAST_DAY（d）	返回d所在月份的最后一天
MONTHS_BETWEEN（d1, d2）	返回两个日期间相隔的月数

9.2.1　创建函数

想要在自己的方案下创建函数，要有CREATE FUNCTION权限。如果想在其他用户的方案下创建函数，要有CREATE ANY FUNCTION权限。

使用CREATE FUNCTION语句创建函数的语法格式如下：

```
CREATE [ OR REPLACE ] FUNCTION [SCHEMA.] <function_name>
[ < parameter_list> ]
RETURN <return_datatype>
{ IS | AS}
[ <local_parameter_declare> ]
BEGIN
  <body>
  RETURN <return_data>
END [ < function_name > ];
```

下面介绍各参数的意义。

- **REPLACE：** 如果要创建的函数已经存在，则将其替换为当前定义的函数，也可以用来修改已创建的函数。
- **SCHEMA：** 函数所属的方案名称。
- **function_name：** 所创建函数的名称。
- **parameter_list：** 函数中的参数列表，参数有IN、OUT和IN OUT三种类型，含义与存储过程中的参数一样。
- **return_datatype：** 表示返回参数的数据类型。
- **IS | AS：** 连接词。
- **local_parameter_declare：** 局部参数的声明。
- **Body：** 过程体，是函数的具体操作部分。
- **return_data：** 函数返回值。

【例9.8】创建一个返回值的函数

定义一个函数，根据给定的部门编号返回dept表中的部门名。

```
SQL>CREATE OR REPLACE FUNCTION deptinfo(DNO IN NUMBER )
RETURN VARCHAR2
AS
dem VARCHAR2(10);
BEGIN
     SELECT Dname INTO dem
     FROM  scott.dept
     WHERE deptno=dNO;
     RETURN (dem);
END;
/
```

下面介绍各参数的含义。

● **deptinfo:** 函数名。

● **DNO:** 函数的参数，参数模式是IN，数据类型是NUMBER。

● **RETURN VARCHAR2:** 表示返回值的数据类型。

● **dem VARCHAR2:** 定义的临时变量。

执行结果如图9.16所示。

```
SQL> CREATE OR REPLACE FUNCTION deptinfo(DNO IN NUMBER )
  2  RETURN VARCHAR2
  3  AS
  4  dem VARCHAR2(10);
  5  BEGIN
  6       SELECT Dname INTO dem
  7       FROM  scott.dept
  8       WHERE deptno=dNO;
  9  '    RETURN (dem);
 10  END;
 11  /
函数已创建。
```

图9.16　创建例9.7中的函数

【TIPS】

注意函数必须有返回值。

【例9.9】创建有多个返回值的函数

定义一个函数，根据给定的部门编号返回scott方案下emp表中该部门员工的总数。

```
SQL>CREATE OR REPLACE FUNCTION  Deptinfor
(deptnum in number,minsal out number,maxsal out number)
RETURN NUMBER
AS
  sumemp NUMBER(7,2);
  BEGIN
     SELECT count(*) INTO sumemp FROM  scott.emp
```

```
        WHERE deptno=deptnum;
        SELECT min(sal) INTO minsal FROM  scott.emp
        WHERE deptno=deptnum;
        Select max(sal) INTO maxsal FROM  scott.emp
        WHERE deptno=deptnum;
        RETURN (sumemp);
    END;
```

执行结果如图9.17所示。

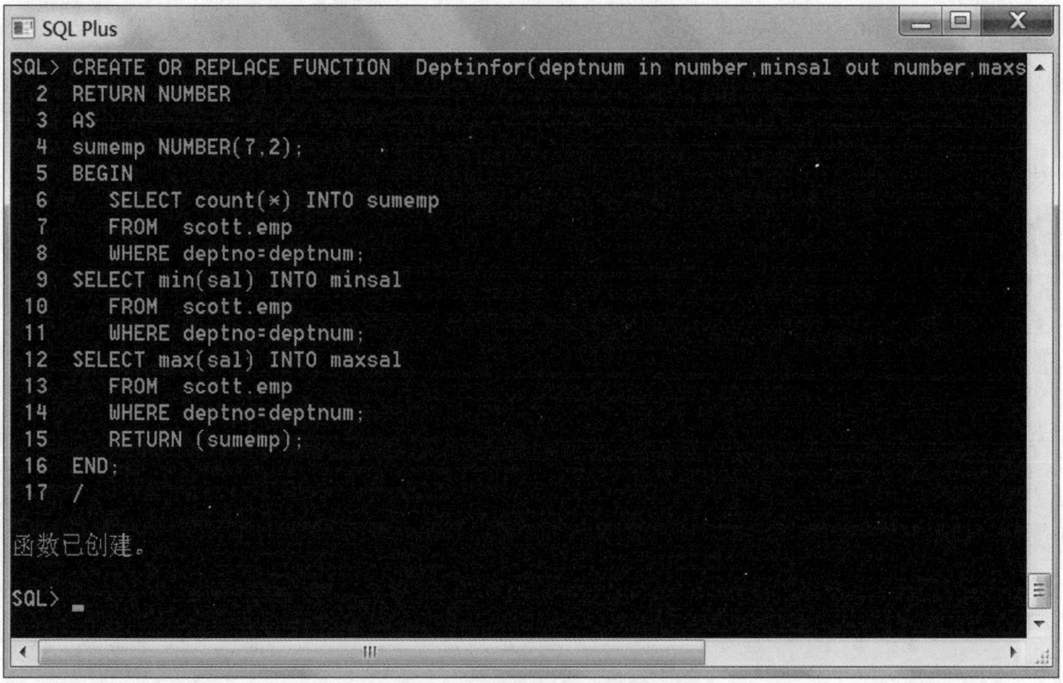

图9.17　创建例9.8中的函数

🔑【TIPS】

函数可以返回一个参数，但是例9.9中需要得到的返回值不止一个，这种情况下可以使用OUT类型的参数。函数返回值是部门员工总数，MUNBER类型。两个输出参数minsal和maxsal分别是该部门月薪最低和最高的具体数值。

另外，要在一个函数中使用含有多个集合函数（如例9.9的count、max和min三个集合函数）的查询，必须分开写，否则报错。

函数创建之后就存储在ORACLE服务器中，可以随时调用，也可以利用系统视图USER_PROCEDURES和USER_SOURCE查看其属性和脚本。

```
SELECT OBJECT_NAME,OBJECT_ID,OBJECT_TYPE
FROM USER_PROCEDURES

SELECT NAME,TEXT
FROM USER_SOURCE
WHERE NAME='Deptinfor' AND TYPE='FUNCTION'
```

如果在使用过程中修改了函数，使其变得无效，可以使用ALTER FUNCTION命令对函数重新编译。语法格式如下：

```
ALTER FUNCTION function_name COMPILE;
```

9.2.2 调用函数

调用函数有很多种方式。例如，可以在SQL语句中调用函数，在表达式中调用函数，在赋值语句中调用函数。

在SQL语句中调用，代码如下：

```
SELECT distinct deptinfo(30) FROM SCOTT.dept;
```

运行结果如图9.18所示。

```
SQL> SELECT distinct deptinfo(30) FROM SCOTT.dept;

DEPTINFO(30)
--------------------------------------------------------------------------------
SALES
```

图9.18 在SQL语句中调用函数deptinfo

在表达式中调用，代码如下：

```
IF deptinfo(30)!='sales'
THEN
```

在赋值语句中调用，代码如下：

```
Ename:= deptinfo(10)
```

有OUT类型参数的函数，在执行时需要在PL/SQL块内调用，否则只能得到函数返回值。代码如下，执行结果如图9.19所示。

```
DECLARE
  Dno  number :=10;
  Minsalary number(7,2);
Maxsalary number(7,2);
  Sumemployee number;
BEGIN
   Sumemployee:= Deptinfor(Dno, Minsalary, Maxsalary);
   DBMS_OUTPUT.PUT_LINE('该部门最低月薪'|| Minsalary);
DBMS_OUTPUT.PUT_LINE('该部门最高月薪'|| Maxsalary);
END;
```

【TIPS】

如果函数没有参数，在调用时，不需要在函数后加括号。如果函数有参数，又没有为参数指定默认值，则在调用时必须指定参数。

```
SQL> DECLARE
  2    Dno   number :=10;
  3    Minsalary number(7,2);
  4   Maxsalary number(7,2);
  5    Sumemployee number;
  6  BEGIN
  7    Sumemployee:= Deptinfor(Dno, Minsalary, Maxsalary);
  8    DBMS_OUTPUT.PUT_LINE('该部门最低月薪'|| Minsalary);
  9  DBMS_OUTPUT.PUT_LINE('该部门最高月薪'|| Maxsalary);
 10  end;
 11  /
该部门最低月薪2160
该部门最高月薪6600

PL/SQL 过程已成功完成。

SQL>
```

图9.19　调用含out参数的函数

9.2.3 删除函数

如果需要删除函数，可以使用DROP命令，格式如下：

```
DROP FUNCTION <function_name>
Drop function deptinfo;
```

需要说明的是，若一个函数是包的一部分，则不能使用这个命令删除包中的函数。若要删除其他用户创建的函数，则执行删除操作的用户必须拥有DROP ANY FUNCTION权限。

9.3 触发器

> 触发器是存储在服务器中的程序单元。当数据库中某些事件发生时，数据库自动启动触发器，执行触发器中的相应操作。本节将对触发器的相关知识进行介绍。

9.3.1 触发器概述

触发器不能被直接调用。只有触发条件成立时，即触发器中定义的事件发生时，触发器才会被触发。

（1）触发器的作用

触发器的作用如下：

- 允许/限制对表的修改。
- 自动派生列，比如自增字段。
- 强制数据的一致性。
- 提供审计和日志记录。
- 防止无效的事务处理。
- 启动复杂的业务逻辑。

（2）触发事件

触发触发器的语句就是触发事件，一般有以下几类。

- **INSERT：** 当指定的表发生插入（INSERT）操作时执行触发器。
- **UPDATE：** 当指定的表发生修改（UPDATE）操作时执行触发器。
- **DELETE：** 当指定的表发生删除（DELETE）操作时执行触发器。
- **CREATE：** 创建对象时执行触发器。
- **ALTER：** 修改对象时执行触发器。
- **DROP：** 删除对象时执行触发器。
- **LOGON/LOGOFF：** 用户登录或注销时执行触发器。
- **STARTUP/SHUTDOWN：** 数据库打开或关闭时执行触发器。

（3）触发时间

触发时间有两种。

- **BEFORE：** 在指定的事件发生之前执行触发器。
- **AFTER：** 在指定的事件发生之后执行触发器。

（4）触发级别

触发级别有两种。

- **行触发：** 对触发事件影响的每一行执行触发器，即触发机制是基于行的，改变一行数据，触发一次。这种类型的触发器将在数据变动（INSERT、UPDATE和DELETE操作）完成以后才被触发。AFTER触发器只能在表上定义。
- **语句触发：** 对于触发事件只能触发一次，而且不能访问受触发器影响的每一行的值，即无论这条SQL语句影响多少条记录，触发器都只触发一次。

9.3.2 创建触发器

可以在SQL*Plus中使用CREATE命令创建触发器，也可以在企业管理器中使用向导创建，但是仍旧需要用代码指明触发器的过程体。

如果要在自己创建的对象上创建触发器，需要有CREATE TRIGGER权限；如果想在其他用户的对象上创建触发器，需要有CREATE ANY TRIGGER权限；如果想在数据库上创建触发器，需要有ADMINISTER DATABASE TRIGGER系统权限。

使用CREATE TRIGGER语句创建触发器的语法如下：

```
CREATE [ OR REPLACE ] TRIGGER [SCHEMA.] <trigger_name>
{ BEFORE | AFTER | INSTEAD OF }
<trigger_event> ON  <table|view|database>
[ FOR EACH ROW ]
[FOLLOWS trigger_name1[,…]]
[ENABLE|DISABLE]
[ WHEN <condition> ]
<body>
```

下面对各参数进行说明。

- **REPLACE：** 如果要创建的触发器已经存在，则将其替换为当前定义的触发器，也可以用来修改已创建的触发器。
- **SCHEMA：** 触发器所属的方案名称。
- **trigger_name：** 所创建触发器的名称。
- **BEFORE：** 触发器类型为语句执行前触发。
- **AFTER：** 触发器类型为语句执行后触发。
- **INSTEAD OF：** 替换型触发器。
- **trigger_event：** 触发事件，一个触发器可以有多个触发事件。
- **table|view|database：** 对其执行触发器的表、视图或数据库。
- **FOR EACH ROW：** 行级触发器，省略则为语句级触发器。
- **FOLLOWS trigger_name1[,…]：** 当有多个同类触发器时，设置触发器执行顺序。
- **ENABLE|DISABLE：** 设置触发器是否处于可用状态。
- **WHEN <condition>：** 该触发器被触发的条件。
- **Body：** 过程体，是触发器被触发后的具体操作部分。

⚠ 【例9.10】创建一个删除触发器

创建一个触发器FirstTrigger，当用户删除SCOTT.EMP表中的数据时提示。代码如下：

```
SQL>CREATE OR REPLACE TRIGGER DELETrigger
 AFTER DELETE
 ON SCOTT.emp
BEGIN
    IF DELETING THEN
        DBMS_OUTPUT.PUT_LINE('删除了emp表中数据!');
    END IF;
END;
/
```

运行结果如图9.20所示。

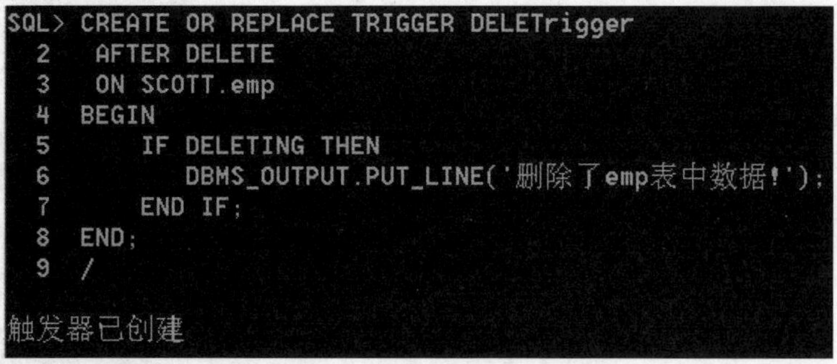

图9.20　创建一个删除触发器

触发器成功创建后，如果删除SCOTT.EMP表中的任何数据，系统会在删除后提示"有用户删除了EMP表中数据!"。

这里删除一条记录，查看触发器的触发情况。执行结果如图9.21所示。

```
SQL>DELETE FROM SCOTT.emp where ename='luci';
```

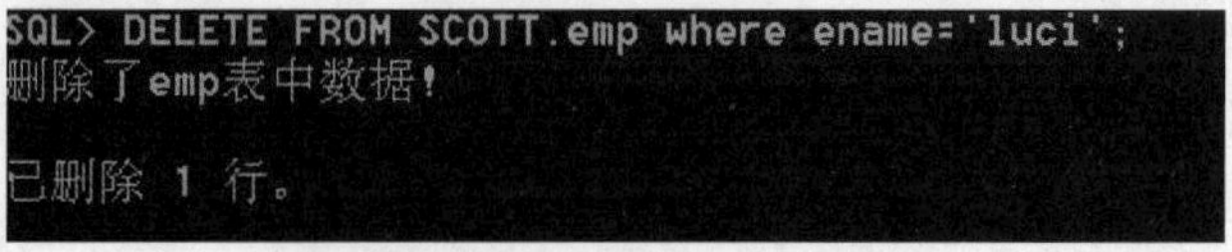

```
SQL> DELETE FROM SCOTT.emp where ename='luci';
删除了emp表中数据！

已删除 1 行。
```

图9.21　删除触发器的触发

⚠ 【例9.11】创建一个自动更新触发器

创建一个触发器MyTrigger，它的作用是当表SCOTT.DEPT中的列DEPTNO的值发生变化时，自动更新表SCOTT.EMP中的DEPTNO列的值，从而保证数据的完整性。代码如下：

```
SQl>CREATE OR REPLACE TRIGGER MyTrigger
AFTER UPDATE ON SCOTT.DEPT
FOR EACH ROW
BEGIN
   UPDATE SCOTT.EMP SET DEPTNO = :new.DEPTNO
   WHERE DEPTNO = :old.DEPTNO;
END;
/
```

运行结果如图9.22所示。

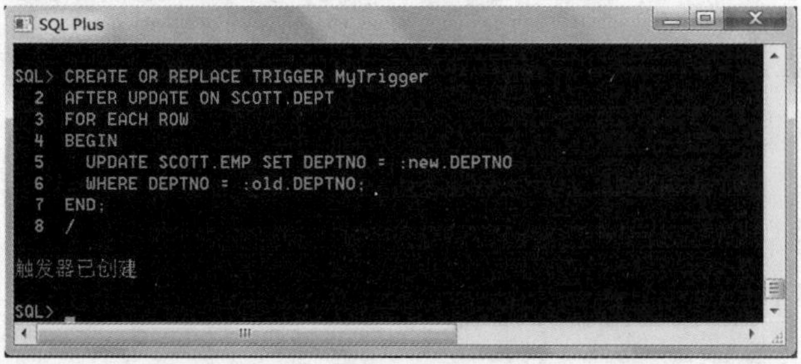

图9.22　创建一个自动更新触发器

触发器创建成功后，一旦SCOTT.DEPT表中的列DEPTNO的值被修改了，SCOTT.EMP中的DEPTNO列的值也会随之变化。

可以通过一条UPDATE命令修改DEPT表中的列DEPTNO的值来进行验证。下面我们修改DEPT表中编号为10的部门，将其改为1，可以看到，在EMP表中所有原来是10号部门的员工部门号随之改变为1号部门。

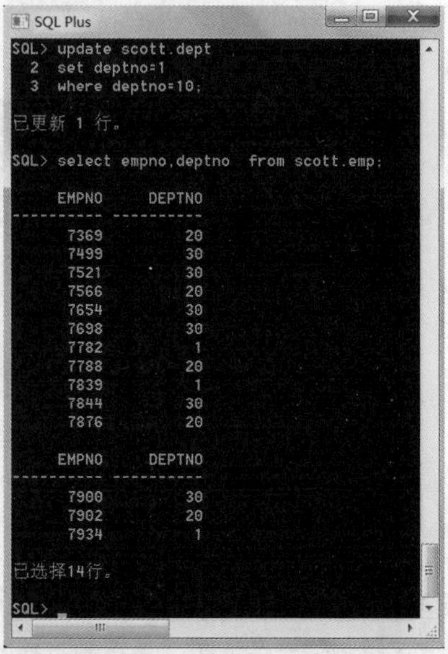

图9.23　查看触发器MyTrigger的触发情况

🔑 【TIPS】

　　这段程序中有两个概念:new和:old。:new代表执行更新操作之后的新表，:old代表执行更新操作之前的旧表。通过这两张表的使用，可以访问触发器执行前后表数据的变化。INSERT操作只有:new，DELETE操作只有:old，UPDATE操作二者皆有。:new和:old只用于行级触发器。

🔑 【TIPS】

　　当一个对象上定义了多个触发器时，其执行顺序如下:

　　若有BEFORE类型的语句级触发器，则首先执行；排在第二位的是BEFORE类型的行级触发器，这两种触发器是在SQL语句执行前完成的；SQL语句执行完毕之后是AFTER类型的行级触发器，最后是AFTER类型的语句级触发器。

　　复合触发器是Oracle 11g的新特性。复合触发器中可以包括BEFORE STATEMENT、BEFORE EACH ROW、AFTER EACH ROW和AFTER STATEMENT四个部分，将四种类型的触发器集成在一个触发器中。如果需要多个类型的触发器配合使用，采用复合触发器会显得逻辑更加清晰，而且不容易出现错误。在复合触发器中定义的变量可以在不同类型的触发语句中使用，不再需要使用外部包存储中间结果。利用复合触发器的批量操作还可以提高触发器的性能。创建复合触发器的基本语法如下:

```
CREATE [ OR REPLACE ] TRIGGER [SCHEMA.] <trigger_name>
FOR <trigger_event> ON  <table|view>  CONMPOUND TRIGGER
[parameter_list]

BEFORE STATEMENT IS
  BEGIN
    <body_1>
  END BEFORE STATEMENT;

BEFORE EACH ROW IS
  BEGIN
    <body_2>
  END BEFORE EACH ROW

    AFTER EACH ROW IS
  BEGIN
    <body_3>
  END AFTER EACH ROW

AFTER STATEMENT IS
  BEGIN
    <body_4>
  END AFTER STATEMENT;

END
```

【TIPS】

> 创建复合触发器时，要使用关键字CONMPOUND TRIGGER，上面的语法中对四种不同的时间点定义了各自的处理策略，即body_1到body_4。

9.3.3 维护触发器

创建触发器后，用户不能调用触发器，但是有时候需要对触发器进行查看、修改等维护操作。

1. 修改触发器

如果需要修改触发器的内容，使用REPALCE关键字。利用9.3.2节中创建触发器的语法格式加上OR REPLACE关键字即可完成修改，也可以使用企业管理器进行。

2. 重新编译触发器

如果在触发器内调用其他函数或过程，当这些函数或过程被删除或修改后，触发器的状态将被标识为无效。当SQL语句激活一个无效触发器时，Oracle将重新编译触发器代码。如果编译时发现错误，这将导致执行失败。

可以调用ALTER TRIGGER语句重新编译已经创建的触发器，格式为：

```
ALTER TRIGGER [schema.] trigger_name COMPILE
```

3. 查看触发器脚本

如果需要查看触发器的脚本，可以按照下面的操作来进行。

查看系统中所有用户创建的触发器，代码如下。

```
SELECT OBJECT_NAME
FROM USER_OBJECTS
WHERE OBJECT_TYPE='TRIGGER'
```

查看某个触发器的具体脚本内容，代码如下。

```
SELECT *
FROM USER_SOURCE
WHERE NAME='trigger_name'
```

4. 禁用和启动触发器

不仅可以在创建触发器时设置触发器的有效与否，也可以在之后设置。可以用以下语句禁用触发器：

```
ALTER TRIGGER <trigger_name> DISABLE;
```

下面禁用触发器MyTrigger，如图9.24所示。

图9.24　禁用触发器

禁用触发器后，修改dept表中的数据时出现如图9.25所示的现象。

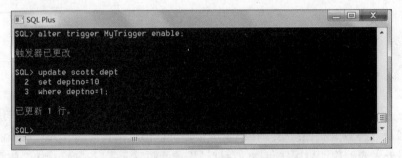

图9.25　禁用触发器后修改异常

🔑【TIPS】

在MyTrigger触发器中，修改DEPT表的同时，修改EMP表，使修改操作级联进行，而且参照完整性不被破坏。当MyTrigger触发器被禁用后，级联修改不能进行，破坏了参照完整性，出现了错误。

触发器被禁用后失效，任何条件不能触发。若要启动被禁用的触发器，可以使用下面的命令：

```
ALTER TRIGGER <trigger_name> ENABLE;
```

执行结果如图9.26所示。

图9.26　启用触发器后可以进行修改

9.3.4　删除触发器

删除触发器需要使用DROP命令。如果要删除其他用户创建的触发器，需要有DROP ANY TRIGGER权限。如果要删除数据库级的触发器，必须有ADMINISTER DATABASE TRIGGER系统权限。

删除命令格式如下：

```
DROP TRIGGER <trigger_name>;
```

9.3.5 三种方法的区别与比较

存储过程和自定义函数都是PL/SQL单元，二者有相似之处，但区别也很多。相似的特征如下：

- 都有名字。
- 都可以有IN/OUT/IN OUT三种类型的参数。
- 都可以被用户调用。
- 都存储在数据字典中。

存储过程和自定义函数的不同点如下：

- 在定义函数时，可以在程序头部说明返回值的数据类型，函数体中必须有RETURN语句；存储过程可以没有。
- 存储过程可以作为独立的PL/SQL语句执行；函数不能独立执行，必须作为表达式的一部分调用。
- 存储过程可以通过OUT/IN OUT返回多个值（包括0个）；函数通过RETURN语句返回一个值，也可以通过OUT/IN OUT参数返回其他值。
- 函数可以被SQL语句中的DML和SELECT命令调用，能出现在能放置表达式的任何位置；但存储过程不是。

触发器与以上两者的区别较大。触发器没有参数，没有返回值，是自动执行的，不能由用户直接调用。

触发器的主要作用是能够实现由主键和外键所不能保证的复杂的参照完整性和数据的一致性，它能够对数据库中的相关表进行级联修改，强制比CHECK约束更复杂的数据完整性，并自定义操作消息，维护非规范化数据以及比较数据修改前后的状态。与CHECK约束不同，触发器可以引用其他表中的列。

用户在数据库的某个对象上定义触发器之后，当该对象发生与触发事件一致的变化时，触发器被激活，做出相应的操作。

9.4 包

> 包（packge）可以将一些存储过程、函数、变量、常量、游标等组织到一起，通过这种方式将PL/SQL代码模块化，可以构建供其他编程人员重用的代码库。另外，当首次调用程序包中的存储过程或函数等元素时，Oracle会将整个程序包调入内存，在下次调用包中的元素时，Oracle就可以直接从内存中读取，从而提高程序的运行效率。

9.4.1 创建包

程序包主要分为两个部分：包规范和包体。包规范用于列出包中可用的存储过程、函数、游标等元素条目，这些条目属于公用项目，可以供所有的数据库用户访问。包体中则包含了元素的实际代码，同时，可以在包体中创建规范中没有提到的项目，这些项目都属于私有项目，只能在包体中使用。

1. 创建包规范

创建包规范需要使用CREATE PACKAGE语句，其语法如下：

```
CREATE[OR REPLACE] PACKAGE package_name
{IS|AS}
Package_specification;
End package_name;
```

下面对参数进行说明。

- **package_name：** 创建的包名。
- **Package_specification：** 用于列出用户可以使用的公共存储过程、函数、类型和对象。

⚠ 【例9.12】创建程序包

创建包emppkg，在该包的规范中列出一个存储过程update_ename和一个函数emp_get_sal，代码如下：

```
SQL> create or replace package emppkg
is
    procedure update_ename(vempno varchar2,vename varchar2);
  function get_sal(vempno varchar2) return number;
  end;
/
```

执行结果如图9.27所示。

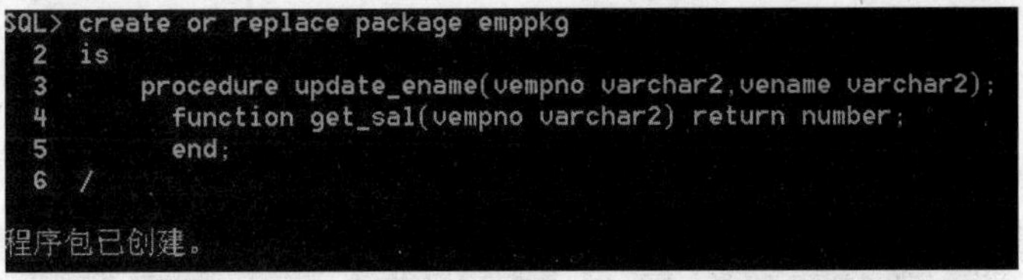

图9.27　创建程序包

在创建包emppkg时，只列出了存储过程update_ename和函数get_sal的声明部分，而不包含它们的实际代码，其实际代码在包体中给出。

2. 创建包体

创建包体需要使用CREATE PACAKGE BODY语句，并且在创建时需要指定已创建的包，其语法如下：

```
CREATE[OR REPLACE] PACKAGE BODY package_name
{IS|AS}
Package_body;
End package_name;
```

⚠ 【例9.13】创建包体

创建包emp_pkg的包体，在该包体中需要实现存储过程update_ename和函数get_sal的实际代码，当然也包括其他私有项目。代码如下：

```
    SQL> create or replace package body emppkg
is
    procedure update_ename
    (
        vempno varchar2,
        vename varchar2
    )
    is
    newename varchar2(32);
    begin
      update scott.emp set ename=vename where empno=vempno;
      commit;
      select ename into newename from scott.emp where empno=vempno;
      dbms_output.put_line('雇员名称: '||newename);
    end;
    function get_sal
    (
        vempno varchar2
    )
    return number is
    vsal number(7,2);
    begin
      select sal into vsal from scott.emp where empno=vempno;
      return vsal;
    end;
end;
 /
```

执行结果如图9.28所示。

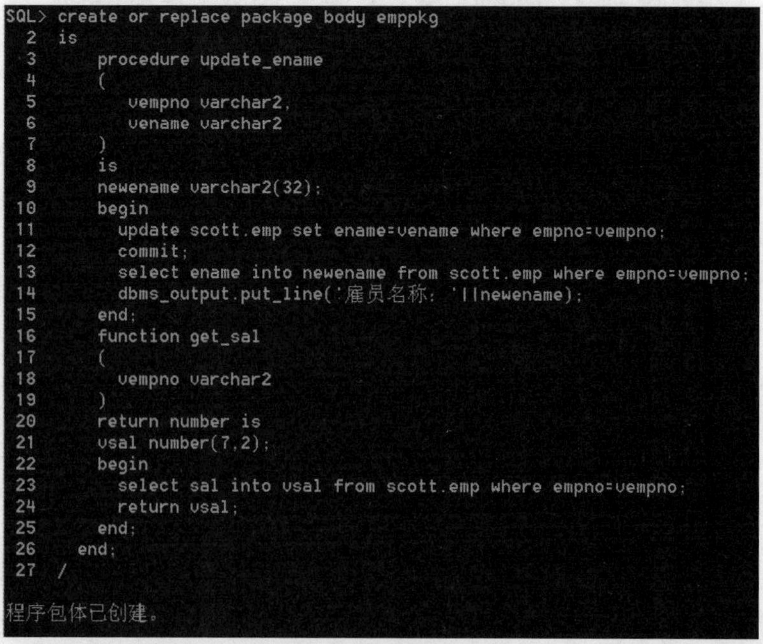

图9.28　创建包体

9.4.2 调用包

我们在PL/SQL编程中多次使用过DBMS_OUTPUT.PUT_LINE语句输出结果。实际上，DBMS_OUTPUT是系统定义好的包，而PUT_LINE是包中的存储过程。调用程序包中的元素时，使用如下形式：

```
Package_name.[element_name]
```

其中element_name表示元素名称，可以是存储过程名、函数名、变量名、常量名等。

⚠ 【例9.14】调用包

调用emppkg包中的update_ename过程，对表scott.emp记录进行更新，代码如下：

```
SQL>Select * from scott.emp where empno=7876;
SQL>exec emppkg.update_ename(7876,'lucky');
SQL> Select * from scott.emp where empno=7876;
```

执行结果如图9.29所示。

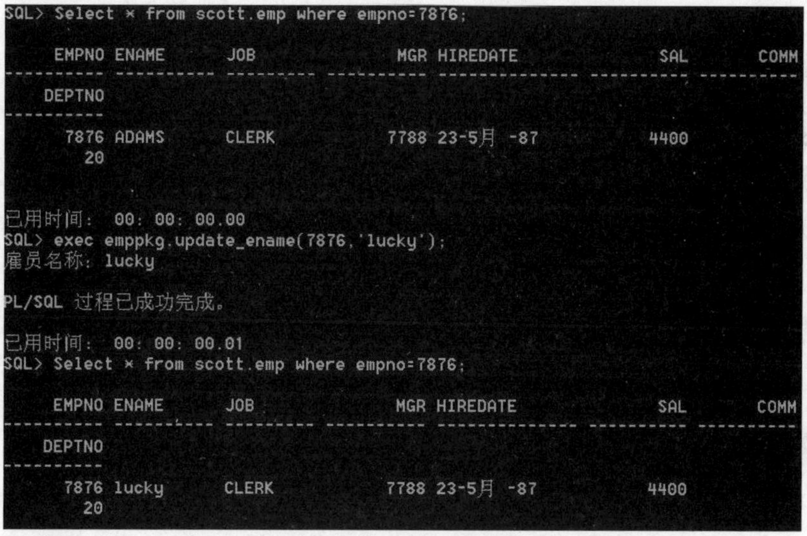

图9.29　执行包中程序

9.4.3 删除包

删除程序包需要使用DROP PACKAGE语句。如果程序包被删除，则其包体也将被自动删除。删除程序包的语法如下：

```
DROP PACAGE package_name;
```

本章小结

本章重点介绍了Oracle编程中的存储过程、函数、触发器和包。先介绍了常用存储过程的创建、使用、修改和删除，接着介绍了触发器的创建和使用，函数的使用以及自定义函数的创建和使用，最后介绍了程序包的创建、修改和使用。

项目练习

项目练习1

在emp表上创建一个存储过程outsal，输入参数是员工编号，输出该员工的工资。

项目练习2

在emp表上创建一个存储过程outname，输入参数是员工编号，以参数形式返回该员工的姓名。

项目练习3

在emp表上创建一个函数avgfuction，输入部门编号，返回该部门的平均工资。

项目练习4

在emp表上创建一个函数countnum，输入部门编号，返回该部门的员工人数，并调用该函数。

项目练习5

在emp表上创建一个触发器，当修改员工工资时，保证其修改后的工资不低于2000。

项目练习6

创建一个包firstpkg，在该包中包含一个存储过程updatename和一个函数getloc，然后执行程序包，查询更新的数据。

Chapter

10

Oracle系统优化

本章概述

　　SQL语言的主要功能是根据需要进行数据查询、更新等操作。对相同的问题运行不同的SQL语句，会产生不同的执行效率。在进行数据库设计和查询时，对SQL语句进行优化，所需成本最低，效果最好。

　　对SQL语句进行优化就是将性能较低的SQL语句转换成能够完成同样工作，但性能优异的SQL语句。

重点知识

- SQL语句调优
- 表连接的优化
- 合理使用索引

10.1 SQL语句调优

> Oracle系统性能优越，但在使用中可能感觉不到。出现这种情况的主要原因是没有使用好Oracle系统。要使系统运行效率较高，就要对磁盘空间进行规划，对数据库结构进行合理设计，对编程语句进行优化，特别是对经常使用的SQL语句的优化。通过对SQL语句的优化，当数据量比较大时，可以提高系统运行效率。

10.1.1 不用星号（＊）代替所有列名

在SELECT语句中，当查询所有表中的列时，为了减少编写SQL语句的难度和重复性的工作，我们通常用星号（＊）代替所有列名，但这降低了SQL语句的执行效率。用"＊"代替所有列的列名对Oracle系统来说会存在解析的动态问题。

SQL语句的执行过程如下：

Step 01 SQL语句首先从客户端进程传递到服务器端进程。

Step 02 在共享池中，查找是否有此SQL语句。

Step 03 判断SQL语句的语法正确性。

Step 04 查找数据字典来验证表和列定义。

Step 05 检查当前用户的操作权限。

Step 06 确定语句的最佳执行计划。

Step 07 将语句和执行计划保存到共享的SQL区。

⚠ 【例10.1】用*代替所有列名

首先设置SET TIMING ON语句来显示执行时间。然后检索scott用户下的dept表，使用"＊"来替代所有的列名，执行语句和执行时间如下，结果如图10.1所示。

```
SQL>SET TIMING ON
SQL>Select * from scott.dept;
```

再运行同样功能的语句，结果如图10.2所示。

```
SQL>Select deptno,dname,loc
    from scott.dept;
```

```
SQL> SET TIMING ON
SQL> Select × from scott.dept;

    DEPTNO DNAME          LOC
---------- -------------- --------------
        10 ACCOUNTING     NEW YORK
        20 RESEARCH       DALLAS
        30 SALES          CHICAGO
        40 OPERATIONS     BOSTON

已用时间: 00: 00: 00.54
```

图10.1 用*代替所有列的查询时间

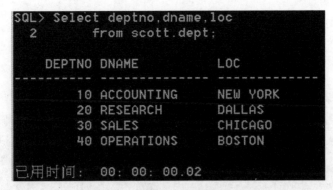

图10.2　指定具体列名的查询时间

从执行结果可以看出，第二条语句的执行时间小于第一条语句的执行时间。这是因为Oracle系统需要通过数据字典将语句中的"*"换成了scott用户下dept表中的列名，然后执行与第二条语句相同的操作，这当然要花费更短的时间。

🔑【TIPS】

> 如果再次执行这两条语句，会发现执行时间更少。这是因为所执行的语句在缓冲区共享池中有保存，再次执行时，Oracle直接调用解析过的内容和方案，因此执行时间大大缩短了。

10.1.2 在确保完整性的情况下多用COMMIT语句

如果将几个相互联系的DML（数据操纵）语句写在一个Begin…End块中，建议在每个块的End前面使用COMMIT语句。这样可以实现对DML语句的及时提交，同时也释放事务所占用的资源。这是因为，当用户执行DML操作后，如果没有使用COMMIT命令进行提交，则Oracle会在回滚段中记录DML操作，以便用户使用ROLLBACK命令对数据进行恢复。Oracle实现这种数据回滚功能，需要花费相应的时间与空间资源。所以，在确保数据完整性的情况下，尽量在事务结束处使用COMMIT命令对DML操作进行提交。

当COMMIT提交后，系统就将释放如下资源：

● 回滚段上记录的DML操作信息。
● 程序语句获得的锁。
● REDO log buffer中的空间。
● Oracle系统管理等各种操作所需要的其他相关开销。

10.1.3 用WHERE语句代替HAVING语句

在SELECT查询语句中，有条件时，使用WHERE语句进行条件的筛选，分组时使用HAVING语句进行分组中的条件筛选，也就是先进行分组，然后执行分组后的条件筛选。因为进行分组需要一定的时间，所以实现同样的功能时，尽量使用WHERE语句进行条件的筛选，减少分组运算的时间，从而提高语句的执行效率。

⚠️【例10.2】分组查询

对scott用户下的表emp进行操作，根据deptno列进行分组，并使用HAVING语句进行条件运算，deptno列的值为10。代码如下：

```
SQL>SET TIMING ON
SQL>Select deptno,avg(sal) from scott.emp
    Group by deptno having deptno>10;
```

执行结果如图10.3所示。

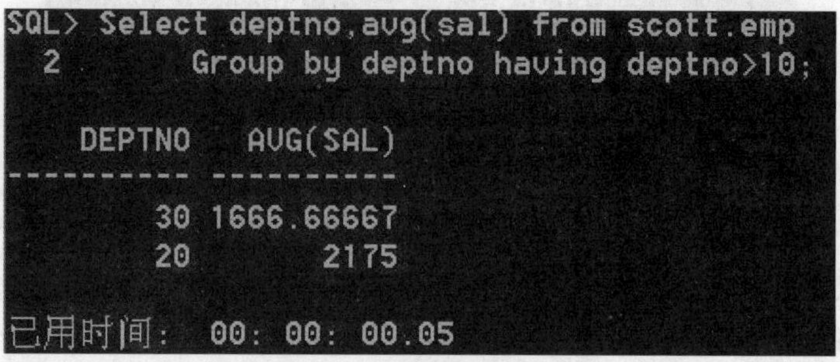

```
SQL> Select deptno,avg(sal) from scott.emp
  2       Group by deptno having deptno>10;

   DEPTNO   AVG(SAL)
---------- ----------
        30 1666.66667
        20       2175

已用时间:  00: 00: 00.05
```

图10.3　分组查询的时间

以WHERE子句替换HAVING语句，可以实现相同的结果，但执行时间减少。代码如下：

```
SQL>SET TIMING ON
SQL>Select deptno,avg(sal) from scott.emp
    Where deptno>10 group by deptno;
```

执行结果如图10.4所示。

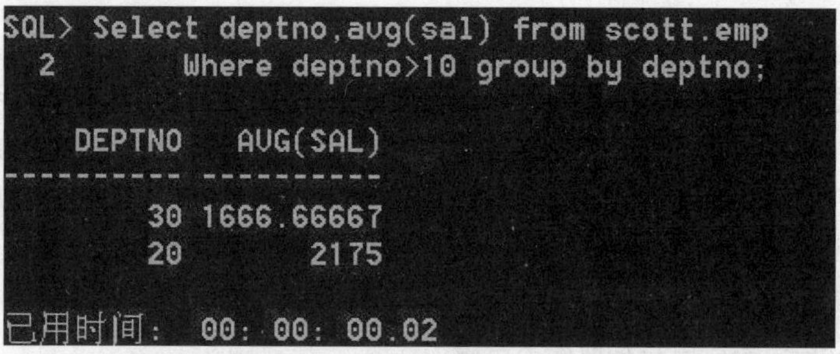

```
SQL> Select deptno,avg(sal) from scott.emp
  2       Where deptno>10 group by deptno;

   DEPTNO   AVG(SAL)
---------- ----------
        30 1666.66667
        20       2175

已用时间:  00: 00: 00.02
```

图10.4　where查询时间

虽然WHERE语句与HAVING语句都可以进行数据筛选，但HAVING语句会在检索出所有记录后才对结果进行筛选；而使用WHERE语句减少了分组方面的开销。因此，一般的过滤条件尽量用WHERE语句实现，但不是所有的语句都可以替换。

10.1.4 用TRUNCATE语句代替DELETE语句

在删除表中数据时，经常会使用DELETE语句。当用DELETE语句删除数据时，Oracle会使用撤销表空间（UNDO Tablespace）来存放删除操作的信息。如果用户没有使用COMMIT提交语句，而是使用ROLLBACK语句进行回滚操作，则Oracle系统会将数据恢复到删除之前的状态。

当用户使用TRUNCATE语句对表中的数据进行删除时，Oracle系统不会将被删除的数据写回到回滚段中，这样就提高了语句的执行速度。而且这种删除是一次性的，要删除表中所有数据时，执行TRUNCATE命令速度更快。

【TIPS】

使用TRUNCATE语句删除数据后，使用ROLLBAK命令不能将删除的数据恢复过来。

TRUNCATE语句的语法如下：

```
TRUNCATE[TABLE|CLUSTER]schema.[table_name][cluster_name][DROP][REUSE STORAGE]
```

删除表中或者簇中的所有行。

REUSE STORAGE表示保留被删除的空间以供该表的新数据使用；默认为DROP STORAGE，即收回被删除的空间并给系统。

⚠【例10.3】删除表中数据

创建一个表newtable，向该表中添加100000行数据，然后使用DELETE语句执行删除操作，代码如下：

```
SQL>CREATE table newtable(tid char(20));
SQL> declare countnum number(6);
begin
  countnum:= 1;
  while countnum <= 100000
    loop
      insert into newtable values ('6');
      countnum:= countnum + 1;
      commit;
    end loop;
end;
  /
SQL>set timing on
SQL>DELETE FROM newtable;
```

执行结果如图10.5所示。

图10.5　DELETE删除操作的执行时间

同样的条件下，使用TRUNCATE语句执行删除操作，代码如下：

```
SQL> declare countnum number(6);
begin
  countnum:= 1;
  while countnum <= 100000
    loop
      insert into newtable values ('6');
      countnum:= countnum + 1;
      commit;
    end loop;
end;
  /
SQL>TRUNCATE TABLE newtable;
```

执行结果如图10.6所示。

```
SQL> declare countnum number(6);
  2  begin
  3    countnum:= 1;
  4    while countnum <= 100000
  5      loop
  6        insert into newtable values ('6');
  7        countnum:= countnum + 1;
  8        commit;
  9      end loop;
 10  end;
 11  /

PL/SQL 过程已成功完成。

已用时间:  00: 00: 28.39
SQL> TRUNCATE TABLE newtable;

表被截断。

已用时间:  00: 00: 02.79
```

图10.6　TRUNCATE删除操作的执行时间

从执行结果可以看出，TRUNCATE语句执行删除数据的时间小于DELETE语句的执行时间，但TRUNCATE语句删除的数据一般是没办法恢复的。

10.1.5 用表连接代替表的多次查询

从多个表中查询数据时，执行表的连接比使用嵌套多个表的查询的效率要高。这是因为每次执行查询语句时，Oracle内部要执行一系列的操作。因此，要尽量减少SQL语句的执行次数。

要尽量减少表的查询次数，能够通过表的连接一次完成的查询操作，尽量不要通过嵌套语句进行多次查询。

【例10.4】表连接查询和嵌套查询

对scott用户下的emp表和dept表进行操作，使用嵌套查询获得SALES部门的所有员工信息。执行语句如下，执行时间如图10.7所示。

```
SQL>Select empno,ename,deptno from scott.emp
    Where deptno=(
     select deptno from scott.dept where dname='SALES'
     );
```

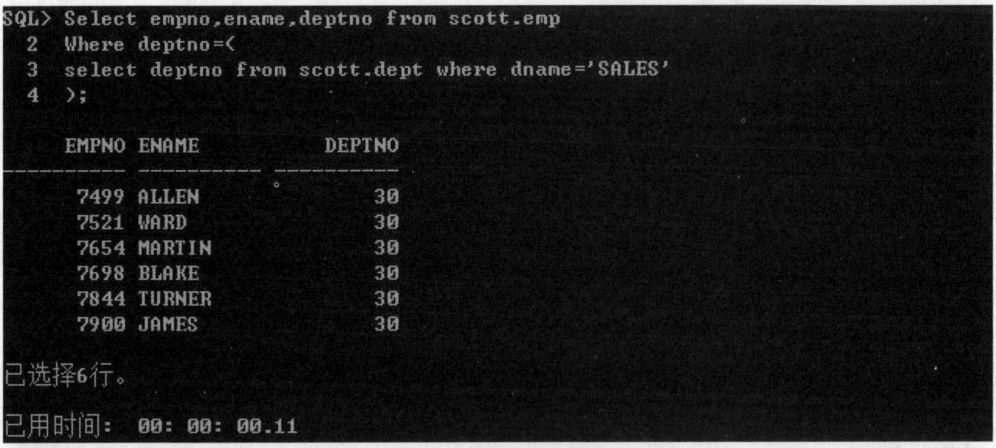

```
SQL> Select empno,ename,deptno from scott.emp
  2  Where deptno=(
  3  select deptno from scott.dept where dname='SALES'
  4  );

     EMPNO ENAME          DEPTNO
---------- ---------- ----------
      7499 ALLEN              30
      7521 WARD               30
      7654 MARTIN             30
      7698 BLAKE              30
      7844 TURNER             30
      7900 JAMES              30

已选择6行。

已用时间:  00: 00: 00.11
```

图10.7　嵌套查询的时间

使用表连接代替嵌套查询，执行语句如下，执行时间如图10.8所示。

```
SQL>Select a.empno,a.ename,b.deptno
    From scott.emp a inner join scott.dept b on a.deptno=b.deptno
   where b.dname='SALES';
```

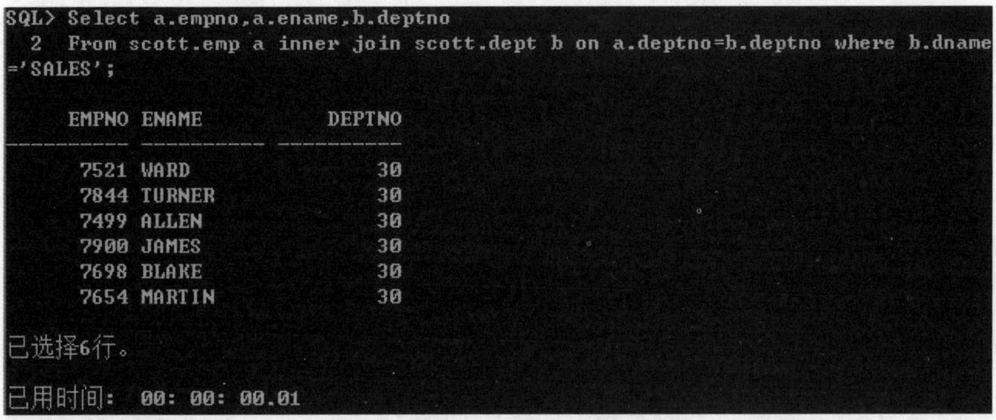

```
SQL> Select a.empno,a.ename,b.deptno
  2  From scott.emp a inner join scott.dept b on a.deptno=b.deptno where b.dname
='SALES';

     EMPNO ENAME          DEPTNO
---------- ---------- ----------
      7521 WARD               30
      7844 TURNER             30
      7499 ALLEN              30
      7900 JAMES              30
      7698 BLAKE              30
      7654 MARTIN             30

已选择6行。

已用时间:  00: 00: 00.01
```

10.8　连接表后查询所需的时间

从查询结果可以看出，第二条语句只使用了一次查询，减少了对表的查询次数，所以执行时间比第一条语句的执行时间要少。

10.1.6 用EXISTS代替IN

在查询时，IN操作符用于检查一个值是否在列表中，它需要对查询的表执行一个全表遍历。EXISTS只是检查行是否存在。因此，在子查询中，EXISTS的性能要比IN的性能要高得多。因此，在子查询中建议使用NOT EXISTS来代替NOT IN。

⚠️ 【例10.5】分别使用IN操作符和EXISTS操作符查询

对scott用户的emp表和dept表进行操作。使用IN操作符，检索所在部门在NEW YORK的员工信息。执行语句如下，执行时间如图10.9所示。

```sql
SQL>select * from scott.emp
    where deptno in(
    select deptno from scott.dept where loc='NEW YORK');
```

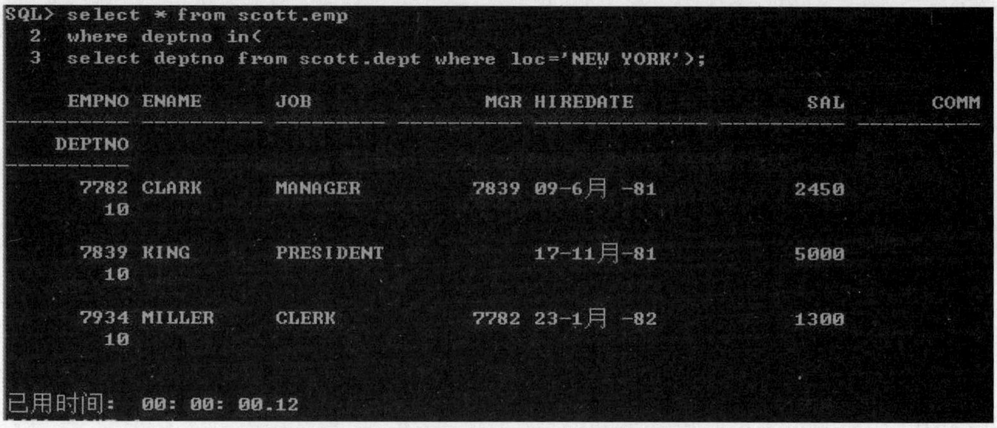

图10.9 使用IN操作符查询所需的时间

使用EXISTS操作符替换IN操作符，执行语句如下，执行时间如图10.10所示。

```sql
SQL>Select * from scott.emp
    Where EXISTS(
    Select 1 from scott.dept where scott.dept.deptno=scott.emp.deptno and
loc='NEW YORK'
    );
```

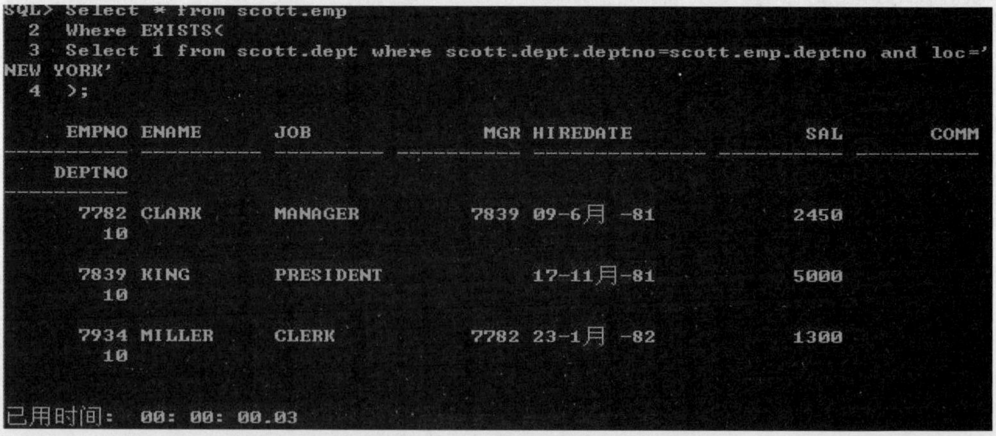

图10.10 使用EXISTS操作符查询所需的时间

10.1.7 用EXISTS代替DISTINCT

在连接查询中，DISTINCT关键字用于禁止重复行的显示；EXISTS关键字用于检查子查询返回的行的存在性。尽量使用EXISTS代替DISTINCT，因为DISTINCT在禁止重复行显示之前要排序检索到的行。

⚠ 【例10.6】分别用DISTINCT关键字和EXISTS关键字查询

对scott用户的dept表和emp表进行操作，获得部门编号和部门名称信息，使用DISTINCT关键字，执行语句如下，执行结果和执行时间如图10.11所示。

```
SQL>Select DISTINCT a.deptno,b.dname from scott.emp a,scott.dept b
    where  a.deptno=b.deptno;
```

```
SQL> Select DISTINCT a.deptno,b.dname from scott.emp a,scott.dept b where
    a.deptno=b.deptno;

    DEPTNO DNAME
---------- --------------
        10 ACCOUNTING
        20 RESEARCH
        30 SALES

已用时间: 00: 00: 00.03
```

10.11 使用DISTINCT关键字进行查询所需的时间

在SELECT语句中使用EXISTS关键字可以实现同样的结果。执行语句如下，执行时间如图10.12所示。

```
SQL>Select deptno, dname from scott.dept b
    Where EXISTS(
    SELECT 1 FROM scott.emp a where a.deptno=b.deptno);
```

```
SQL> Select deptno, dname from scott.dept b
  2      Where EXISTS<
  3      SELECT 1 FROM scott.emp a where a.deptno=b.deptno);

    DEPTNO DNAME
---------- --------------
        10 ACCOUNTING
        20 RESEARCH
        30 SALES

已用时间: 00: 00: 00.01
```

图10.12 使用EXISTS关键字进行查询所需的时间

从执行时间可以看出，使用EXISTS关键字查询更为迅速，因为Oracle将在子查询的条件满足后，立即返回结果。

10.1.8 用<=代替<

在有检索条件的语句中，经常要使用运算符<=代替<，前者表示小于等于某个值，后者表示小于某

个值。但在很多时候，可以使用<=代替<。例如，empno<=7000和empno<7001得到的结果一样。但数据量比较大时，检索效率是不一样的，建议使用<=代替<。

为什么二者运行的效率不一样呢？使用empno<9901时，Oracle会把数据定位到9901，然后去查找比其小的值；使用empno<=9900时，Oracle会把数据直接定位到9900。数据量比较小时，效率差别不大，但当数据量比较大或者在循环语句中使用这两个比较操作符时，效率的差别就比较大了。

使用<查询的执行语句如下，查询时间如图10.13所示。

```
SQL>Select * from scott.emp where empno<9901;
```

已用时间： 00： 00： 00.06

图10.13　使用<查询所需的时间

使用<=查询的执行语句如下，查询时间如图10.14所示。

```
SQL>Select * from scott.emp where empno<=9900;
```

已用时间： 00： 00： 00.04

10.14图　使用<=查询所需的时间

10.1.9 使用指定的详细列名

在查询中，如果有多个表，而且查询的列在多张表中都有，可以为每个表指定表的别名，查询时显示为在列前面写上表名的别名。这样，查询时就不需要通过解析列判断是哪张表中的列，从而消除了列的歧义，加快了查询的速度。

⚠ 【例10.7】未指定列的具体表名会出错

对scott用户的emp表和dept表进行操作，这两个表都包含相同的列deptno，如果不指定列的具体表名，会出现问题，代码如下，提示信息如图10.15所示。

```
SQL>SELECT empno,ename,deptno,dname from scott.emp,scott.dept;
```

```
SQL> SELECT empno,ename,deptno,dname from scott.emp,scott.dept;
SELECT empno,ename,deptno,dname from scott.emp,scott.dept
                     *
第 1 行出现错误:
ORA-00918: 未明确定义列
```

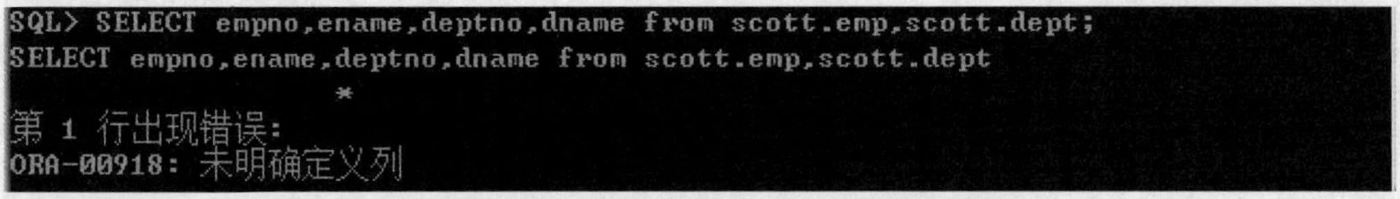

图10.15　未指定列的具体表名出错

在列名前写上表的别名，代码如下：

```
SELECT a.empno,a.ename,b.deptno,b.dname
from scott.emp a,scott.dept b;
```

在具体查询时，如果多张表中含有相同列，在列前指定列的别名。

10.2 表连接的优化

> 在连接查询时，如果用到多张表，而且各表之间存在一定的关系，那么表之间的连接方法不同的话，查询效率也不同。

10.2.1 选择FROM后表的顺序

如果使用SELECT语句的FROM子句从多张表中获取数据，从查询角度来说，表和表之间的先后顺序没有区别，但是从查询效率来考虑时，表的先后顺序不同，查询结果的效率不同。

Oracle的解析器按照从右到左的顺序处理from子句中的表。在from子句后面指定的表中，写在最后的表将被Oracle最先处理，Oracle将它作为驱动表，并对该表的数据进行排序；之后再扫描倒数第二张表；接着将所有从第二张表中检索出来的记录与第一个表中的记录进行合并。

因此，在使用多个表进行连接时，首先选择记录行数最少的表作为驱动表，也就是将记录最少的表作为from子句中的最后一个表。

例如，有如下两个行数不一样的表，都可以作为驱动表。

● 表table1有10000个数据行。
● 表table2有10个数据行。

方法1：选择table2作为驱动表（最佳）。

```
Select count(*) from table1, table2 where …
```

方法2：选择table1作为驱动表。

```
Select count(*) from table2, table1 where …
```

⚠ 【例10.8】指定不同的表作为驱动表

对scott用户下的emp表和dept表进行操作，在from子句中，先指定dept表，后指定emp表。执行语句如下，执行时间如图10.16所示。

```
SQL>Select a.empno,a.ename,b.deptno,b.dname
    from scott.dept b,scott.emp a;
```

已用时间： 00: 00: 00.06

图10.16 先指定dept表，后指定emp表查询所需的时间

在from子句中，先指定emp表，后指定dept表，执行语句如下，执行时间如图10.17所示。

```
SQL>Select a.empno,a.ename,b.deptno,b.dname
    from scott.emp a, scott.dept b;
```

已用时间： 00: 00: 00.07

图10.17 先指定emp表，后指定dept表查询所需的时间

如果有三个以上的表连接，需要选择交叉表作为驱动表，交叉表是指被其他表引用的表。

⚠️ 【例10.9】指定交叉表作为驱动表

EMP表是LOCATION表和CATEGORY表的交集，EMP表的数据首先被读到内存，所以EMP表是一个关键的表。执行语句如下：

```
SQL>Select * from location L,category c,emp e
    Where e.emp_no between 1000 and 2000
    And e.cat_no=c.cat_no
    And e.locn=l.locn;
```

把emp表写在from子句的前面，再查看执行的时间和效率。

10.2.2 WHERE子句的连接顺序

在执行查询的WHERE子句中，可以指定多个检索条件。Oracle采用自上而下的顺序解析WHERE子句。根据这个这个原理，表之间的连接应该写在其他WHERE条件之前，那些可以过滤最大数量记录的条件必须写在WHERE子句的末尾，也就是在表进行连接操作以前，过滤掉的记录数越多越好。

10.3 合理使用索引

索引是表中的一个重要的概念。索引是一个与表或视图相关联的磁盘结构，可以加快从表或视图中检索行的速度，索引是提高检索数据的有效手段。使用建立索引的表对数据的查询比全表扫描要快得多。创建表的主键和唯一索引的目的除了维护数据的完整性和一致性，还在于提高查询速度。

虽然使用索引能提高查询速度，但是建立和使用索引也需要付出代价。这是因为索引需要空间来存储；需要定期维护。当记录增加或减少时，索引列也需要被修改，索引本身也会被修改。当对记录进行插入、更新和删除操作时，需要更多地访问磁盘I/O。因为索引需要额外的存储空间和处理时间，所以那些不必要的索引反而会影响查询的效率。因此，要根据具体情况建立索引。

10.3.1 何时使用索引

创建索引时主要从以下几方面考虑：
- 对较大的表才建立索引（约5000条记录以上），并检索的数据少于总行数的2%~4%。
- 一个表可建立任意多个索引，但不能太多，否则会增加系统维护的开销。
- 经常出现在WHERE子句或连接条件中的列作为索引关键字。
- 频繁修改的列不要作为索引列。
- 对于取值较少的关键字或者表达式，不要采用标准的B+树索引，可以建立位图索引。
- 包含操作符或者函数的WHERE子句中的关键字不要作为索引列，如果需要建立索引，可建立函数索引。

10.3.2 索引列上操作符的使用

索引列的操作语句应该尽量不使用"非"操作符，如NOT、！=、<>、！>、！<、NOT EXISTS、NOT IN和NOT LIK。因为使用非操作符会导致Oracle对表执行全表扫描。

另外，使用LIKE通配符查询时，如果通配符应用不合理，性能会大受影响。如LIKE'%数据库%'会使用索引，而LIKE'数据库%'则会使用范围索引。因为第一个字符为通配符时，索引不起作用，Oracle照样执行全表扫描。

10.3.3 唯一索引列上不要使用NULL值

使用UNIQUE关键字可以为列添加唯一索引，也就是说列的值不允许有重复值。但是多个NULL值可以同时存在，因为Oracle认为两个空值不相等。

所以，向定义过唯一索引的列添加数据时，可以在其中添加无数条NULL值的记录，但是这些记录都是空值，在索引中并存在这些记录。因此，在WHERE子句中使用IS NULL或IS NOT NULL对唯一索引列进行空值比较时，Oracle将停止使用列上的唯一索引，Oracle要进行全表扫描。

10.3.4 选择复合索引主列

不仅可以创建基于单个列的索引，也可以创建基于多个列的索引。在多个列上创建的索引叫复合索引，复合索引有时比单列索引有更好的性能。如果在创建索引时采用多个列作为索引，多个索引列要有先后顺序，这个顺序的不同会影响索引使用的效率。

在选择复合索引的关键字时，要遵循下列原则：

- 应该选择在WHERE子句条件中频繁使用的关键字，并且这些关键字由AND操作符连接。
- 如果有几个查询都选择相同的关键字集合，则考虑创建组合索引。
- 如果某些关键字在where子句中的使用频率较高，则尽量创建索引。
- 如果某些关键字在where子句中的使用频率相当，则创建索引时要按照使用频率从高到低的顺序来说明关键字。

⚠ 【例10.10】创建复合索引

使用scott.emp表中的deptno列和MGR列建立复合索引depno_MGR_index，语句如下：

```
Create index deptno_sal_index on scott.emp(deptno,MGR DESC);
```

使用复合索引depno_ MGR_index时，where子句中列的顺序，应该尽量与复合索引中列的顺序保持一致，查询语句如下：

```
SQL>Select empno,ename,sal,deptno from scott.emp
Where deptno>30 and MGR>7000;
Select empno,ename,sal,deptno from scott.emp
Where MGR>7000 and deptno>30;
```

上述两条Select语句在where子句中指定的列的顺序不同，这不影响查询结果，但是会影响查询效率。在上述查询语句中，第一条查询语句的效率较高，因为WHERE子句中条件列的顺序与复合索引中列的顺序一致。

10.3.5 避免对大表的全表扫描

在应用程序的设计中，除了一些必要的情况（如月报数据的统计、打印所有清单等）需要进行全表扫描外，一般情况下应该尽量避免对大表进行全表扫描。全表扫描主要是指没有任何条件或没有使用任何索引的查询。下列情况下需要进行全表扫描：

- 所查询的表没有索引。
- 需要返回所有的行。
- 使用带有LIKE并使用'%'这样的语句。
- 对索引列有条件限制，但使用了函数的也需要全表扫描。
- 带有IS NULL、IS NOT NULL、!=等子句时也会导致全表扫描。

10.3.6 监视索引是否被使用

除了主键是完整性约束而自动变为索引外，创建的普通索引的目的就是为了提高数据的查询速度。如果创建了索引而没有使用索引，这些索引会使查询效率变低。在实际应用中，应该经常检查索引是否被使用，这需要用到索引的监视功能。

在Oracle中，可以对索引进行监视。监视索引后，可以通过数据字典视图来了解索引的使用状态。如果确定索引不再需要，就可以删除该索引。命令为ALTER INDEX，命令后加子句MONITORING USAGE，语法如下：

```
ALTER INDEX SCHEMA.INDEXNAME
MONITORING USAGE;
```

⚠ 【例10.11】监视索引的使用状态

使用ALTER INDEX语句，指定MONITORING USAGE子句，监视创建的索引deptno_sal_index。代码如下：

```
SQL>ALTER INDEX deptno_sal_index MONITORING USAGE;
```

通过v$object_usage视图查看deptno_sal_index索引的使用状态，代码如下，结果如图10.18所示。

```
SQL>Select table_name,index_name,monitoring from v$object_usage;
```

图10.18　监视索引

table_name字段描述索引所在的表；index_name字段描述索引名称；MONITORING字段表示索引是否处于激活状态，值为YES，表示处于激活状态。

处于激活状态的索引会影响对表的检索，如果确定索引不再使用，可以删除该索引。代码如下：

```
Drop index index_name;
```

本章小结

本章重点介绍了SQL语句的基本查询技巧，以及在删除和使用索引时要注意的问题。

项目练习

项目练习1

在SCOTT用户下，复制表emp，然后使用DELETE和TRUNCATE比较二者的时间。

项目练习2

创建一个有100条数据的表test，然后创建一个与表test有同名列的表newtest，插入10000条数据，通过不同的表连接比较不同连接顺序时系统的效率。

Chapter

11

Oracle数据库备份与恢复

本章概述

对数据库管理员来说，Oracle数据库备份和恢复是非常重要的功能，因为任何一个在企业内运行的数据库，都难免发生故障或事故。Oracle提供的备份和恢复机制功能十分强大，能在数据库发生灾难的情况下，把数据库恢复到灾难前的状态。本章介绍Oracle数据库备份和恢复的基本原理。

重点知识

- 备份与恢复概述
- 备份与恢复的分类
- 备份和恢复的方法

11.1 备份与恢复概述

> 数据库在长期运行期间出现故障是不可避免的，对于数据库管理员来说，必须合理地制定一套数据库备份和恢复的策略，以便在数据库发生故障后，最大程度地恢复数据库，尽量避免数据丢失。

备份是数据库中数据的副本，利用备份可以在出现灾难时重建数据库。数据库的设置不同或备份策略不同都会影响到数据库的恢复。

11.1.1 备份的原则和策略

正确的备份策略不仅能保证数据库服务器的高性能运行，还能保证备份与恢复的快速性与可靠性。管理员在根据具体数据库系统运行特点制定备份数据库方案时应遵循一定的原则与策略：

- 建立数据库后马上进行一次完全备份。
- 将数据库所有的备份与被备份的数据库分开放在不同的磁盘，放在不同的计算机中更好。
- 根据数据更新情况确定备份规律。
- 联机日志文件组应该有多组，每组至少有两个日志成员，同组日志成员要分散在不同的磁盘上。
- 使用RESETLOGS方式打开数据库后，进行一次完全备份。
- 对于重要数据，采用逻辑备份方式进行备份。
- 对于经常使用的表空间，在归档模式下采用表空间备份来提高备份效率。
- 数据库对象发生变化时，若在归档模式下，应备份控制文件；若变化发生在非归档模式下，应对数据库进行完全备份。

11.1.2 恢复的原则和策略

当数据库出现故障之后，利用先前的备份，选择合适的方法恢复数据库。
在恢复数据库时也有一定的原则与策略：

- 发生介质故障（磁盘、磁头等物理设备损坏）时，根据故障原因选择完全介质恢复或不完全介质恢复。
- 在归档模式下，若数据文件被损坏，可以使用备份进行完全或不完全的恢复。
- 在归档模式下，若控制文件被损坏，可以使用备份的控制文件进行数据库的不完全恢复。
- 在归档模式下，若联机日志文件损坏，可以使用备份的联机重做日志文件和数据文件进行数据库的不完全恢复。
- 执行不完全恢复后重新打开数据库时，使用RESETLOGS选项。

11.2 备份与恢复的分类

> Oracle 11g提供了多种备份和恢复机制,本节简单介绍备份和恢复的分类和它们各自的特点。

11.2.1 备份分类

Oracle以多种方式支持数据库的备份,主要有逻辑备份和物理备份两大类。

逻辑备份主要指对数据库的导入/导出操作。Oracle 10g之前使用IMP/EMP方法进行导入/导出操作,从Oracle 10g开始引入数据泵的概念,数据泵可以实现数据的高速移动。

物理备份也被称为用户管理的的备份(User-managed Backup),是将数据库中的数据文件、重做日志文件、控制文件等进行复制,把副本保存到另外的磁盘上。本章主要介绍物理备份。

物理备份可以分为两种:冷备份和热备份。

1.冷备份

冷备份又称为关机备份、脱机备份或离线备份。在数据库已经正常关闭的情况下,将关键性文件拷贝到另外的位置。冷备份时数据库已经关闭,没有正在进行的访问和修改,因此数据文件是一致的。如果可以正常关闭数据库,而且可以关闭足够长的时间,那么就可以采用冷备份。冷备份的优点如下:

- 非常快速的备份方法(只需拷文件)。
- 容易归档(只需简单拷贝)。
- 容易将数据库状态恢复到某个时间点。
- 能与归档方法相结合,做数据库"最佳状态"的恢复。
- 维护简单,高度安全。

冷备份的不足如下:

- 单独使用时,只能提供到"某一时间点"的恢复。
- 实施备份时,数据库必须是关闭状态,不能进行其他工作。
- 若磁盘空间有限,只能拷贝到磁带等其他外部存储设备上,速度很慢。
- 备份方式受限。
- 不能按表或按用户恢复。

冷备份时应该备份的文件如下:

- 所有数据文件及表空间,包括系统表空间、临时表空间和撤销表空间。
- 控制文件、备份的二进制控制文件和文本控制文件。
- 警告日志。
- 如有正在使用的归档日志,要备份它。
- 参数文件Init<SID>.ora文件及SPFILE。
- 如存在ORACLE密码文件,也要备份它。
- 重做日志。在还原重做日志时,会覆盖当前存在的重做日志,而当前重做日志包含重做流中的最后入口信息,这些信息是完成恢复所需的,所以要特别小心。Oracle建议不要对重做日志进行备份。

【TIPS】

冷备份必须在数据库关闭的情况下进行，当数据库处于打开状态时，执行数据库文件系统备份是无效的。

冷备份必须为一致性备份，即备份中所有数据文件和控制文件有相同的系统改变号，否则数据库恢复后可能打不开。如果数据库管理员关闭数据库时使用的是SHUTDOWN ABORT命令，这样的备份是不一致备份。如果是在归档模式下进行的冷备份，且存有备份生成后的归档日志文件，可以把不一致备份恢复到一致状态；如果是在非归档模式下进行的冷备份，无效。

2.热备份

热备份又叫联机备份，是在数据库运行时，在归档模式（Archivelog Mode）下备份数据库中的数据文件、控制文件、归档日志文件等。在某个时间点，可以对整个数据库进行备份，也可以只备份表空间或数据文件的一个子集。

热备份是不一致备份，恢复数据库时需要使用归档日志文件。热备份的优点如下：
- 可在表空间或数据库文件级备份，备份的时间短。
- 备份时数据库仍可使用。
- 可达到秒级恢复（恢复到某一时间点）。
- 可对几乎所有数据库实体做恢复。
- 恢复是快速的，大多数情况下在数据库仍工作时恢复。

热备份的不足如下：
- 不能出错，否则后果严重。
- 若热备份不成功，所得结果不可用于时间点的恢复。
- 难于维护。

【TIPS】

在热备份期间，绝对不要对联机重做日志进行备份，而是将当前的重做日志归档并备份它们。为减少备份带来的系统开销，建议在系统不繁忙时进行热备份，也可以在一个备份操作期间只备份一个表空间。如果备份进行期间数据更新不频繁，可以将多个表空间组合到一起备份。

11.2.2 恢复分类

数据库的恢复就是使用备份的内容将数据库恢复到正常状态。数据库的恢复分为两步：

Step 01 文件还原，就是把其他磁盘上备份的文件复制到要恢复的数据库所在的位置（这个位置是控制文件指定的）。

Step 02 前向恢复，对归档日志进行处理，并把归档日志文件或重做日志文件的内容应用到数据库，使数据尽可能恢复到故障之前的状态。

数据库的恢复分为完全恢复和不完全恢复两种。

（1）完全恢复

先把数据库还原，然后通过所有可用的归档日志对数据库进行前向恢复。要尽量进行完整的恢复，不能丢失数据。完全恢复可以在数据库级、表空间级或块级进行。

（2）不完全恢复

把数据库恢复到故障出现之前某一时刻的状态。恢复时，首先将数据库还原，再使用部分（不是全部）日志选择性地恢复到一个预先确定的时间点或系统修改号SCN。

不完全恢复有三种基本类型：

（1）基于取消的恢复

这种恢复会一直进行到系统接收到cancle名令。命令为：

```
SQL>RECOVERY DATABASE UNTIL CANCEL;
```

（2）时间戳恢复

使用所有日志进行恢复直到到达指定的时间戳。命令为：

```
SQL>RECOVERY DATABASE UNTIL TIME '2017-2-12:09:15:00';
```

（3）基于修改的恢复

使用所有日志进行恢复，直到到达输入的系统修改号。命令为：

```
SQL>RECOVERY DATABASE UNTIL CHANGE < SCN_number >;
```

如果按照数据库备份的方式来看，数据库的恢复也可以分为物理恢复和逻辑恢复两种。

- 逻辑恢复就是把从数据库导出的数据再导入，恢复数据库。
- 物理恢复即把数据库备份文件重新复制到数据库中去。

11.3 备份和恢复的方法

> 介绍了数据备份和恢复的分类之后，本节将介绍两种物理备份（冷备份和热备份）的具体操作方法。

11.3.1 冷备份的实施

要进行冷备份，必须关闭数据库，然后对所有的物理文件进行备份。冷备份的步骤如下：

Step 01 以管理员身份登录数据库，查询当前数据库的所有数据文件、控制文件和联机重做日志文件的位置。代码如下：

```
SQ1>SELECT NAME FROM V$DATAFILE;
SQL>SELECT NAME FROM V$CONTROLFILE;
SQL>SELECT * FROM V$LOGFILE;
```

Step 02 关闭数据库。代码如下：

```
SQL>CONNECT SYS/ 密码 AS SYSDBA;
SQL>SHUTDOWN NORMAL;
-- SHUTDOWN IMMEDIATE 或 SHUTDOWN TRANSACTIONAL 都可以
```

Step 03 复制所有数据文件、重做日志文件和控制文件到备份磁盘，可以直接在操作系统中复制、粘贴，也可以使用操作系统命令，还可以通过在SQL命令行中添加host关键字直接使用操作系统命令：

```
SQL> HOST  COPY <source_file_name>  <object_path_name>
```

下面对参数进行说明。
- **<source_file_name>**：指原文件名称。
- **<object_path_name>**：指目标路径名称。

Step 04 重新启动Oracle数据库。

11.3.2 热备份的实施

热备份是在数据库已启动且正常运行的情况下进行的，在备份的同时用户可以对数据库进行正常操作。这样生成的备份是不一致备份，只有利用归档日志文件执行恢复，才能使数据库处于一致状态。只有当数据库运行在归档模式下，归档日志文件才会产生，所以热备份要求数据库处于archive log模式下操作，且需要大量的空间。

执行热备份的步骤如下：

Step 01 以管理员身份登录数据库。代码如下：

```
SQL>CONNECT  SYS/密码 AS SYSDBA
```

Step 02 查看数据库是否处于归档模式。代码如下：

```
SQl>ARCHIVE LOG LIST;
```

运行结果如图11.1所示。

图11.1　查看数据库是否处于归档模式

Step 03 如果当前数据库日志模式是非归档模式，要设置其为归档模式。
使用以下命令将数据库设置成自动归档：

```
SQL>ALTER SYSTEM SET log_archive_start=true scope=spfile;
```

运行结果如图11.2所示。

图11.2　设置数据库为归档模式

关闭数据库：

```
SQL>SHUTDOWN IMMEDIATE;
```

启动数据库到mount状态：

```
SQL>STARTUP MOUNT;
```

设置数据库为归档模式：

```
SQL>ALTER DATABASE ARCHIVELOG;
```

确定数据库处于归档模式下：

```
SQL>ARCHIVE LOG LIST;
```

命令运行结果如下：

```
Database log mode              Archive Mode
Automatic archival             Enabled
Archive destination            USE_DB_RECOVERY_FILE_DEST
Oldest online log sequence     1
Current log sequence           2
```

从执行结果可以看出当前日志模式已经被改为归档模式，且自动归档方式已经启动。在上面的 Archive destination所定义的具体位置，可以查看ORACLE安装根目录下$ORACLE_HOME/dbs/ spfile<dbname>.ora文件中的db_recovery_file_dest参数的值。

Step 04 打开数据库。代码如下：

```
SQL>ALTER DATABASE OPEN;
```

Step 05 以表空间为单位，开始备份数据文件。

以管理员身份登录，确定想要备份的表空间所包含的数据文件。通过查询数据字典DBA_DATA_ FILES，可以得到数据文件和表空间的对应关系。代码如下：

```
SQL>SELECT TABLESPACE_NAME,FILE_NAME
FROM SYS.DBA_DATA_FILES
WHERE TABLESPACE_NAME='<tablespace_name>';
-- tablespace_name 是准备备份的表空间的名字
```

设置表空间为备份模式，在复制表空间的数据文件之前必须将表空间设置成为备份模式：

```
SQL>ALTER TABLESPACE <tablespace_name> BEGIN BACKUP;
```

使用操作系统命令复制所要备份的表空间的数据文件到备份目录；或者直接打开数据库根目录下的oradata文件夹，把数据文件复制粘贴到备份文件夹；或者在SQL命令行中添加host关键字，直接使用操作系统命令进行复制。

Step 06 表空间备份结束，返回正常模式。代码如下：

```
SQL>ALTER TABLESPACE <tablespace_name> END BACKUP;
```

Step 07 归档当前的联机重做日志文件。命令如下：

```
SQL>ALTER SYSTEM ARCHIVE LOG CURRENT;
```

也可以通过日志切换完成：

```
SQL>ALTER SYSTEM SWITCH LOGFILE;
```

Step 08 备份控制文件。 这里介绍两种方法备份控制文件。

第一种方法：

```
SQL>ALTER DATABASE BACKUP CONTROLFILE TO 'd:\backup' REUSE;
-- d:\backup 指控制文件备份的地址
```

第二种方法：把控制文件备份到跟踪文件中，跟踪文件中会生成创建控制文件的脚本。

```
SQL>ALTER DATABASE BACKUP CONTROLFILE TO TRACE;
```

Step 09 备份归档日志文件。

首先要查看数据库中有哪些归档日志文件，命令如下：

```
SQL>SELECT THREAD#,SEQUENCE#,NAME
    FROM V$ARCHIVED_LOG;
```

然后使用操作系统命令把归档日志文件从归档路径复制到备份目录。

11.3.3 冷备份的恢复

从冷备份还原数据库是一件比较简单的事情，这也是冷备份的一大优势。恢复步骤如下：

Step 01 关闭正在运行的数据库。代码如下：

```
SQL>SHUTDOWN IMMEDIATE;
```

Step 02 使用系统操作系统命令把数据库的备份复制到原来的位置。

Step 03 以加载方式启动数据库。代码如下：

```
SQL>STARTUP MOUNT;
```

Step 04 执行数据库的不完全恢复。代码如下：

```
SQL>RECOVER DATABASE UNTIL CANCEL;
 -- 这样 ORACLE 能重新设置重做日志文件
```

Step 05 以RESETLOGS方式打开数据库。代码如下：

```
SQL>ALTER DATABASE OPEN RESETLOGS;
-- RESETLOGS 选项可重新设置重做日志文件
```

如果备份的数据文件被复制到与原来的位置不同的位置，需要修改控制文件，使控制文件了解这个变化。命令如下：

```
ALTER DATABASE  RENAME  FILE '<old_datafile >'  TO  '<new_datafile >'
```

其中old_datafile是原来数据文件的名字和位置，new_datafile是数据文件新的名字和位置。

如果重做日志文件被复制到与原来的位置不同的位置，可以通过重命名重做日志文件来实现。命令如下：

```
ALTER  DATABASE  RENAME  FILE '<old_logfile >'  TO  '<new_logfile >'
```

其中old_logfile是原来重做日志文件的名字和位置，new_logfile是重做日志文件新的名字和位置。

11.3.4 热备份的恢复

相对于冷备份来讲，热备份的恢复相对复杂。恢复过程分为两步：

Step 01 把数据库备份的文件拷贝到原来数据库所在的位置，还原数据库。

Step 02 应用归档日志文件或重做日志文件的内容。

热备份的恢复又分为完全恢复和不完全恢复，下面依次介绍这两种热恢复的具体实施方法。

1. 完全恢复

执行完全恢复需要用到归档日志文件、联机重做日志文件和控制文件。

当一个或多个数据文件损坏时，利用热备份的数据文件替换损坏的数据文件，然后结合归档日志文件和联机重做日志文件，利用前滚技术重做自备份以来产生的所有改动，采用回滚技术回滚未提交的操作，以恢复到数据库发生故障之前的状态。

根据数据库文件损坏的程度，数据库的完全恢复可以分为数据库级、表空间级和数据库文件级。

数据库完全恢复的命令语法如下：

```
RECOVER[AUTOMATIC] [FROM <location>]
[DATABASE | TABLESPACE <tablespace_name> |
DATAFILE <datafile_name>]
```

下面对参数进行说明。

- **AUTOMATIC：** 指进行自动恢复，不需要DBA提供重做日志文件名称。
- **location：** 指定归档重做日志文件的位置，默认是数据库默认的归档路径。
- **tablespace_name：** 是要恢复的表空间名称。

- **datafile_name：**是要恢复的数据文件名称。

（1）数据库级完全恢复

当所有或大多数数据文件损坏时，采用数据库级完全恢复。这种恢复必须在数据库装载但是未打开的状态下进行。具体步骤如下：

Step 01 以ABORT方式关闭数据库。

```
SQL>SHUTDOWN ABORT;
```

Step 02 复制备份的数据文件到原来的位置。

Step 03 启动数据库到MOUNT状态。

```
SQL>STARTUP MOUNT;
```

Step 04 执行数据库的恢复。

```
SQL>RECOVER DATABASE;
```

Step 05 打开数据库。

```
SQL>ALTER DATABASE OPEN;
```

（2）表空间级完全恢复

表空间级的完全恢复是对指定表空间的数据文件进行恢复。这种恢复可能发生在数据库装载状态下或数据库打开状态下，这两种情况要区别对待处理。

① 数据库装载状态下的完全恢复

Step 01 以ABORT方式关闭数据库。

```
SQL>SHUTDOWN ABORT;
```

Step 02 复制备份的数据文件到原来的位置。

Step 03 启动数据库到MOUNT状态。

```
SQL>STARTUP MOUNT;
```

Step 04 执行表空间的恢复。

```
SQL>RECOVER TABLESPACE <tablespace_name>;
```

Step 05 打开数据库。

```
SQL>ALTER DATABASE OPEN;
```

② 数据库打开状态下的完全恢复

Step 01 先关闭数据库，然后重新启动数据库到MOUNT状态。

```
SQL>SHUTDOWN ABORT;
SQL>SATRTUP MOUNT;
```

Step 02 将损坏的数据文件设置为脱机状态。

```
SQL>ALTER DATABASE DATAFILE <datafile_location> OFFLINE
```

Step 03 打开数据库。

```
SQL>ALTER DATABASE OPEN;
```

Step 04 将受损的数据文件所在的表空间脱机。

```
SQL>ALTER TABLESPACE <tablespace_name> OFFLINE FOR RECOVER;
```

Step 05 使用备份的数据文件还原受损的数据文件。

Step 06 恢复表空间。

```
SQL>RECOVER TABLESPACE <tablespace_name>;
```

Step 07 使刚恢复的表空间在线。

```
SQL>ALTER TABLESPACE <tablespace_name> ONLINE
```

（3）数据文件级完全恢复

数据文件级完全恢复是对特定的数据文件进行恢复。这种恢复也可能发生在数据库装载状态下或数据库打开状态下，这两种情况同样要区别对待处理。

① 数据库装载状态下的完全恢复

Step 01 以ABORT方式关闭数据库。

```
SQL>SHUTDOWN ABORT;
```

Step 02 复制备份的数据文件到原来的位置。

Step 03 启动数据库到MOUNT状态。

```
SQL>STARTUP MOUNT;
```

Step 04 执行数据文件的恢复。

```
SQL>RECOVER DATAFILE <datafile_name>;
```

Step 05 打开数据库。

```
SQL>ALTER DATABASE OPEN;
```

② 数据库打开状态下的完全恢复

Step 01 先关闭数据库，然后重新启动数据库到MOUNT状态。

```
SQL>SHUTDOWN ABORT;
SQL>SATRTUP MOUNT;
```

Step 02 将损坏的数据文件设置为脱机状态。

```
SQL>ALTER DATABASE DATAFILE <datafile_location> OFFLINE;
```

Step 03 打开数据库。

```
SQL>ALTER DATABASE OPEN;
```

Step 04 使用备份的数据文件还原受损的数据文件。

Step 05 执行数据文件恢复。

```
SQL>RECOVER DATAFILE <datafile_name>;
```

Step 06 将数据文件联机。

```
SQL>ALTER DATABASE DATAFILE <datafile_name> ONLINE
```

 【TIPS】

如果数据文件损坏时，数据库正处于打开状态，可以从上述 **Step 02** 开始执行。

2. 不完全恢复

在对数据库进行不完全恢复之前，要确保对数据库进行了完全备份。在不完全恢复之后，要使用RESETLOGS选项打开数据库。打开数据库后要及时备份，因为原来的备份已经无效了。

数据库不完全恢复的语法如下：

```
RECOVER [AUTOMATIC] [FROM <location>] [DATABASE]
[UNTIL TIME <time>|CANCEL|CHANGE <scn>]
[USING BACKUP CONTROLFILE]
```

下面对各参数进行说明。

● **AUTOMATIC：** 指进行自动恢复，不需要DBA提供重做日志文件的名称。

● **location：** 指定归档重做日志文件的位置，默认是数据库默认的归档路经。

● **time：** 指数据库要恢复到的特定时刻。

● **scn：** 指定系统修改号。

（1）数据文件损坏的数据库不完全恢复

Step 01 如果数据库已打开，以ABORT方式关闭数据库

```
SQL>SHUTDOWN ABORT;
```

Step 02 复制所有的备份数据文件到原来的位置。

Step 03 启动数据库到MOUNT状态。

```
SQL>STARTUP MOUNT;
```

Step 04 执行不完全恢复

```
SQL>RECOVER DATABASE UNTIL TIME <time>
SQL>RECOVER DATABASE UNTIL CANCEL
SQL>RECOVER DATABASE UNTIL CHANGE <scn>
```

Step 05 使用RESETLOGS选项启动数据库。

```
SQL>ALTER DATABASE OPEN RESETLOGS;
```

【TIPS】

时间和SCN信息可以通过查询数据字典视图V$LOG_HISTORY得到。

（2）控制文件损坏的数据库不完全恢复

Step 01 如果数据库已打开，以ABORT方式关闭数据库。

```
SQL>SHUTDOWN ABORT;
```

Step 02 复制所有的备份数据文件和控制文件到原来的位置。

Step 03 启动数据库到MOUNT状态。

```
SQL>STARTUP MOUNT;
```

Step 04 执行不完全恢复。

```
SQL>RECOVER DATABASE UNTIL TIME <time> USING BACKUP CONTROLFILE
SQL>RECOVER DATABASE UNTIL CANCEL USING BACKUP CONTROLFILE
SQL>RECOVER DATABASE UNTIL CHANGE <scn> USING BACKUP CONTROLFILE
```

Step 05 使用RESETLOGS选项启动数据库。

```
SQL>ALTER DATABASE OPEN RESETLOGS;
```

本章小结

    本章主要讲解了如何进行数据库的各种备份,包括冷备份和热备份;如何利用各种备份进行数据的恢复。

项目练习

项目练习1

备份当前数据库的数据文件、日志文件和控制文件到另一个磁盘。

项目练习2

删除一个数据文件example01.dbf,然后使用原来的备份进行恢复。

项目练习3

热备份users下的user01.dbf,然后删除此文件,再利用备份进行恢复。

Chapter
12

数据的导入/导出

本章概述

　　逻辑备份是使用Oracle提供的导出工具，将数据库中的信息以转储文件的形式存储到操作系统中，在需要时再利用导入工具将转储文件导入并进行数据库的恢复。在Oracle 11g数据库中进行导入和导出时，既可以使用EXP/IMP客户端程序，也可以使用数据泵EXPDP/IMPDP。

重点知识

- Data Pump概述
- 创建目录
- Data Pump导出数据
- Data Pump导入数据
- EXP/IMP导出/导入数据

12.1 Data Pump概述

> 　　与物理备份不同，在执行逻辑备份与恢复时，必须在数据库运行状态进行。当数据库发生故障无法启动时，不能使用逻辑备份恢复数据库。

逻辑备份与恢复的特点如下：

- 可以在不同操作系统上运行的数据库间进行数据移植。
- 可以在不同版本的数据库间进行数据移植。
- 可以在数据库中不同方案（Schema）间传递数据。
- 可以对数据本身和数据库对象定义、约束、权限等进行备份和恢复。
- 逻辑备份和恢复操作可以重新组织数据，消除数据库中的链接和磁盘碎片，提高数据库的性能。
- 数据的导入/导出以数据库对象为单位，与数据库物理结构无关。

在Oracle 10g之前，传统的导出和导入分别使用EXP工具和IMP工具。从Oracle 10g开始，不仅保留了原有的EXP工具和IMP工具，还引入了数据泵（Data Dump）技术，提供了新的导出/导入工具EXPDP和IMPDP，使DBA或开发人员可以将数据库元数据（对象定义）和数据快速移动到另一个Oracle数据库中。

数据泵的输出文件采用的是专用格式，仅能被Data Pump Import实用程序读取。Oracle 11g在导出数据时可以对输出文件进行加密和压缩，可以把文件缩小10%~15%。加密可以在文件级完成，甚至可以到表中列级，从而保护表中的敏感数据。

Data Pump Export把数据、元数据、控制信息从数据库导出到一个或多个被称为转储文件的操作系统文件。

Data Pump Import可以读取这些转储文件，并把它们导入到在另一台安装不同操作系统服务器上的目标数据库中。

数据泵导出导入的主要作用如下：

- 实现逻辑备份和恢复。
- 在数据库用户之间移动对象。
- 在数据库之间移动对象。
- 实现表空间搬移。

数据泵提供了一些非常有用的选项：

- SQLFILE参数，使用它可以在不运行DDL对象的情况下浏览DDL对象。
- 网络导入，允许Data Pump Import对源数据库而不是转储文件集进行导入。
- 使用参数start_job重新启动Data Pump 作业。
- 使用参数Parallel定义导入/导出作业的最大线程数和并行度。
- 通过分离和重附着到运行作业实现对作业的监视。
- 使用estimate_only估计导出文件占用的空间大小。

要理解数据泵的工作原理，关键是以下几个概念。

（1）主表（Master Table,MT）

主表是Data Pump技术的核心，它跟踪导入/导出的过程。有了主表，导出或者导入的重启动才变为可能。主表保存了整个导入/导出过程中的细节信息（也可以说是一些元数据信息），这些细节信息主要包括：产生Job状态的报告、重新启动Job、数据库对象在Dump文件中的位置。

主表在进行当前导出或者导入操作的用户模式中创建。该用户必须要有CREATE TABLE权限和足够空间。主表的名字和创建它的Job名字相同。也就是说，不能显式地指定一个和现有的表或者视图重名的Data Pump Job。

在导出的时候，主表被创建，并在完成的时候写到Dump文件中。在启动导入的时候，主表从Dump文件集中载入到数据库中，并用来控制操作的顺序。主表也可以用一些参数来进行初始化操作。要注意的是，主表不能跨文件存储。所以，指定的Dump文件的大小至少要能够容得下主表。

主表按如下情况被保留或者被删除：

- Job成功完成，主表被删除。
- 如果Job是使用STOP_JOB交互命令停掉的，主表将被保留以用来重启动Job。
- 如果Job是使用KILL_JOB交互命令停掉的，主表将被删除，并且Job不能重新启动。
- 如果Job意外中止，主表总是被保留。

（2）主进程（Master Process）

每一个导出或者导入的Job都会产生一个主进程。主进程控制整个Job，包括和客户端通信，创建并控制工作进程，进行日志操作。

（3）工作进程（Worker Process）

工作进程是并行化进行实际的卸载与装载元数据和表数据的进程。进程的数量和PARALLEL指定的数值相等。工作进程并行执行。在整个Job过程中，该数量可以进行调整。

（4）与数据泵相关的数据字典视图

```
SQL>select owner_name,job_name,operation,state from dba_datapump_jobs;
```

下面对各参数进行说明。

- owner_name：拥有对应数据泵作业的用户名。
- job_name：数据泵作业名。
- operation：执行的数据泵操作，如export、import等。
- state：数据泵作业的运行状态。

12.2 创建目录

> 数据泵是基于服务器端的，在指定DUMP文件的目录时，指的是基于服务器端的目录。为保证数据库的安全，Oracle使用目录对象（Directory Object）来管理DUMP文件、日志文件和SQL文件。这里，目录对象指的是一个数据库对象，有一个实际存在的操作系统目录与其对应，且Oracle具有对应目录的读写权限。

使用数据泵工具时，其转储文件只能被存放在目录对象对应的操作系统目录中，而不能直接指定转储文件所在的操作系统目录。因此，必须首先建立目录对象，并且需要为数据库用户授予使用目录对象的权限。创建目录的步骤如下：

Step 01 在操作系统中创建目录，最好以管理员身份创建。

例如，在D盘中创建目录D：\dump

Step 02 使Oracle对该目录有读写权限。

Step 03 打开sqlplus。代码如下：

```
SQL>CONNECT  SYS/ 密码   AS  SYSDBA
```

Step 04 创建逻辑目录，该命令不会在操作系统创建真正的目录。代码如下：

```
SQL>CREATE DIRECTORY <dir_name> AS 'D:\dump' --dir_name 指创建的逻辑目录对象
```

Step 05 查看管理理员目录，同时查看操作系统中是否存在目录，因为Oracle并不关心该目录是否存在，如果不存在，则出错。代码如下：

```
SQL>SELECT * FROM dba_directories;
```

Step 06 给scott用户赋予在指定目录的操作权限，最好以管理员赋予。代码如下：

```
SQL>GRANT READ,WRITE ON DIRECTORY <dir_name> TO SCOTT;
```

现在，就可以在刚创建的目录上执行导入和导出操作了。

⚠ 【12.1】创建目录

在D盘上创建一个导入/导出目录的DIRECTORY对象IO，接着查看此目录是否存在，为SCOTT用户授予使用该目录的读写权限，并且具有导入/导出非同名模式对象的权限。代码如下：

```
SQL>CREATE DIRECTORY IO AS 'D:\dump';
SQL>SELECT * FROM dba_directories;
SQL> GRANT READ,WRITE ON DIRECTORY IO TO SCOTT;
SQL>GRANT EXP_FULL_DATABASE,IMP_FULL_DATABASE TO SCOTT;
```

🔑 【TIPS】

如果用户要导出或导入非同名模式的对象，需要EXP_FULL_DATABASE权限和IMP_FULL_DATABASE权限，必要时需要授这两个权限给用户。

12.3 Data Pump导出数据

" Data Pump Export也称为数据泵导出工具，可以把数据库中的数据导出为一组叫做DUMP文件集的操作系统文件。DUMP文件可以被复制到其他系统，然后使用Data Pump Import导入到其他Oracle数据库。 "

下面介绍如何使用EXPDP命令调用Data Pump Export。

12.3.1 EXPDP的三种调用接口

EXPDP实用程序提供了三种接口供用户调用：

- **命令行接口（Command-Line Interface）：** 在DOS命令行界面中输入命令，直接指定参数设置。
- **参数文件接口（Parameter File Interface）：** 把所需要的参数放到一个文件中，在命令行中用参数PARFILE指向这个文件，该文件叫参数文件。特别提出，这里的PARFILE与存储初始参数的文件SPFILE和PFILE没有关系，不要弄混淆。
- **交互式接口（Interactive-Command Interface）：** 在DOS命令行执行EXPDP命令后，交互模式开始工作，用户可以根据提示一步一步地完成导出。这种接口有很多局限性，很多功能不能实现，一般推荐初级用户使用。

12.3.2 EXPDP的五种导出模式

EXPDP提供了五种不同的导出模式，每种模式导出的内容范围不同，可以在命令行中通过参数设置来指定。

- **全库导出模式（Full Export Mode）：** 利用参数FULL导出整个数据库。如果需要，可以用这种方式重建整个数据库。
- **用户导出模式（Schema Mode）：** 又叫模式导出模式，是默认的导出方式，可以导出数据库中一个或多个用户的对象。可以使用参数SCHEMAS指定用户名，导出指定用户（方案）中的所有对象。
- **表导出模式（Table Mode）：** 由参数TABLES指定所要导出的表。
- **表空间导出模式（Tablespace Mode）：** 使用参数TABLESPACES指定要导出表空间的名字，可以把该表空间中的所有对象导出。
- **传输表空间导出模式（Transportable Tablespace Mode）：** 又叫可移动表空间导出模式，传输表空间使用transport_tablespaces参数指定要导出的表空间。与表空间导出模式不同，该模式只导出给定表空间集的元数据，不真正导出数据。

下面依次介绍在三种调用接口下，如何实施五种调用模式。

1. 命令行接口

在命令行界面中进行数据导出时，可以根据需要直接指定参数设置。

（1）全库导出模式

```
EXPDP 用户名 / 密码 DIRECTORY=<dir_name> DUMPFILE=<fulldb.dmp> FULL=y
```

下面对参数进行说明。

- **EXPDP：** 导出命令。
- **用户名/密码：** 执行导出操作的用户及密码。
- **dir_name：** 表示目录名，即例12.5创建的目录IO。
- **fulldb.dmp：** 指DUMP文件的文件名。
- **FULL=y：** 表示执行全库导出。

⚠ 【例12.2】导出整个数据库

```
EXPDP system/密码 directory=IO dumpfile=fulldb.dmp full=y;
```

（2）用户导出模式

```
EXPDP 用户名/密码 DIRECTORY=<dir_name> DUMPFILE=<user.dmp> SCHEMAS=scott, xx
```

下面对参数进行说明。
- **用户名/密码：** 执行导出操作的用户及密码。
- **dir_name：** 表示目录名。
- **user.dmp：** 指DUMP文件的文件名。
- **SCHEMAS=scott，xx：** 表示导出用户scott和xx的数据。

⚠ 【例12.3】导出SCOTT和HR模式中的所有对象

```
EXPDP SCOTT/密码 directory=IO dumpfile=schemadb.dmp schemas=scott,hr;
```

（3）表导出模式

```
EXPDP 用户名/密码 DIRECTORY=<dir_name>  DUMPFILE=<tables.dmp> TABLES=emp, dept
```

下面对参数进行说明。
- **用户名/密码：** 执行导出操作的用户及密码。
- **dir_name：** 表示目录名。
- **tables.dmp：** 指DUMP文件的文件名。
- **TABLES：** 指定要导出的表名，可以同时指定多个表。

也可以使用QUERY参数设置导出条件。例如，导出emp表时，只要部门号为001且工资大于2000的记录，可以用以下方式实现。

```
EXPDP 用户名/密码 DIRECTORY=<dir_name>  DUMPFILE=<tables.dmp> TABLES=emp
QUERY='emp:'WHERE deptno=001 AND sal>2000''
```

⚠ 【例12.4】导出SCOTT模式下的表emp,dept

```
EXPDP SCOTT/密码 directory=IO dumpfile=tb.dmp tables=emp,dept;
```

（4）表空间导出模式

```
EXPDP scott/tiger DIRECTORY=<dir_name>  DUMPFILE=<tablespaces.dmp>
TABLESPACES=tbs1,tbs2
```

下面对参数进行说明。
- **scott/tiger：** 执行导出操作的用户及密码。
- **dir_name：** 表示目录名。
- **tablespaces.dmp：** 指DUMP文件的文件名。
- **TABLESPACES：** 指定要导出表空间的名字，可以指定多个。

【例12.5】导出表空间USERS

```
EXPDP system/密码 directory=IO dumpfile=tbs.dmp tablespaces=USERS;
```

（5）传输表空间导出模式

传输表空间导出模式是将一个或多个表空间中对象的元数据导出到转储文件，并非真的导出数据，数据依然存放在该表空间的数据文件中。

```
EXPDP scott/密码 DIRECTORY=<dir_name> DUMPFILE=<transtbs.dmp> TRANSPORT_
TABLESPACES=tbs1 TRANSPORT_FULL_CHECK=y LOGFILE=tts.log
```

下面对参数进行说明。

- **scott/tiger：** 执行导出操作的用户及密码。
- **dir_name：** 表示目录名。
- **transtbs.dmp：** 指DUMP文件的文件名。
- **TRANSPORT_TABLESPACES：** 指定要被移动的表空间，可以指定多个。
- **TRANSPORT_FULL_CHECK：** 用来指定是否检查导出表空间中的对象与非导出表空间中的对象之间的依赖关系。
- **LOGFILE：** 指定导出的日志文件的名字，日志文件用来记录导出的过程。

【TIPS】

> 如果用户要导出整个数据库或表空间，或要导出其他用户的模式或表，必须给执行导出操作的用户授予exp_full_database权限。当前用户不能使用传输表空间导出模式导出自己的默认表空间。

2. 参数文件接口

参数文件接口是指将导出的参数设置写入一个文件，在命令行中通过PARFILE参数指定该文件。具体操作步骤如下：

Step 01 创建一个参数文件，如test.txt，存放到D:\backup目录下。该文件内容如下：

```
SCHEMAS=scott
DUMPFILE=test.dmp
DIRECTORY=dir_name
LOGFILE=test.log
INCLUDE=TABLE:'IN('EMP','DEPT')'
```

Step 02 在命令行中执行下列命令，导出数据。

```
EXPDP scott/密码 PARFILE=d: \test.TXT
```

3. 交互式接口

对于初级用户来说，交互式接口很容易上手。在导出数据的过程中，可以通过交互式命令对当前运行的导出进行控制和管理。

有两种方式实现对运行的导出作业的控制和管理。

方法一：在当前运行作业的终端按快捷键Ctrl+C，进入交互式命令状态。

Step 01 执行一个导出作业

```
EXPDP 用户名/密码 DIRECTORY=<dir_name> DUMPFILE=<fulldb.dmp> FULL=y
```

Step 02 作业开始执行后，按快捷键Ctrl+C。

Step 03 在交互模式中输入导出作业的管理命令，根据提示进行操作。

方法二：在另一个非运行导出作业的终端，通过导出作业名称来进行导出作业的管理。

12.3.3 导出参数说明

可以使用参数expdp help=y查看DATA PUMP EXPORT命令的参数。此命令的输出结果内容包含参数及其简要描述。

```
expdp help=y
```

导出参数有些在命令行接口有效，有些在交互式接口有效。如果记不清楚，可以随时查看Oracle文档。

在命令行接口有效的主要参数如表12.1所示。

表 12.1 在命令行有效的主要导出参数

关键字	描述（默认值）
ATTACH	把会话和正在运行的导出任务进行连接
COMPRESSION	压缩有效的转储文件内容的大小，关键字值为（METADATA_ONLY）和NONE
CONTENT	指定要导出的数据,其中有效关键字为ALL（默认值）、DATA_ONLY和METADATA_ONLY
DIRECTORY	指定供转储文件和日志文件使用的目录对象
DUMPFILE	目标转储文件（expdat.dmp）的列表及其路径，如 DUMPFILE=scott1.dmp,scott2.dmp,dmpdir:scott3.dmp
ENCRYPTION_PASSWORD	用于创建加密列数据的口令关键字
ESTIMATE	设置统计方法，关键字值为BLOCKS和STATISTICS
ESTIMATE_ONLY	在不执行导出的情况下评估作业大小
EXCLUDE	排除特定的对象类型，如EXCLUDE=TABLE:EMP
FILESIZE	以字节为单位指定每个转储文件的大小，默认为0（不限尺寸）
FLASHBACK_SCN	导出特定SCN时刻的表数据
FLASHBACK_TIME	导出特定时间的表数据
FULL	导出整个数据库（默认值N）
HELP	显示帮助消息（默认值N）
INCLUDE	指定导出的对象类型，如INCLUDE=TABLE_DATA
JOB_NAME	指定导出作业的名称

（续表）

关键字	描述（默认值）
LOGFILE	指定导出日志的名字和路径，默认值export.log
NETWORK_LINK	链接到源系统的远程数据库的名称
NOLOGFILE	不写入日志文件（默认值N，即要写日志）
PARALLEL	并行度
PARFILE	指定导出参数文件
QUERY	过滤条件，只有满足条件的数据才会被导出
SAMPLE	要导出的数据的百分比，取值从.000001到100
SCHEMAS	要导出的用户的列表（登录方案）
STATUS	单位为秒。表示每隔多长时间显示导出的信息
TABLES	指定要导出的表
TABLESPACES	指定要导出的表空间中的表，可以指定多个表空间，用","隔开
TRANSPORT_FULL_CHECK	是否进行导出表空间中对象与非导出表空间中对象之间依赖关系的检查
TRANSPORT_TABLESPACES	指定可移动表空间，可以指定多个表空间，用","隔开。这些表空间中的对象的定义会被导出。只有可移动表空间导出模式使用该参数
TRANSPORTABLE	与TRANSPORT_TABLESPACES类似，不导出真正的数据，只导出对象的定义。不同点是TRANSPORTABLE导出的对象是表
VERSION	要导出的对象的版本,其中有效关键字为:（COMPATIBLE），LATEST 或任何有效的数据库版本

在交互模式接口有效的主要参数如表12.2所示。

表12.2 在交互模式接口有效的主要导出参数

关键字	描述（默认值）
ADD_FILE	向转储文件集中添加转储文件
CONTINUE_CLIENT	返回到记录模式。如果处于空闲状态，将重新启动作业
EXIT_CLIENT	退出导出，退到操作系统命令窗口，作业仍处于运行状态
FILESIZE	DUMP文件大小
HELP	帮助信息
KILL_JOB	停掉正在运行的作业，被停掉的作业不能被重新启动
PARALLEL	为当前作业设置并行度
START_JOB	启动/恢复当前作业
STATUS	单位为秒。表示每隔多长时间显示一次导出的信息
STOP_JOB	停止作业，该作业可以使用START_JOB重新启动

12.4 Data Pump导入数据

> 与Data Pump Export相对应，Data Pump Import叫数据泵导入工具，可以把DUMP文件导入目标数据库。

下面介绍如何使用EXPDP命令调用Data Pump Import。

12.4.1 IMPDP的三种调用接口

同EXPDP一样，IMPDP也提供三种接口供用户调用：

- 命令行接口（Command-Line Interface）。
- 参数文件接口（Parameter File Interface）。
- 交互式接口（Interactive-Command Interface）。

12.4.2 IMPDP的五种调用模式

IMPDP有五种导入模式，分别与EXPDP导出模式相对应。

- 全库导入模式（Full Import Mode）：如需要，可以使用这种方式对数据库进行重建。用源转储文件或Network_link导出的元数据库进行导入操作。
- 用户导入模式（Schema Import Mode）：默认的导入方式。可以导入一个或多个用户的数据。
- 表导入模式（Table Import Mode）：可以导入表或分区及相关对象。如果要导入与操作用户不同的方案下的表，必须有imp_full_database权限。
- 表空间导入模式（Tablespace Import Mode）：可以加载在给定的表空间集中创建的所有表。
- 传输表空间导入模式（Transportable Tablespace Mode）：与表空间导入模式不同，只把元数据从给定的表空间集导入到数据库中，需要把数据文件复制到元数据指定的正确位置。

1. 命令行接口

（1）全库导入模式

利用完整数据库的逻辑备份恢复数据库。

```
IMPDP 用户名 / 密码 DIRECTORY=<dir_name>  DUMPFILE=<fulldb.dmp>  FULL=y
```

下面对参数进行说明。

- **IMPDP：** 导入命令。
- **用户名/密码：** 执行导入操作的用户及密码。
- **dir_name：** 表示目录名。
- **fulldb.dmp：** 指DUMP文件的文件名。
- **FULL=y：** 表示执行全库导入。

⚠ 【例12.6】从fulldb.dmp文件中导入全数据库

```
IMPDP system/密码 directory=IO dumpfile=fulldb.dmp full=y
```

（2）用户导入模式

```
IMPDP 用户名/密码 DIRECTORY=<dir_name> DUMPFILE=<user.dmp> SCHEMAS=xx
```

SCHEMAS= xx表示导入用户xx的数据。

⚠【例12.7】导入SCOTT模式中的所有对象

```
IMPDP SYSTEM/密码 directory=IO dumpfile=schemadb.dmp SCHEMAS=scott
```

如果需要把一个用户方案下的所有对象导入到另外一个用户方案中，可以使用REMAP_SCHEMA参数进行设置。

例如，要把用户SCOTT的所有内容导入到新用户y的方案下，实现命令如下：

```
IMPDP 用户名/密码 DIRECTORY=<dir_name> DUMPFILE=<user.dmp> LOGFILE= scott.
log REMAP_SCHEM=scott:y
```

⚠【例12.8】导入SCOTT模式中的所有对象到SYSTEM模式中

```
IMPDP SYSTEM/密码 directory=IO dumpfile=schemadb.dmp SCHEMAS=scott remap_
schema=scott:system;
```

（3）表导入模式

```
IMPDP 用户名/密码 DIRECTORY=<dir_name>  DUMPFILE=<tables.dmp> TABLES=emp,
dept
```

⚠【例12.9】将表scott.emp和scott.dept导入

```
IMPDP SCOTT/密码 directory=IO dumpfile=tb.dmp tables=scott.emp,scott.dept
```

如果表的定义已经存在，只需要导入数据，可以在上述命令后加上参数CONTENT。

```
IMPDP scott/tiger DIRECTORY=<dir_name>  DUMPFILE=<tables.dmp> TABLES=emp,
dept  CONTENT=DATA_ONLY
```

也可以使用QUERY参数设置导入条件，只导入符合条件的记录。

例如，导入emp表时，只要部门号为001且工资大于2000的记录，可以用以下方式实现。

```
IMPDP scott/tiger DIRECTORY=<dir_name>  DUMPFILE=<tables.dmp> TABLES=emp
QUERY='emp:'WHERE deptno=001 AND sal>2000''
```

如果表和表中数据已经存在，需要向表中追加数据，可以采用如下命令：

```
IMPDP scott/tiger DIRECTORY=<dir_name>  DUMPFILE=<tables.dmp> TABLES=emp
TABLE_EXISTS_ACTION=APPEND
```

（4）表空间导入模式

```
IMPDP 用户名/密码 DIRECTORY=<dir_name>  DUMPFILE=<tablespaces.dmp>
TABLESPACES=example
```

TABLESPACES指定要导入的表空间的名字，可以指定多个。

⚠ 【例12.10】将表空间导入USERS中的所有对象都导入到当前数据库中

```
IMPDP system/密码 directory=IO dumpfile=tbs.dmp tablespaces=USERS;
```

（5）可移动表空间导入模式

```
IMPDP scott/tiger DIRECTORY=<dir_name> NETWORK_LINK=<source_
dblink> TRANSPORT_TABLESPACES=scott TRANSPORT_FULL_CHECK=n TRANSPORT_
DATAFILES=<datafile>
```

下面对参数进行说明。
- **NETWORK_LINK：** 要导入数据的远程目标数据库的链接。
- **TRANSPORT_TABLESPACES：** 执行导入操作的源表空间。
- **TRANSPORT_FULL_CHECK：** 用来指定是否进行导出表空间中的对象与非导出表空间中的对象之间依赖关系的检查。
- **TRANSPORT_DATAFILES：** 被导出的数据文件路径。

2. 参数文件接口

参数文件接口是指将导入的参数设置写入一个文件，在命令行中通过PARFILE参数指定该文件。具体操作步骤如下：

Step 01 创建一个参数文件，如imtest.txt，存放到D:\backup目录下。该文件内容如下：

```
SCHEMAS=scott
DIRECTORY=dir_name
DUMPFILE=test.dmp
PARALLEL=5
```

Step 02 在命令行中输入下列命令，执行数据的导入。

```
IMPDP scott/tiger  PARFILE=d:\imtest.txt
```

3. 交互式接口

与EXPDP类似，在导入数据的过程中，可以通过交互式命令对当前运行的导入进行控制管理。

12.4.3 导入参数说明

可以使用命令impdp help=y查看DATA PUMP IMPORT命令的参数。此命令的输出结果内容包含参数及其简要描述。

```
dp help=y
```

与导出参数类似，导入参数有些在命令行接口有效，有些在交互式接口有效。如果记不清楚，可以随时查看Oracle文档。

在命令行接口有效的主要参数如表12.3所示。

表12.3　在命令行接口有效的主要导入参数

关键字	描述（默认值）
ATTACH	把导入结果附加在一个已经存在的导入作业中
CONTENT	指定要导入的数据，其中有效关键字为：ALL（默认值）、DATA_ONLY 和 METADATA_ONLY
DIRECTORY	指定供转储文件和日志文件使用的目录对象
DUMPFILE	目标转储文件（默认expdat.dmp）的列表及其路径，如 DUMPFILE=scott1.dmp, scott2.dmp,dmpdir:scott3.dmp
ESTIMATE	设置统计方法，关键字值为BLOCKS和STATISTICS
EXCLUDE	排除特定的对象类型，如EXCLUDE=TABLE:EMP
FLASHBACK_SCN	导入特定SCN时刻的表数据
FLASHBACK_TIME	导入时获取最接近指定时间的SCN，然后闪回
FULL	导入整个数据库（默认值N）
HELP	显示帮助消息（默认值N）
INCLUDE	指定导入的对象类型和对象定义，如INCLUDE=TABLE_DATA
JOB_NAME	要导入的作业的名称
LOGFILE	要导入的日志文件名（默认值import.log）
NETWORK_LINK	网络导入时的数据库链接名称
NOLOGFILE	是否生成导入日志文件（默认值N，即要写日志）
PARALLEL	并行度
PARFILE	指定导入参数文件
QUERY	过滤条件，只有满足条件的数据才会被导入
REMAP_DATAFILE	将源数据文件名转换为目标数据文件名
REMAP_SCHEMA	将源方案的所有对象导入到目标方案中
REMAP_TABLESPACE	将源表空间的所有对象导入到目标表空间中
REUSE_DATAFILES	是否覆盖已存在的数据文件，设置为N时不覆盖。
SCHEMAS	指定进行用户导入和要导入的用户的列表（登录方案）
SKIP_UNUSABLE_INDEXES	是否跳过不能使用的索引
SQLFILE	将导入过程中要执行的DDL语句写到指定的SQL脚本文件中
STATUS	单位：秒。表示每隔多长时间显示导入的信息
STREAMS_CONFIGURATION	设置是否要导入转出文件中生成的流的元数据
TABLE_EXISTS_ACTION	设置当导入过程总要创建的表已经存在时应该执行的操作，SKIP表示跳过这张已存在的表，处理下一个对象；APPEND表示为表追加数据；TRUNCATE表示截断表，并为其追加数据；REPLACE表示删除已存在的表，重新建立表并添加数据
TABLES	指定要导入的表
TABLESPACES	指定要导入的表空间

（续表）

关键字	描述（默认值）
TRANSFORM	设置是否修改建立对象的DDL语句
TRANSPORT_DATAFILES	指定移动表空间时要导入到目标数据库的数据文件名称
TRANSPORT_FULL_CHECK	是否进行导入表空间中对象与非导入表空间中对象之间依赖关系的检查
TRANSPORT_TABLESPACES	指定导入表空间的列表
VERSION	指定被导入的数据库对象的版本,关键字为：COMPATIBLE（默认值），LATEST 或任何有效的数据库版本

在交互模式接口有效的主要参数如表12.4所示。

表12.4 在交互模式接口有效的主要导入参数

关键字	描述（默认值）
CONTINUE_CLIENT	返回到记录模式。如果处于空闲状态，将重新启动作业
EXIT_CLIENT	退出导出，退到操作系统命令窗口，作业仍处于运行状态
HELP	帮助信息
KILL_JOB	停掉正在运行的作业，被停掉的作业不能被重新启动
PARALLEL	为当前作业设置并行度
START_JOB	启动/恢复当前作业
STATUS	单位：秒。表示每隔多长时间显示一次导入的信息
STOP_JOB	顺序关闭执行的作业并退出客户机

12.5 EXP/IMP导出/导入数据

在Oracle 11g中，除了数据泵之外，还提供以往版本中的Export和Import实用程序。强烈推荐使用数据泵导入/导出功能，但有时可能会遇到早期版本的数据库，所以有必要了解EXP/IMP导出/导入数据的相关命令。

在运行EXP/IMP导出/导入实用程序之前，需要先执行目录脚本catexp.sql，让Oracle为运行这些实用程序做好准备。为导入/导出设置了目录之后，就可以开始使用EXP/IMP导出/导入数据了。与使用EXPDP/IMPDP一样，可以通过参数文件、交互式命令或命令行方式执行EXP/IMP导出/导入。

12.5.1 EXP导出数据

可用命令Exp help=y查看Export命令相关的帮助信息。此命令的输出结果包含参数及其简要描述。

```
exp help=y
```

 【 TIPS 】

> 可以通过设置环境变量setnls_lang=simplified chinese_china.zhs16gbk，让exp的帮助信息以中文显示，如果设置setnls_lang=American_america.字符集，那么帮助文件就是英文的了。

EXP提供了四种不同的导出模式，每种模式导出的内容范围不同，可以在命令行中通过参数设置来指定。

（1）全库导出模式

全库导出模式可以导出整个数据库。要执行这种方式的导出，用户需要有DBA角色或EXP_FULL_DATABASE角色。但是只适用于相同的操作系统环境与相同的数据库版本。

例如，SCOTT用户执行全库导出的命令如下：

```
EXP scott/密码 FULL=y ROWS=y FILE=fulldb.dmp
```

下面对参数进行说明。

- **EXP：** 导出命令。
- **FULL：** 指全库导出。
- **ROWS：** 导出数据行，如果值为n，只输出格式，不输出数据。
- **FILE：** 指定输出文件名（默认值EXPDAT.DMP）。

（2）用户导出模式

可以导出数据库中用户的对象，防止不小心删除用户及其所拥有的对象。适用于备份用户自己的数据。

例如，管理员导出SCOTT用户的所有对象的命令如下：

```
EXP system/密码 OWNER=scott FILE=expdat.dmp
```

下面对参数进行说明。

- **system/密码：** 管理员的用户名和密码。
- **OWNER：** 要导出的用户名。

（3）表空间导出模式

可以把该表空间中的所有对象导出，为防止不小心删除表空间，需要以sysdba身份登录并执行EXP命令。

```
EXP USERID='sys/密码 as sysdba' FILE=tbs.dmp
TRANSPORT_TABLESPACE=y  TABLESPACES=scott
```

下面对参数进行说明。

- **USERID：** 用户名/口令。
- **TRANSPORT_TABLESPACE：** 导出表空间。
- **TABLESPACES：** 将导出的表空间名列表。

（4）表导出模式

可以把该表中的所有对象导出，为防止不小心删除表，需要以sysdba身份登录并执行EXP命令。

```
EXP system/password TABLES=(scott.emp) ROWS=y GRANTS=y FILE=expdat.dmp
```

下面对参数进行说明。

- **TABLES:** 指定导出的表名称，可以有多个。
- **GRANTS:** 导出权限。

【TIPS】

如果要导出其他方案下的表，需要在表名前加上方案名。如果要导出多张表，在表名之间加上","隔开。切记导出语句后面不要加";"，因为系统会把";"看作是表名的一部分，根本找不到这样的表，会出错。

也可以使用交互式命令进行导出。代码如下：

```
EXP user/password
```

执行上述命令后，按照屏幕上的提示信息一步一步地执行即可。

Exp命令中可以添加多个参数选项，主要的参数及说明如表12.5所示。

表12.5　Exp的主要参数

关键字	描述（默认值）
USERID	用户名/口令
FULL	导出整个数据库
BUFFER	数据缓冲区的大小
OWNER	所有者用户名列表，格式为owner=username
FILE	输出文件（默认EXPDAT.DMP）
TABLES	表名列表，指定导出的table名称，如TABLES=table1,table2
COMPRESS	压缩文件
RECORDLENGTH	记录的长度
GRANTS	导出权限
INCTYPE	增量导出类型
INDEXES	导出索引
RECORD	记录
ROWS	导出数据行
PARFILE	参数文件名，如果exp的参数很多，可以存成参数文件
CONSTRAINTS	导出约束
CONSISTENT	一致性
LOG	屏幕输出的日志文件
STATISTICS	统计信息
DIRECT	直接路径
TRIGGERS	导出触发器
FEEDBACK	显示每x行的内容长度

（续表）

关键字	描述（默认值）
FILESIZE	各转储文件的最大尺寸
QUERY	选定导出表子集的子句
TRANSPORT_TABLESPACE	导出表空间
TABLESPACES	将导出的表空间列表

【TIPS】

> USERID必须是命令行中的第一个参数。

12.5.2 IMP导入数据

可以使用命令Imp help=y查看Import相关的帮助信息。此命令的输出结果内容包含参数及其简要描述。

```
imp help=y
```

IMP具有同EXP相对应的四种不同的导入模式。

（1）全库导入模式

全库导入模式可以导入整个数据库。要执行这种方式的导出，用户需要有DBA角色或EXP_FULL_DATABASE角色。

例如，SCOTT用户执行全库导出的命令如下：

```
IMP scott/password FULL=y FILE=fulldb.dmp
```

下面对参数进行说明。

- **IMP:** 导入命令。
- **system/password:** 管理员的用户名和密码。
- **FULL:** 指全库导入。
- **FILE:** 指定输入文件名，必须存在这个文件。

（2）用户导入模式

可以导入用户所拥有的对象。

```
IMP system/password TABLES=dept,emp FROMUSER=scott TOUSER= newuser
IGNORE=y ROWS=y GRANTS=y FILE=expdat.dmp
```

下面对参数进行说明。

- **TABLES:** 要导入的表名列表。
- **ROMUSER:** 拥有人的用户名列表。
- **TOUSER:** 要导入其方案数据的用名列表。
- **IGNORE:** 忽略创建错误。
- **ROWS:** 导入数据行。

- **GRANTS：** 导入权限。

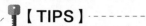【TIPS】

> 如果用户所拥有的全部表或部分表已存在，会出现错误信息。

（3）表导入模式

可以导入用户拥有的全部或部分表。要执行表导入的操作，用户需要有DBA角色或EXP_FULL_DATABASE角色。

```
IMP system/password TABLES=（scott.emp）FROMUSER=scott IGNORE=y ROWS=y
GRANTS=y FILE=expdat.dmp
```

下面对参数进行说明。

- **TABLES：** 指定导出的表名称，可以有多个。
- **GRANTS：** 导出权限。

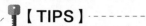【TIPS】

> 导入表时，如果该用户下已存在此表，会出现错误信息。

（4）表空间导入

可以导入表空间中的所有对象，需要以sysdba身份登录。

```
IMP USERID='sys/password as sysdba' FILE=tbs.dmp
TRANSPORT_TABLESPACE=y  TABLESPACES=scott
DATAFILES='C:\user_data001.dbf'
```

下面对参数进行说明。

- **USERID：** 用户名/口令。
- **FILE：** 输入文件。
- **TRANSPORT_TABLESPACE：** 导出表空间。
- **TABLESPACES：** 将导出的表空间名列表。
- **DATAFILES：** 将要导入到数据库的数据文件。

也可以使用交互式命令进行。代码如下：

```
IMP user/password
```

执行上述命令后，按照屏幕上的提示信息一步一步地执行即可。

Imp命令中可以添加多个参数选项，主要的参数及说明如表12.6所示。

表12.6 Imp的主要参数

关键字	描述（默认值）
USERID	用户名/口令
FULL	导入整个文件（N）

（续表）

关键字	描述（默认值）
BUFFER	数据缓冲区大小
FROMUSER	拥有人的用户名列表
FILE	输入文件（EXPDAT.DMP）
TOUSER	要导入的目标用户名列表
SHOW	列出文件内容（N）
TABLES	要导入的表名列表
IGNORE	忽略创建表时的错误（N）
RECORDLENGTH	记录的长度
GRANTS	授权（Y）
INCTYPE	增量导入方式
INDEXES	导入索引（Y）
COMMIT	提交数组确认（N）
ROWS	导入数据行（Y）
PARFILE	参数文件名
LOG	屏幕输出的日志文件
CONSTRAINTS	导入约束（Y）
DESTROY	覆盖表空间的数据（N）
INDEXFILE	将索引信息写入指定的文件
SKIP_UNUSABLE_INDEXES	跳过不可用的索引（N）
FEEDBACK	显示信息的长度（0）
_NOVALIDATE TOID	过指定类型 ID 的验证
FILESIZE	文件的大小符串
TRANSPORT_TABLESPACE	导入的表空间（N）
TABLESPACES	将要导入到数据库的表空间
DATAFILES	将要导入到数据库的数据文件
TTS_OWNERS	拥有可导入表空间集中数据的用户

数据泵导出/导入与传统导出/导入的区别如下：

● EXP和IMP既可以在客户端使用，也可以在服务端使用。EXPDP和IMPDP是服务器端的工具程序，只能在ORACLE服务端使用，不能在客户端使用。

● IMP只适用于EXP导出文件，不适用于EXPDP导出文件；IMPDP只适用于EXPDP导出文件，而不适用于EXP导出文件。

本章小结

　　本章主要讲解Oracle数据库的导入和导出，特别是重点介绍了数据泵工具EXPDP和IMPDP，以及使用这个工具如何进行数据中各项内容的导出和导入。另外，还介绍了如何使用IMP和EXP。

项目练习

项目练习1

使用EXPDP工具导出HR中的employees表。

项目练习2

使用IMPDP工具将导出的employees表导入到SCOTT用户模式中。

Chapter

13

数据库安全管理

本章概述

Oralce数据库的安全性非常重要。Oracle数据库下有一系列的用户，如sys、system、scott用户等，而且可以创建各种用户。为了保证数据库的安全性，数据库管理员在创建用户后，就需要根据不同的用户需求给用户授予不同的权限。为了便于管理，还可以创建角色，可以把一组用户放在这个角色下，通过对这个角色授权或回收权限来对这组用户进行管理。本章将全面的介绍oracle 11g中数据库的安全管理。

重点知识

- **Oracle数据库的安全性**
- **用户**
- **用户权限**
- **角色**

13.1 Oracle数据库的安全性

> 数据库的安全性是指保护数据库以防止不合法的使用所造成的数据泄露、数据更改或破坏。安全性问题不是数据库系统所独有的，所有计算机系统都有这个问题。Oracel 11g作为大型数据库，在数据库系统中存放了大量数据为许多用户共享，其安全性更为重要。

Oracle 11g的安全性体系包括以下几个层次。

- 物理层的安全性。数据库所有节点必须在物理上得到可靠的保护，各种物理设备必须有一定的安全控制机制。
- 用户层的安全性。数据库中的用户可以使用哪些数据库，数据库中的哪些对象可以被用户使用，用户对系统有什么样的权限。
- 操作系统的安全性。数据库所在主机的操作系统的漏洞将被恶意地入侵。
- 网络层的安全性。Oracle 11g主要面向网络通信提供服务，因此网络软件的安全性和网络数据传输的安全性至关重要。
- 数据库系统层的安全性。在Oracle 11g中，通过用户、角色、系统权限、对象权限等控制安全性，通常所说的Oracle 11g的安全性就是指数据库系统层的安全性。

Oracle 数据库系统层的安全机制可以分为两种：系统安全机制和数据安全机制。这两种机制的侧重点有所不同，下面对其进行简单的介绍。

（1）系统安全机制

系统安全机制是指在系统级别控制数据库的存取和使用的机制。Oracle 11g提供的系统安全性机制的作用包括以下几个方面。

- 防止未授权的数据库存取，必须是有效的用户名/口令的组合并授权的用户，才能连接并访问数据库。
- 防止未授权用户对数据库对象的存取，对合法用户授予相应的对象的各种权限，才能进行存取操作。
- 控制对磁盘的使用，控制用户可用的表空间及分配的空间数量。
- 控制对系统资源的使用，控制用户使用CPU时间、磁盘等。
- 对用户对数据库的各种操作进行审计，将用户对数据库实施的操作记录下来，供管理员分析使用。

（2）数据安全机制

数据安全性机制是指在对象级控制数据库的存取和使用的机制。Oracle 11g提供的数据安全性机制的作用包括以下几个方面。

- 哪些用户可以存取指定的对象。
- 在对象上允许进行哪些操作。

13.2　用户

> Oracle数据库本身的安全控制流程可分为3个步骤。首先，用户登录数据库要提供用户名，在创建好用户名的基础上，用此用户名登录，同时要输入此用户的密码，只有用户名和密码都核对正确的情况，才能登录到数据库。进入数据库后，数据库核对该用户所拥有的权限，即此用户可以对数据库执行什么操作，以及对哪些对象可以操作。为了掌握数据库的安全性，首先掌握对数据库用户的创建和相关管理。

在Oracle数据库中，数据库安全管理主要包括：用户和角色的创建、系统和对象的权限类型、用户或角色权限的授予或收回等。

我们进行数据库连接时，需要输入用户名和密码。在现实生活中，管理员也要根据实际需要创建各种用户，并对这些用户进行相应的管理。下面介绍如何创建用户、修改用户和删除用户。

13.2.1　创建用户

在Oracle 11g中，可以通过两种方式创建用户：企业管理器方式和命令方式。

1. 企业管理器方式

通过企业管理器方式创建用户的方法如下：

`Step 01` 打开企业管理器，在IE浏览器中输入https://localhost:1158/em，界面如图13.1所示。

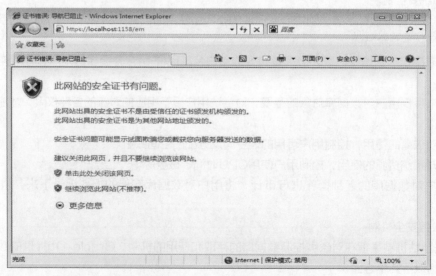

图 13.1　第一次登录界面

🔑【TIPS】

在本机上安装的管理器可以用localhost来代替本计算机名，1158是第一次安装企业管理器默认的端口号，em是Enterprise Manager的简称。

Step 02 选择"继续浏览此网站"即可进入真正的登录界面，如图13.2所示。

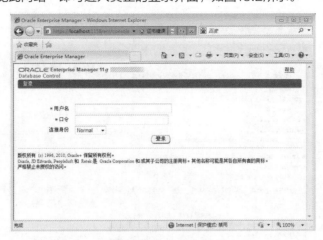

图 13.2 登录界面

Step 03 在"用户名"文本框中输入SYS，在"口令"文本框中输入密码，在"连接身份"下拉列表中选择SYSDBA身份，如图13.3所示。

图13.3 输入用户名和密码

Step 04 进入管理器界面后，选择"服务器→安全性 →用户"，进入用户管理页面，如图13.4所示。

图13.4 用户管理页面

Step 05 在用户管理页面中单击"创建"按钮，进入用户创建页面。

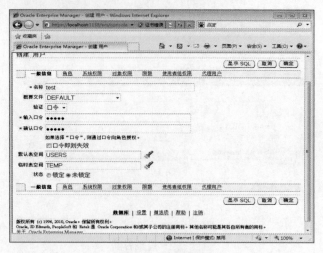

图13.5　创建用户

Step 06 在用户创建页面中，在"名称"文本框中输入用户名，在"输入口令"和"确认口令"文本框中输入用户密码，在"默认表空间"中选择数据表空间（图13.6），在"临时表空间"中选择一个临时表空间（图13.7），单击"确定"按钮即可创建用户（图13.8）。

图13.6　选择表空间

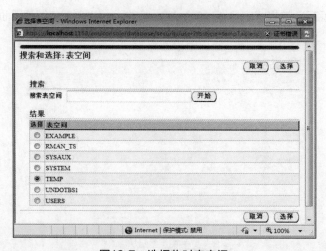

图13.7　选择临时表空间

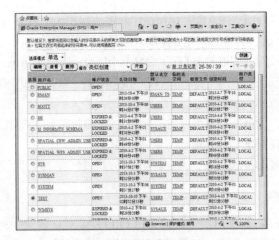

图13.8　用户创建成功

Step 07 用户创建后查看信息。在用户管理页面下，选中想要查看的用户，单击"查看"按钮即可查看。

图13.9　用户信息

2. 命令方式

通过命令方式创建用户是使用效率较高的方式。命令方式创建用户的语法格式如下：

```
Create USER user_name
IDENTIFIED BY password
[DEFAULT TABLESPACE default_tablespace_name]
[TEMPORARY TABLESPACE temporary _ tablespace_name]
[QUOTA  quota[K|M]|UNLIMITED ON tablespace_name]
[PROFILE profile_name]
[PASSWORD EXPIRE]
[ACCOUNT LOCK|UNLOCK]
```

下面对各参数进行说明。

- **User_name:** 创建用户名。
- **password:** 此用户的密码。
- **default_tablespace_name:** 为用户指定默认的表空间。如果不使用此语句，则该用户存放在默认的表空间为system。

- **TEMPORARY TABLESPACE temporary _ tablespace_name:** 为用户指定默认临时表空间，如果不指定，则该用户存放在默认的表空间temp中。
- **QUOTA quota[K|M]|UNLIMITED ON tablespace_name:** 为用户对系统资源设定在表空间上可以使用空间的大小。UNLIMITED没有限制，默认为没有限制。但在临时表空间中不能设置使用空间的大小。
- **PROFILE profile_name:** 为用户指定配置文件，进行口令管理和对资源使用的限制。
- **PASSWORD EXPIRE:** 设定最初口令是否过期。
- **ACCOUNT LOCK|UNLOCK:** 设定最初用户是否锁定，默认为UNLOCK。

⚠ **【例13.1】创建用户**

创建一个用户，用户名为testuser，密码为testuser，默认表空间为system，临时表空间为temp，为此用户分配50M的表空间，此用户默认锁定。创建用户时，当前的用户需要具有create user的权限，我们使用具有此权限的管理员用户SYS连接数据库，用户名为SYS，密码为管理员密码。代码如下：

```
SQL>CONNECT SYS/xf123 AS SYSDBA
SQL>CREATE USER testuser
IDENTIFIED BY testuser
DEFAULT TABLESPACE system
TEMPORARY TABLESPACE temp
QUOTA 50M ON system
ACCOUNT LOCK
/
```

程序运行结果如图13.10所示。

图13.10　创建用户

🔑 **【TIPS】**

QUOTA 50M ON system用于指定用户在system表空间占用最大50M的磁盘空间限额，指定此用户在创建表和索引等其他对象时最大可占用的空间。具体在哪个表空间上，在这个表空间上可以使用多大的磁盘，这些参数用户可以根据需要自己指定。

13.2.2 修改用户

对创建好的用户可以使用ALTER USER修改用户。根据工作需要，有不同的修改用户的方式。修改用户常见的情况有以下几种：修改用户状态是否锁定，修改用户密码，修改用户密码是否过期等。下面就各种情况分别进行详细的讲解。

（1）修改用户的状态为锁定和解锁

命令格式如下：

```
ALTER USER User_name ACCOUNT LOCK|UNLOCK
```

⚠ 【例13.2】修改用户的状态

首先以【例13.1】中创建的用户testuser的身份登录数据库系统，可以看到如图13.11所示的界面，testuser用户被锁定了。

```
SQL>CONNECT  testuser/testuser;
```

```
SQL> connect testuser/testuser;
ERROR:
ORA-28000: the account is locked

警告: 您不再连接到 ORACLE。
```

图 13.11　新建用户登录

通过解锁命令把用户testuser解锁。代码如下，结果如图13.12所示。

```
SQL>CONNECT SYS/xf123 AS SYSDBA;
SQL>ALTER USER testuser ACCOUNT UNLOCK;
```

```
SQL> ALTER USER testuser ACCOUNT UNLOCK;
用户已更改。
```

图13.12　用户解锁

把刚创建的用户testuser锁定。代码如下，结果如图13.13所示。

```
SQL>ALTER USER testuser ACCOUNT LOCK
  /
```

```
SQL> ALTER USER testuser ACCOUNT LOCK
  2  /
用户已更改。
```

图13.13　用户锁定

🔑【TIPS】

用户锁定后，再用此用户连接数据库时，是连接不上数据库的，需要解锁后登录数据库。

（2）修改用户密码

修改用户密码的语句形式如下：

```
ALTER USER User_name IDENTIFIED BY NewPassword
```

⚠ 【例13.3】修改用户密码

修改用户testuser的密码为testuser123。代码如下，结果如图13.14所示。

```
SQL>ALTER USER testuser IDENTIFIED BY testuser123
  /
```

```
SQL> ALTER USER testuser IDENTIFIED BY testuser123
  2  /
用户已更改。
```

图13.14　修改密码

（3）修改用户口令为过期

在创建用户时，可以使用PASSWORD EXPIRE子句将用户口令初始状态设置为过期。对于创建好的用户，也可以使用ALTER USER语句进行设置，语句形式如下：

```
ALTER USER USER_NAME PASSWORD EXPIRE;
```

 **【例13.4】修改用户口令过期**

在SYS用户模式下修改用户testuser的口令为过期状态，然后使用testuser连接数据库。代码如下，结果如图13.15所示。

```
SQL>ALTER USER testuser PASSWORD EXPIRE;
SQL>CONNECT testuser/testuser123;
```

```
SQL> ALTER USER testuser PASSWORD EXPIRE;
用户已更改。

SQL> CONNECT testuser/testuser123;
ERROR:
ORA-28000: the account is locked
```

图13.15　密码过期

通过上述例子可以看出，使用锁定账号的用户和密码连接数据库时，Oracl会报错，提示账号已被锁定。必须对用户进行解锁，解锁后再次进入时，输入两次新口令后，才可以连接数据库。

🔑**【TIPS】**

为testuser用户设置新口令后，依然连接不到数据库，这是因为没有给新用户授予连接数据库的权限，新用户没有访问数据库的权限。

⚠ **【例13.5】给用户解锁并设置新密码**

安装Oracle数据库后，有供实验使用的数据库用户scott，其初始密码是tiger，此用户默认锁定和密码过期。现在给此用户解锁并设置新的密码，登录的代码如下，结果如图13.16所示。

```
SQL>CONNECT SCOTT/tiger;
```

```
SQL> CONNECT SCOTT/tiger;
ERROR:
ORA-28000: the account is locked

警告: 您不再连接到 ORACLE。
```

图13.16　SCOTT用户登录

以管理员SYS用户身份登录数据库，然后对SCOTT用户解锁。代码如下，结果如图13.17所示。

```
SQL>CONNECT SYS/xf123 as SYSDBA
SQL>ALTER USER SCOTT ACCOUNT UNLOCK;
```

```
SQL> connect sys/xf123 as sysdba;
已连接。
SQL> alter user scott account unlock;
用户已更改。
```

图13.17　对用户解锁

解锁后，以SCOTT用户身份登录数据库，并更改密码。代码如下，结果如图13.18所示。

```
SQL>CONNECT SCOTT/tiger
```

```
SQL> connect scott/tiger;
ERROR:
ORA-28001: the password has expired

更改 scott 的口令
新口令：
重新键入新口令：
口令已更改
已连接。
```

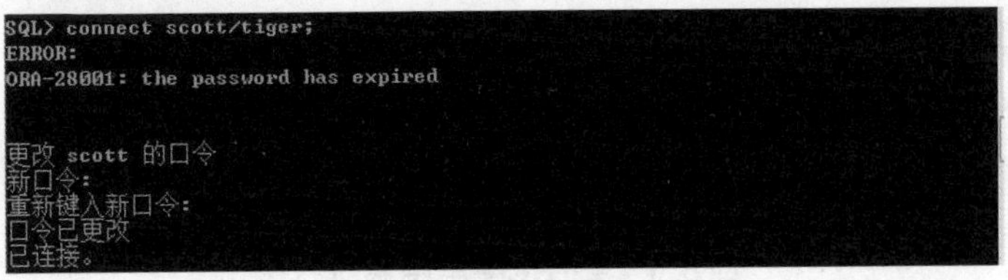

图13.18　更改密码

13.2.3　删除用户

删除用户时使用DROP USER语句。但在使用此语句时要注意该用户下是否有已经创建的内容。如果此用户下有新建的表或其他相关内容，需要使用CASCADE，进行级联删除。其语法格式如下：

```
DROP USER User_name[CASCADE]
```

⚠ 【例13.6】删除用户

删除新建用户testuser。代码如下，结果如图13.19所示。

```
SQL>DROP USER testuser;
```

```
SQL> DROP USER testuser;
用户已删除。
```

图13.19　删除用户

13.3　用户权限

> 用户建立后是没有任何权限的，这也就意味着新用户不能执行任何操作。如果用户要执行特定的数据库操作，则必须具有相应的权限；如果用户要访问表、视图等，则必须具有相应的对象操作权限。

在Oracle数据库中，包含两类权限：系统权限和对象权限。
- 系统权限是在系统级对数据库进行存取和使用的权限，如用户是否能够连接到数据库系统（CREATE SESSION权限）、执行系统级的DDL语句。
- 对象权限是指对某一个用户对其他用户的表、视图、索引、序列、存储过程、函数、包等的操作权限。不同类型的对象具有不同的对象权限。

13.3.1 系统权限

系统权限是指在系统级控制数据库的存取和使用的机制，即执行特定SQL命令的权限，用于控制用户可以执行的一个或一组数据库操作。这些权限不涉及对象，而是和批处理作业、改变系统参数、创建角色以及连接数据库等方面的权限相关。可以将系统权限授予用户、角色等。

1. Oracle中常用系统权限

系统权限是指对整个数据库的操作权限，例如连接数据库、创建表、修改表或删除表等操作。在Oracle 11g中，常用的系统权限如表13.1所示。

表13.1　Oracle常用系统权限

权限	说明
Create session	创建会话，连接数据库
Create sequence	创建序列。序列是一系列数字，主要用于自动填充主键值列
Create table	创建表
Create any table	在任何模式下创建表
Drop table	删除表
Drop any table	删除任何模式下的表
Create tablespace	创建表空间
Alter tablespace	修改表空间
Drop tablespace	删除表空间
Create user	创建用户
Alter user	修改用户
Drop user	删除用户
Create view	创建视图
Create any view	在任何模式下创建视图
Drop any view	删除任何模式下的视图
Create role	创建角色
Create any role	创建任何模式下的角色
Grant any role	将任何角色授予其他用户
Create procedure	创建存储过程
Create any procedure	在任何模式下创建进程
Alter any procedure	修改任何模式下的进程
Drop any procedure	删除任何模式下的进程
Execute any procedure	执行任何模式中的存储过程

2. 授予系统权限

向用户授予系统权限的基本语法如下:

```
GRANT system_privilege [,...] TO user [, user| role, PUBLIC...]
    [WITH ADMIN OPTION];
```

下面对参数进行说明。

- **system_privilege:** 具体的系统权限,如create session等。如果要授予多个系统权限,多个权限之间使用逗号隔开。
- **user:** 被授予权限的用户,可以是一个用户,也可以是多个用户。
- **role:** 被授予权限的角色名。
- **PUBLIC:** Oracle中所有用户。
- **WITH ADMIN OPTION:** 使用户同样具有分配权限的权利,用户获得权限后,还可将此权限授予别人,为用户授予此权限时需要特别注意。

3. 查看用户系统权限

当前登录用户具有哪些系统权限,以及当前用户是否可以将权限授予其他用户,可以通过数据字典user_sys_privs来查询。

数据字典user_sys_privs有三个字段。

- **username:** 当前用户的用户名。
- **privilege:** 当前用户拥有的系统权限。
- **admin_option:** 当前用户是否有权力将该权限授予其他用户。YES表示有,NO表示没有。

4. 撤销权限

撤销用户系统权限的基本语法如下:

```
revoke system_privilege [,...] from user [, user| role, PUBLIC...]
```

撤销用户系统权限时,该用户如果授予了其他用户权限,该用户权限的撤销不影响其他用户的权限。

13.3.2 对象权限

对象权限是指用户对数据库中指定对象的操作权限,如对表中数据的增加、删除、修改、删除等权限。Oracle中常见的对象以及和这个对象对应的权限之间的对应关系如表13.2所示,其中√表示该对象具有该权限。

表13.2 对象与对象权限的对应关系

权　限＼对　象	表	视　图	序　列	过　程
Insert（插入）	√	√		
Delete（删除）	√	√		
Update（更新）	√	√		

（续表）

权限 \ 对象	表	视 图	序 列	过 程
Alter（修改）	√		√	
Select（选择）	√	√	√	
Execute（执行）				√
Index（索引）	√			
Reference（关联）	√			

授予对象权限的语法格式如下：

```
Grant object_privilege on object_name to user{role|public}[with grant
option]
```

下面参数进行说明。

- **object_privilege:** 对象权限。
- **Object_name:** 对象名称。
- **with grant option:** 允许用户将该对象权限授予其他用户。

⚠ 【例13.7】授予对象权限

以系统管理员身份授予testuser用户连接数据的权限，接着以testuser连接数据库，然后查询scott用户中emp表的数据，代码如下，结果如图13.20所示。

```
SQL>CONNECT sys/xf123 as sysdba
SQL>grant create session to testuser;
SQL>CONNECT testuser/testuser123
SQL>select * from scott.emp;
```

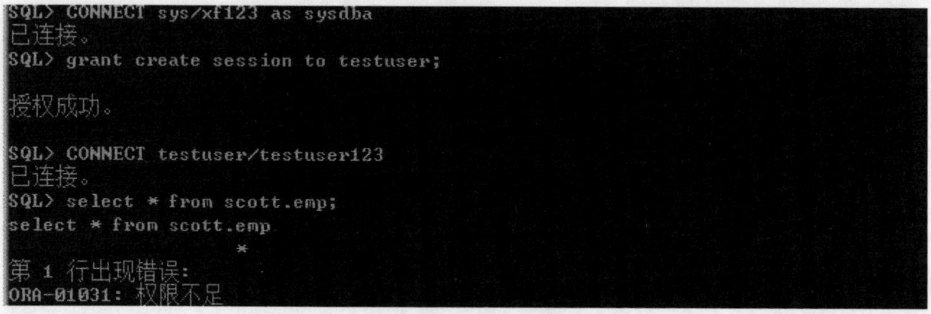

图13.20　查询表

在结果中，我们能够看到，Oracle不允许用户查询该表中的数据，但scott.emp是存在的。所以要给用户testuser授予具有查询scott.emp表的权限。以管理员用户或scott用户登录数据库，授予用户testuser查询scott.emp的权限。

13.4 角色

> Oracle的权限众多，这就为DBA有效地管理数据库权限带来了困难。虽然可以利用命令为所有用户分配和回收权限，但是如果数据库的用户众多，而且权限关系复杂，则管理员的工作量会非常大。为简化权限管理，Oracle提供了角色的概念。

角色是具有名称的一组相关权限的组合，即将不同的权限组合在一起就成形成了角色。可以使用角色为用户授权，同样可以从用户中回收角色。角色集合了多种权限，所以为用户授予角色时，相当于为用户授予了多种权限。这样就避免了向用户逐一授权，从而简化了用户权限的管理。

13.4.1 角色分类

用户角色分为两大类：系统角色和用户角色。

1. 系统角色

系统预定义角色就是在安装数据库后，由系统自动创建的一些角色，这些角色已经由系统授予了相应的权限。管理员不再需要先创建预定义角色，就可以将它们授予用户。

常用的Oracle预定义系统角色如表13.3所示。

表13.3 系统角色表

角色名	说　明
CONNECT	授予最终用户的基本角色，主要包括ALTER SESSION（修改会话）、CREATE CLUSTER（建立聚簇）、CREATE DATABASE LINK（建立数据库链接）、CREATE SEQUENCE（建立序列）、CREATE SESSION（建立会话）、CREATE SYNONYM（建立同义词）、CREATE VIEW（建立视图）等权限
RESOURCE	授予开发人员的基本角色，主要包括CREATE CLUSTER（创建聚簇）、CREATE PROCEDURE（创建过程）、CREATE SEQUENCE（创建序列）、CREATE TABLE（创建表）、CREATE TRIGGER（创建触发器）、CREATE TYPE（创建类型）等权限
DBA	拥有所有系统级管理权限
IMP_FULL_DATABASE EXP_FULL_DATABASE	导入、导出数据库所需要的角色，主要包括BACKUP ANY TABLE（备份表）、EXECUTE ANY PROCEDURE（执行过程）、SELECT ANY TABLE（查询表）等权限
DELETE_CATALOG_ROLE	删除sys.aud$记录的权限，sys.aud$表中记录着审计后的记录
SELECT_CATALOG_ROLE	具有从数据字典查询的权限
EXECUTE_CATALOG_ROLE	具有从数据字典中执行部分过程和函数的权限

2. 用户自定义角色

自定义角色是在建立数据库之后由DBA用户建立的角色。该类角色初始没有任何权限，为了使角色起作用，可以为其授予相应的权限。通过自定义角色，可以方便快捷地管理用户。

13.4.2 创建角色

Oracle允许首先创建一个角色，然后将角色授予用户，从而间接地将权限信息授予用户。进行权限回收时，也可以把用户权限一起回收，简化了用户的权限管理。

首先介绍通过命令方式创建角色，其语法格式如下：

```
CREAET ROLE role_name[IDENTIFIED BY password];
```

下面对参数进行说明。

- **role_name:** 创建的角色名。
- **IDENTIFIED BY password:** 可以给角色设置口令。默认的创建角色时没有口令。

⚠ 【例13.8】创建角色

创建一个角色myrole。代码如下，结果如图13.21所示。

```
SQL>CONNECT SYS/xf123 AS SYSDBA
SQL>CREATE ROLE myrole;
```

```
SQL> CONNECT SYS/xf123 AS SYSDBA
已连接。
SQL> CREATE ROLE myrole;

角色已创建。
```

图13.21　创建角色

13.4.3 为角色授权

刚创建的角色是没有任何权限的，可以通过GRANT语句为新创建的角色授权。其授权的语法格式与向用户授权的格式基本相同。在此不再赘述。

⚠ 【例13.9】为角色授权

为先创建的角色授予对表SCOTT.EMP的SELECT、UPDATE、INSERT和DELETEA权限。代码如下，结果如图13.22所示。

```
SQL>CONNECT SYS/xf123 AS SYSDBA
SQL>GRANT SELECT,UPDATE,INSERT,DELETE ON SCOTT.EMP TO myrole;
```

```
SQL> CONNECT SYS/ORCL AS SYSDBA
已连接。
SQL> GRANT SELECT,UPDATE,INSERT,DELETE ON SCOTT.EMP TO myrole;

授权成功。
```

图13.22　为角色授权

13.4.4 管理角色

角色创建后，用户可以对角色添加和删除口令，禁用和启用角色，删除角色。为角色授权可以使用GRANT与REVOKE语句。

（1）设置角色口令

使用ALTER USER语句可以重新设置角色的口令，包括删除口令、添加口令和修改口令，其语法形式如下：

```
ALTER ROLE ROLE_NAME NOT IDENTIFIED |IDENTIFIED BY NEW_PASSWORD ;
```

（2）禁用/启用角色

角色创建后，数据库管理员可以对角色进行禁用和启用控制，通过角色的启用和禁用可以控制角色下用户的权限。

禁用和启用角色需要使用的的命令SET ROLE语句，其语法格式如下：

```
 SET ROLE
{
ROLE_NAME[IDENTIFIED BY password]]
[...]|ALL[EXCEPT ROLE_NAME[,..]]|NONE
};
```

下面对参数进行说明。

- **IDENTIFIED BY：** 启用角色时，为角色提供口令。
- **ALL：** 启用所有角色。要求所有角色都不能有口令。
- **EXCEPT：** 启用除去某些角色以外的所有角色。
- **NONE：** 禁用所有角色。

（3）删除角色

删除角色需要使用DROP ROLE语句，其语法格式形式如下：

```
DROP ROLE role_name;
```

本章小结

　　本章主要讲解了数据库的安全管理问题，首先讲解了数据库中的用户如何创建、修改和删除，接着讲解了如何进行授权，包括系统权限和对象权限。最后介绍了角色的创建、角色的管理以及修改等。

项目练习

项目练习1

创建一个用户，用户名为你的姓名，密码为你的出生日期。

项目练习2

把对表SCOTT.EMP的查询和删除的权限，授予练习1中新创建的用户。

项目练习3

创建一个角色NewRole，此角色对表SCOTT.DEPT具有查询、更新和插入数据的权限。

Chapter

14

RMAN工具的应用

本章概述

　　为了更好地实现数据库的备份和恢复工作，Oracle提供了一个恢复管理器RMAN（Recovery Manager）。RMAN是一个可以用来备份、恢复和还原数据库的应用程序。它是随Oracle服务器软件一起安装的Oracle工具软件，通过执行相应的RMAN命令可以实现备份和恢复操作。本章将介绍RMAN工具实现备份和恢复之前的一些基本操作，然后详细介绍如何通过RAMN对数据库进行备份和恢复。

重点知识

- 初识RMAN
- RMAN备份
- RMAN恢复数据库

14.1 初识RMAN

> RMAN是Recovery Manager的简称，全称为Oracle恢复管理器，是用户对数据库实施备份（Backup）、复原（Restore）和恢复（Recovery）的实用程序。

14.1.1 RMAN相关概念

首先介绍一组与RMAN相关的基本概念。

- **备份片（Backup Pieces）：** 每个备份片是一个单独的输出文件。每个备份片的大小是有限制的。如果没有大小的限制，备份集就只由一个备份片构成。备份片的大小不能大于使用的文件系统所支持的文件长度的最大值。

- **备份集合（Backup Sets）：** 备份集由若干个备份片组成。备份集包括数据库文件或归档日志，并以Oracle专有的格式保存。

- **通道（Channel）：** 是RMAN和目标数据库之间的一个连接，使用allocate channel命令可以在目标数据库启动一个服务器进程，同时必须定义服务器进程执行备份或恢复操作使用的I/O类型。

- **多文件备份（File Multiplexing）：** 将不同的多个数据文件的数据块混合备份在一个备份集中。

- **全备份集合（Full Backup Sets）：** 全备份是对数据文件中使用过的数据块的备份。没有使用过的数据库块不进行备份。

- **镜像复制（Image Copies）：** 镜像复制是独立文件（数据文件、归档日志、控制文件）的复制。它类似于操作系统级的文件复制。

- **增量备份集合（Incremental Backup Sets）：** 增量备份是指备份数据文件自从上一次同一级别或更低级别的备份以来被修改过的数据块。与完全备份相同，增量备份也进行压缩。

- **恢复目录（Catalog）：** 恢复目录是由RMAN使用和维护的用来放置备份信息的仓库。RMAN利用恢复目录记载的信息去判断如何执行需要的备份恢复操作。恢复目录可以存在于Oracle数据库的计划中。虽然恢复目录可以用来备份多个数据库，但建议为恢复目录数据库创建一个独立的数据库。恢复目录数据库不能用于恢复目录备份自身。

- **恢复目录同步（Recovery Catalog Resyncing）：** 使用恢复管理器执行backup、copy、restore命令时，恢复目录自动进行更新，但是有关日志与归档日志信息没有自动记入恢复目录。如果需要进行目录同步，可以使用resync catalog命令进行同步。

14.1.2 RMAN常用组件

RMAN是一个以客户端方式运行的备份与恢复工具。最简单的RMAN工具可以只包括RMAN命令执行器和目标数据库。除此以外，在RMAN中常用的组件如下。

（1）RMAN命令执行器（RMAN Executable）

RMAN命令执行器用来对RMAN应用程序进行访问，允许DBA输入执行备份和恢复操作的命令，通过命令行或者图形用户界面与RMAN进行交互。

（2）目标数据库（Target Database）

目标数据库就是要执行备份、转储和恢复操作的数据库。RMAN使用目标数据库的控制文件来收集关于数据库的信息，并且存储相关的RMAN操作信息。实际的备份、修复以及恢复操作也是由目标数据库中的进程来执行的。

（3）RMAN恢复目录（RMAN Recover Catalog）

恢复目录是RMAN在数据库上建立的一种存储对象，由RMAN自动维护。使用RMAN执行备份和恢复操作时，RAMN将从目标数据库的控制文件中自动获取信息，包括数据库结构、归档日志和数据库文件备份信息等，这些信息都将被存储到恢复目录之中。

（4）RMAN资料档案库（RAMN Repository）

在使用RMAN进行备份与恢复操作时，需要使用的管理信息和数据库称为RMAN资料档案库。资料档案库包括备份集、备份段、镜像副本、目标数据库结构和配置设置。

（5）恢复目录数据库（Recover Catalog Database）

用来保存RMAN恢复目录的数据库，它是一个独立于目标数据库的Oracle数据库。

14.1.3 备份前的准备操作

在使用RMAN工具进行备份和恢复操作之前，要对RMAN进行一些相应的准备工作，例如，将数据库设置为归档日志（Archivelog）模式，创建恢复目录所使用的空间，创建RMAN用户并授权，为RMAN创建恢复目录，将RMAN连接到目标数据库等。

1. 将数据库设置为归档日志模式

要使用RMAN工具，必须将数据库设置为归档日志（Archivelog）模式。先查看数据库是否处于归档日志（Archivelog）模式，以管理员身份登录Oracle数据库。代码如下，结果如图14.1所示。

```
SQL>CONNECT SYS/xf501 AS SYSDBA
SQL>ARCHIVE LOG LIST;
```

```
SQL> ARCHIVE LOG LIST;
数据库日志模式              非存档模式
自动存档                    禁用
存档终点                    USE_DB_RECOVERY_FILE_DEST
最早的联机日志序列           8
当前日志序列                10
```

图14.1　查看归档模式

一般情况下，数据库都是非归档（Noarchivelog）模式，需要修改为归档（Archivelog）模式，步骤如下：

Step 01 以管理员身份登录，执行下面的语句，变更登录用户。

```
SQL>CONNECT SYS/xf501 AS SYSDBA
```

Step 02 在数据库实例打开时，不能修改日志模式。首先执行下面的语句关闭数据库。结果如图14.2所示。

```
SQL>shutdown immediate;
```

```
SQL> shutdown immediate;
数据库已经关闭。
已经卸载数据库。
ORACLE 例程已经关闭。
```

图14.2　关闭数据库

Step 03 执行下面的命令，再次启动数据库，但不打开实例，如图14.3所示。

```
SQL>startup mount;
```

```
SQL> startup mount;
ORACLE 例程已经启动。

Total System Global Area  535662592 bytes
Fixed Size                  1375792 bytes
Variable Size             243270096 bytes
Database Buffers          285212672 bytes
Redo Buffers                5804032 bytes
数据库装载完毕。
```

图14.3　启动数据库实例

Step 04 切换实例为归档日志模式了，代码如下，结果如图14.4所示。

```
SQL>alter database archivelog;
```

```
SQL> alter database archivelog;
数据库已更改。
```

图14.4　修改数据库为归档模式

Step 05 查看数据库是否更改为归档日志（Archivelog）模式。代码如下，结果如图14.5所示。

```
SQL>archive log list;
```

```
SQL> archive log list;
数据库日志模式            存档模式
自动存档                  启用
存档终点                  USE_DB_RECOVERY_FILE_DEST
最早的联机日志序列          8
下一个存档日志序列         10
当前日志序列              10
```

图14.5　查看数据库归档模式

2. 创建恢复目录使用的表空间

创建备份表空间（用来存储相关的备份数据），存放与RMAN相关的数据。要创建表空间，需要打开数据库实例。

Step 01 打开数据库。代码如下，结果如图14.6所示。

```
SQL>alter database open;
```

```
SQL> alter database open;
数据库已更改。
```

图14.6　打开数据库

Step 02 使用create tablespace语句创建表空间。代码如下，结果如图14.7所示。

```
SQL>create tablespace rman_ts datafile
'd:\oradata\orcl\rman_ts.dbf' size 200M;
```

```
SQL> create tablespace rman_ts datafile
  2  'd:\oradata\orcl\ rman_ts.dbf' size 200M;
表空间已创建。
```

图14.7　创建备份表空间

创建的表空间名为rman_ts，数据文件为d:\ oradata\orcl\rman_ts.dbf，表空间为200M。指定的数据文件的目录d:\ oradata\orcl\必须存在，否则会产生错误。

3. 创建RMAN用户并授权

创建一个RMAN用户，授予这个用户相关权限，专门用于数据库的备份和恢复操作。

⚠ 【例14.1】创建用户并授权

创建用户RMAN，口令为RMAN，默认表空间为rman_ts，临时表空间为temp。代码如下，结果如图14.8所示。

```
SQL>CREATE USER RMAN identified by RMAN default tablespace rman_ts
temporary tablespace temp;
```

图14.8　创建RMAN用户

用Grant语句为用户rman授予权限，这里授予rman用户connect、resource和recovery_catalog_owner权限，代码如下，结果如图14.9所示。

```
SQL>GRANT CONNECT, RECOVERY_CATALOG_OWNER, RESOURCE TO RMAN;
```

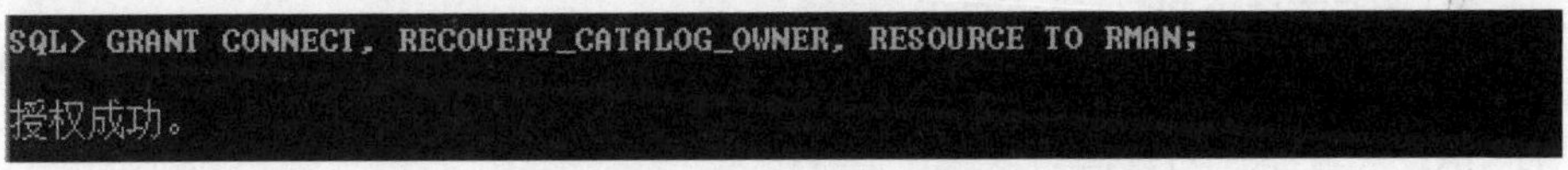

图14.9　给RMAN用户授权

拥有CONNECT权限，可以连接数据库、创建表、视图等数据库对象。拥有recovery_catalog_owner权限，可以对恢复目录进行管理。拥有resource权限，可以创建表、视图等数据库对象。

在授予RMAN用户权限时，如果没有授予用户resource，在创建恢复目录时，将会出现错误。

4. 创建恢复目录

首先需要启动RMAN工具，并使用RMAN用户登录。

Step 01 输入RMAN命令。代码如下，结果如图14.10所示。

```
C:\>RMAN
```

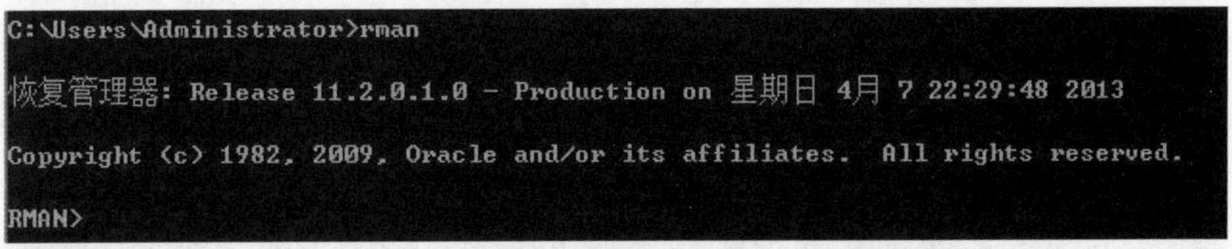

图14.10　启动RMAN

🔑 【TIPS】

启动RMAN工具时，不需要启动sqlplus，直接输入RMAN即可。

Step 02 连接到恢复目录数据库。代码如下，结果如图14.11所示。

```
RMAN> CONNECT CATALOG RMAN/RMAN;
```

```
RMAN> CONNECT CATALOG RMAN/RMAN;

连接到恢复目录数据库
```

图14.11　连接恢复目录数据库

Step 03 创建恢复目录。代码如下，结果如图14.12所示。

```
RMAN>CREATE CATALOG;
```

```
RMAN> CREATE CATALOG;

恢复目录已创建
```

图14.12　创建恢复目录

如果要删除恢复目录，可以使用删除命令，代码如下：

```
DROP CATALOG;
```

5. 连接到目标数据库

连接到目标数据库是指建立RMAN与目标数据库之间的连接。在RMAN中，可以在无恢复目录和有恢复目录这两种情况下连接到目标数据库。

无恢复目录的RMAN连接到目标数据库时，可以使用以下几种连接方式。

（1）使用RMAN TARGET语句

```
C:\>RMAN TARGET/
```

（2）使用RMAN NOCATALOG语句

```
C:\> RMAN NOCATALOG;
```

（3）使用RMAN TARGET…NOCATALOG语句

```
C:\> RMAN TARGET SYS/xf501 NOCATALOG;
```

如果在RMAN中创建了恢复目录，则可以使用RMAN TARGET…CATALOG…语句连接到目标数据库，代码如下，结果如图14.13所示。

```
C:\> RMAN TARGET system/xf123 CATALOG RMAN/RMAN;
```

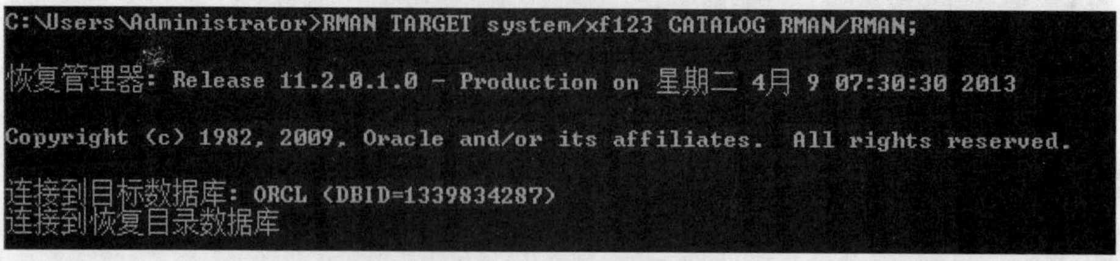
```
C:\Users\Administrator>RMAN TARGET system/xf123 CATALOG RMAN/RMAN;

恢复管理器: Release 11.2.0.1.0 - Production on 星期二 4月 9 07:30:30 2013

Copyright (c) 1982, 2009, Oracle and/or its affiliates.  All rights reserved.

连接到目标数据库: ORCL (DBID=1339834287)
连接到恢复目录数据库
```

图14.13　连接恢复目录

RMAN恢复目录与目标数据库连接成功后,如果要取消目标数据库的注册,可以有如下两种方法。

(1)使用UNREGISTER命令

```
RMAN>UNREGISTER DATABASE;
```

根据提示,输入YES后,Oracle将自动执行注销操作。

(2)使用过程。查询数据库字典db,可以获取db_key与db_id值,然后连接到RMAN恢复目录数据库,执行DBMS_RCVCAT.UNREGISTERDATABASE过程取消目标数据库。

首先连接到拥有恢复目录的用户模式,这里使用rman用户。

```
SQL>connect rman/rman;
```

前面使用语句RMAN TARGET…CATALOG…连接到恢复目录的显示结果中,会有DBID值,获得该值1339834287。根据该值检索数据字典视图db,获得db_key字段信息,代码如下,结果如图14.14所示。

```
SQL>select * from db where db_id=1339834287;
```

图14.14 检索数据字典

从上述查询结果可以看出,db_id值1339834287对应的db_key值为2。

执行DBMS_RCVCAT.UNREGISTERDATABASE过程,取消目标数据库的注册,代码如下,结果如图14.15所示。

```
SQL>EXEC DBMS_RCVCAT. UNREGISTERDATABASE(2, 1339834287);
```

```
SQL> EXEC DBMS_RCVCAT. UNREGISTERDATABASE(2, 1339834287);

PL/SQL 过程已成功完成。
```

图14.15 取消目标数据库的注册

6. 通道分配

在使用RMAN进行备份和恢复操作时,必须进行通道分配。通道分配是连接RMAN与目标数据库的方法,也是确定I/O设备类型的方法。每分配一个通道,RMAN就会启动一个服务器会话,由服务器会话来完成数据库的备份和恢复操作。

在手工分配通道的时候,必须使用RUN命令。在RMAN命令中,RUN{命令;}使用RUN命令的常用语句有ALLOCATE、BACKUP、EXECUTE、SCRIPT、RESTORE、RECOVER、SQL和HOST等。

14.2 RMAN备份

> 使用RMAN可以进行的备份类型包括完全备份、增量备份和镜像复制等。在进行备份时，可以使用BACKUP命令或COPY TO命令。

14.2.1 BACKUP命令

RMAN的BACKUP命令用于完成备份集的备份过程。在使用BACKUP命令时，可以将多个文件、表空间和整个数据库以备份集的形式备份到磁盘或者磁带上。

BACKUP命令的语法如下：

```
BACKUP [FULL|INCREMENTAL LEVEL[=]n](backup_type option);
```

其中，LEVEL是备份的增量级，可以取值为FULL或者incremental。FULL表示全备份，Incremental表示增量备份。LEVE增量备份的级别一共有4个增量级（1、2、3、4），0级增量备份相当于完全备份。

Backup_type是备份对象。BACKUP命令可以备份的对象如下。

- **全部数据库（Database）：** 包含所有的数据文件和控制文件。
- **数据文件（Datafile）：** 备份数据文件。
- **表空间（Tablespace）：** 备份一个或者多个指定的表空间。
- **归档日志（Archivelog all）：** 备份归档日志。
- **控制文件（Current controlfile）：** 在线备份控制文件。
- **Datafilecopy：** 备份使用COPY命令备份的数据文件。
- **Controlfilecopy：** 备份使用COPY命令备份的控制文件。
- **Backup set：** 备份使用BACKUP命令备份的文件。

Option为可选项，下面介绍其主要参数。

- **TAG：** 指定一个标记。
- **FORMAT：** 表示文件存储格式。
- **INCLUDE CURRENT CONTROLFILE：** 表示备份控制文件。
- **FILESPERSET：** 表示每个备份集所包含的文件。
- **CHANNEL：** 指定备份通道。
- **DELETE[ALL]INPUT:** 备份结束后删除归档日志。
- **MAXSETSIZE：** 指定备份集的最大尺寸。
- **SKIP[OFFLINE|READONLY|INACCESSIBLE]：** 可以选择的备份条件。

14.2.2 完全备份

完全备份是指对数据库中使用过的所有数据块进行备份。在进行完全备份时，RMAN将数据库文件中所有的非空白数据库块都复制到备份集中，所有的数据库文件都复制到闪回恢复区。

⚠️ 【例14.2】完全备份

通过BACKUP FULL语句，对数据库执行完全备份。具体代码如下：

```
RMAN> run {
allocate channel dev1 type disk;
        backup database;
release channel dev1;
        }
```

⚠️ 【例14.3】查看备份集情况

在RMAN中执行LIST命令，查看建立的备份集与备份信息。代码如下，结果如图14.16所示。

```
RMAN>LIST BACKUP OF DATABASE;
```

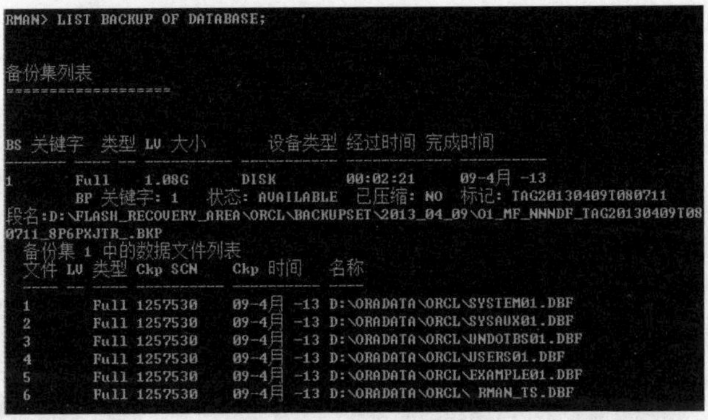

图14.16　查看备份集情况

14.2.3 增量备份

增量备份就是将那些与前一次备份相比发生变化的数据块复制到备份集中。进行增量备份时，RMAN会读取整个数据文件，通过RMAN可以为单独的数据文件、表空间或者整个数据库进行增量备份。

在RMAN中建立的增量备份可以具有不同的级别，每个级别都使用一个不小于0的整数标识，也就是在BACKUP命令中使用LEVEL关键字指定的级别。例如，LEVEL=0表示备份级别为0，LEVEL=1表示备份级别为1。

级别为0的增量备份是所有增量备份的基础。因为在进行级别为0的备份时，RMAN会将数据文件中所有已使用的数据块都复制到备份集中，类似于建立完全备份；级别大于0的增量备份将只包含与前一次备份相比发生了变化的数据块。

增量备份通过两种方式来实现，如表14.1所示。

表14.1　备份方式表

备份方式	关键字	默认方式	说　　明
差异备份	DIFFERENTIAL	是	将备份上一次进行的同级或者低级备份以来所有变化的数据块
累积备份	CUMULATIVE	否	将备份上次低级备份以来所有的数据块

【TIPS】

　　当数据库运行在归档模式下时，既可以在数据库关闭状态下进行增量备份，也可以在数据库打开状态下进行增量备份。当数据库运行在非归档模式下时，只能在关闭数据库后进行增量备份，因为增量备份需要使用SCN来识别已经更改的数据库。

【例14.4】增量备份

　　使用增量备份，执行0级增量备份，也就是实现完全数据库备份，具体语句如下，结果如图14.17所示。

```
RMAN> run {
allocate channel dev1 type disk;
backup INCREMENTAL LEVEL 0 AS  COMPRESSED BACKUPSET DATABASE;
release channel dev1;
          }
```

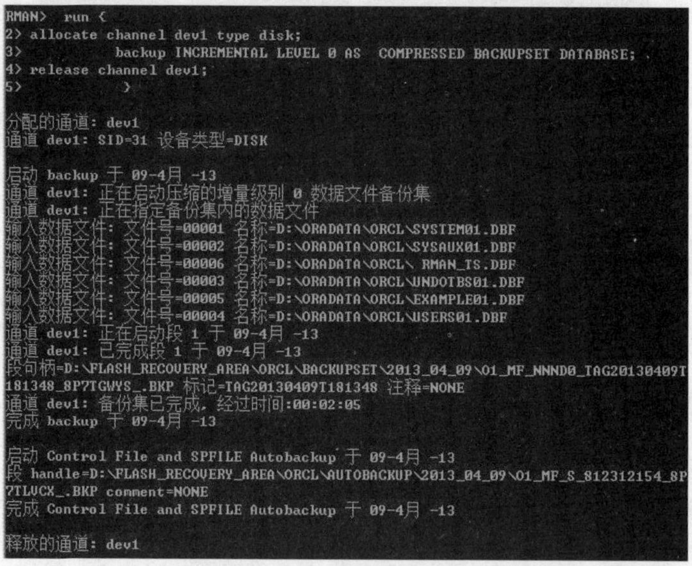

图14.17　0级增量备份

14.2.4 备份表空间

　　在数据库中创建一个表空间后，或者在对表空间执行修改操作后，立即对这个表空间进行备份。

【例14.5】备份表空间

　　使用BACKUP命令备份users表空间。代码如下，结果如图14.18所示。

```
RMAN>BACKUP TABLESPACE users;
```

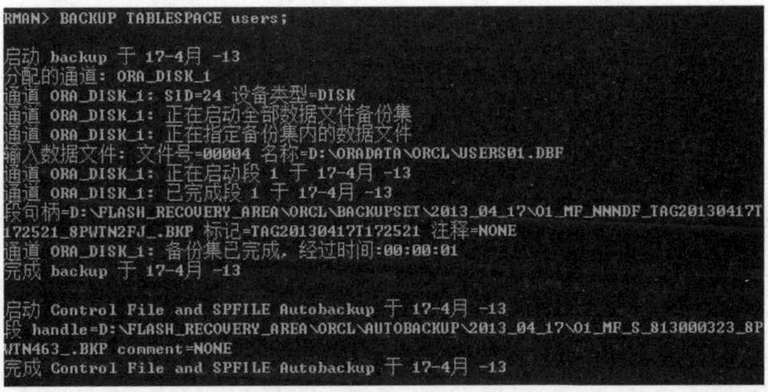

图14.18　表空间备份

备份多个表空间时的代码如下：

```
RMAN>BACKUP FILESPERSET=3 TABLESPACE USERS,SYSTEM,SYSAUX;
```

14.2.5 备份控制文件

开启控制文件的自动备份，语法如下：

```
C:\> RMAN TARGET/;
RMAN>CONFIGURE CONTROLFILE AUTOBACKUP ON;
```

图14.19　控制文件备份

开启控制文件的自动备份功能后，在执行BACKUP和COPY命令时，会自动备份控制文件。当然控制文件也可以手动进行备份。语法如下：

```
RMAN>BACKUP CURRENT CONTROLFILE;
```

也可以在备份表空间的同时备份控制文件。语法如下：

```
RMAN>BACKUP TABLESPACE USERS INCLUDE CURRENT CONTROLFILE;
```

14.2.6 备份归档日志

备份归档日志的语法如下：

```
BACKUP ARCHIVELOG[ALL,DELETE INPUT,DELETE ALL INPUT]
BACKUP…PLUS ARCHIVELOG
```

其中，ALL选项表示备份全部归档日志文件，DELETE INPUT表示备份结束后删除归档日志，DELETE ALL INPUT表示备份结束后删除多余的归档日志目录文件，PLUS ARCHIVELOG表示在备份其他对象时，同时备份归档日志。

14.2.7 镜像复制

RMAN可以使用COPY命令创建数据文件的准确副本，即镜像副本。通过COPY命令可以复制数据文件、归档重做日志文件和控制文件。COPY命令的基本语法如下：

```
COPY[FULL|INCREMENTAL LEVEL[=]0] INPUT_FILE TO LOCATION_NAME;
```

其中，INPUT_FILE表示被备份的文件；LOCATION_NAME表示复制后的文件。镜像副本可以作为一个完全备份，也可以是增量备份策略中的0级增量备份。如果没有指定备份类型，则默认为FULL。

⚠ 【例14.6】镜像复制

使用COPY命令备份数据库时，需要管理员指定每个需要备份的数据文件，并且设置镜像副本的名称。在RMAN中使用REPORT命令获取需要备份的数据文件信息，代码如下，结果如图14.20所示。

```
C:\> RMAN TARGET/;
RMAN>REPORT SCHEMA;
```

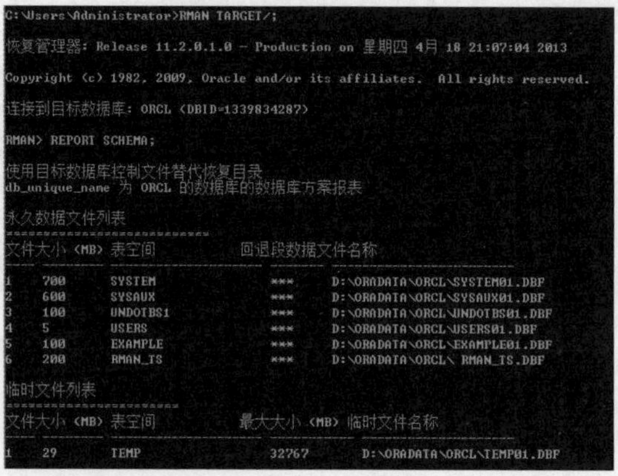

图14.20　镜像复制

14.2.8 查看备份信息

备份完成以后，可以通过LIST命令查看备份操作和备份文件的信息。

1. LIST命令

LIST命令用于查询RMAN资料档案并获取BACKUP命令、COPY命令和数据库实体的有关数据。数据库实体是物理数据库的一个单独版本。LIST命令的输出显示CHANGE、CROSSCHECK和DELETE命令已经使用过的文件。

LIST命令使用BY BACKUP和BY FILE选项显示备份信息。SUMMARY和VERBOSE用于简化输出字段。例如：

```
RMAN>list backupset by backup summary;
```

或者：

```
RMAN>listbackupset by file;
```

该命令的输出分为三类不同的文件：数据文件、归档日志文件和控制文件。

LIST与BACKUP组合，可以有如下的命令：

- LIST BACKUP
- LIST BACKUP BY FILE
- LIST BACKUP OF DATABASE ARCHIVELOG ALL
- LIST BACKUP SUMMARY
- LIST BACKUP OF DATABASE
- LIST BACKUP TAG 'FULL_BACKUP'
- LIST BACKUP LIKE'/ORA11G/BACKUP/%'

LIST也可以与COPY组合，产生以下的命令：

- LIST COPY
- LIST COPY OF DATABASE
- LIST COPY OF CONTROLFILE

2. REPORT命令

REPORT命令用于查询RMAN资料档案库，获取哪些文件要备份，哪些文件不需要备份，以及数据库的物理模式等信息。

以下为REPORT命令的选项：

- REPORT NEED BACKUP
- REPORT ABSOLETE
- REPORT SCHEMA

例如：

```
RMAN>REPORT ABSOLETE;
// 显示基于现有的保留策略不再需要的备份
RMAN>REPORT SCHEMA
// 显示数据库的物理结构
```

14.3　RMAN恢复数据库

> 　　使用RMAN备份的数据库只能使用RMAN提供的恢复命令进行恢复。RMAN的恢复目录中存储了目标数据库的备份信息，RMAN根据恢复目录中的同步号和归档日志备份数据，自动将数据库恢复到某一个同步的数据一致性状态。RMAN的恢复分为完全恢复和不完全恢复两种类型。

RAMN恢复数据库时用到两个命令，即RESTORE和RECOVER。RESTORE命令将备份数据复制到指定的目录，REVOCER命令对数据库实施同步恢复。

14.3.1 数据库非归档恢复

如果数据库是在非归档模式下运行，并且最近所进行的完全数据库备份有效，则可以在故障发生时进行数据库的非归档恢复。使用RMAN恢复数据库时，一般情况下需要进行修复和恢复两个过程。

- **数据库修复**：指的是物理上文件的复制。RMAN将启动一个服务器进程，使用磁盘中的备份集或镜像副本，修复数据文件、控制文件以及归档重做日志文件。执行修复数据库时需要使用RESTORE命令。
- **恢复数据库时**：恢复数据库主要是指数据文件的介质恢复，即为修复后的数据文件应用联机或归档重做日志，从而将修复的数据库文件更新到当前时刻或指定时刻下的状态。执行恢复数据库时，需要使用RECOVER命令。

通过RMAN执行恢复时，只需要执行RESTORE命令，将数据库文件修复到正确的位置，然后就可以打开数据库。也就是说，在NOARCHIVELOG模式下的数据库，不需要执行RECOVER命令，因为这会导致恢复所有的数据库文件，即使只有一个数据文件不可用。

⚠ 【14.7】数据库非归档文件

例在NOARCHIVELOG模式（非归档模式）下恢复数据库，步骤如下：

`Step 01` 以SYSDBA身份登录到SQL*PLUS后，确定数据库处于NOARCHIVELOG模式。如果不是，则将模式切换为NOARCHIVELOG。代码如下，结果如图14.21~图14.25所示。

```
SQL> archive log list;
```

图14.21　查看日志模式

```
SQL>shutdown immediate;
```

图14.22　关闭数据库

```
SQL>startup mount;
```

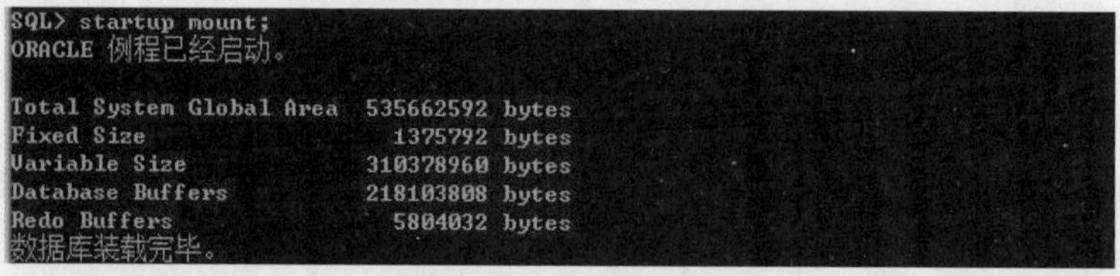

图14.23　启动例程

```
SQL>alter database noarchivelog;
```

```
SQL> alter database noarchivelog;
数据库已更改。
```

图14.24　更改数据库归档模式

```
SQL>archive log list;
```

```
SQL> archive log list;
数据库日志模式              非存档模式
自动存档                禁用
存档终点                USE_DB_RECOVERY_FILE_DEST
最早的联机日志序列           40
当前日志序列              42
```

图14.25　再次查看日志模式

Step 02 运行RMAN，连接到目标数据库。代码如下，结果如图14.26所示。

```
C:\> RMAN TARGET/;
```

```
C:\Users\Administrator>RMAN TARGET/;

恢复管理器: Release 11.2.0.1.0 - Production on 星期四 4月 18 21:29:35 2013

Copyright (c) 1982, 2009, Oracle and/or its affiliates.  All rights reserved.

连接到目标数据库: ORCL (DBID=1339834287)
```

图14.26　连接目标数据库

Step 03 备份整个数据库，如图14.27和图14.28所示。

```
SQL> archive log list;
数据库日志模式              非存档模式
自动存档                禁用
存档终点                USE_DB_RECOVERY_FILE_DEST
最早的联机日志序列           46
当前日志序列              48
SQL> shutdown immediate;
数据库已经关闭。
已经卸载数据库。
ORACLE 例程已经关闭。
SQL> startup mount;
ORACLE 例程已经启动。

Total System Global Area  535662592 bytes
Fixed Size                  1375792 bytes
Variable Size             310378960 bytes
Database Buffers          218103808 bytes
Redo Buffers                5804032 bytes
数据库装载完毕。
SQL> alter database archivelog;

数据库已更改。

SQL> archive log list;
数据库日志模式              存档模式
自动存档                启用
存档终点                USE_DB_RECOVERY_FILE_DEST
最早的联机日志序列           46
下一个存档日志序列           48
当前日志序列              48
```

图14.27　完全备份数据库准备

303

```
RMAN> run{
2> allocate channel dev1 type disk;
3> backup database;
4> release channel dev1;
5>    }

使用目标数据库控制文件替代恢复目录
分配的通道: dev1
通道 dev1: SID=133 设备类型=DISK

启动 backup 于 21-4月 -13
通道 dev1: 正在启动全部数据文件备份集
通道 dev1: 正在指定备份集内的数据文件
输入数据文件: 文件号=00001 名称=D:\ORADATA\ORCL\SYSTEM01.DBF
输入数据文件: 文件号=00002 名称=D:\ORADATA\ORCL\SYSAUX01.DBF
输入数据文件: 文件号=00006 名称=D:\ORADATA\ORCL\ RMAN_TS.DBF
输入数据文件: 文件号=00003 名称=D:\ORADATA\ORCL\UNDOTBS01.DBF
输入数据文件: 文件号=00005 名称=D:\ORADATA\ORCL\EXAMPLE01.DBF
输入数据文件: 文件号=00004 名称=D:\ORADATA\ORCL\USERS01.DBF
通道 dev1: 正在启动段 1 于 21-4月 -13
通道 dev1: 已完成段 1 于 21-4月 -13
段句柄=D:\FLASH_RECOVERY_AREA\ORCL\BACKUPSET\2013_04_21\01_MF_NNNDF_TAG20130421T
145851_8Q73KDYM_.BKP 标记=TAG20130421T145851 注释=NONE
通道 dev1: 备份集已完成, 经过时间:00:01:26
完成 backup 于 21-4月 -13

启动 Control File and SPFILE Autobackup 于 21-4月 -13
段 handle=D:\FLASH_RECOVERY_AREA\ORCL\AUTOBACKUP\2013_04_21\01_MF_S_813337001_8Q
73N2VR_.BKP comment=NONE
完成 Control File and SPFILE Autobackup 于 21-4月 -13

释放的通道: dev1
```

图14.28　备份数据库

Step 04 为了演示介质故障，使用SHUTDOWN命令关闭数据库后，通过操作系统移动或删除表空间UERES对应的USERS01.DBF数据文件。

Step 05 启动数据库。Oracle将无法找到数据文件USERS01.DBF，会出现如下错误信息，如图14.29所示。

```
SQL>STARTUP
```

```
SQL> startup;
ORACLE 例程已经启动。

Total System Global Area   535662592 bytes
Fixed Size                   1375792 bytes
Variable Size              310378960 bytes
Database Buffers           218103808 bytes
Redo Buffers                 5804032 bytes
数据库装载完毕。
ORA-01157: 无法标识/锁定数据文件 4 - 请参阅 DBWR 跟踪文件。
ORA-01110: 数据文件 4: 'D:\ORADATA\ORCL\USERS01.DBF'
```

图14.29　启动数据库

Step 06 当RMAN使用控制文件保存恢复信息时，必须使目标数据库处于MOUNT状态才能访问控制文件。关闭数据库后，使用STATUP MOUNT命令启动数据库，然后打开数据库。代码如下，结果如图14.30~图14.33所示。

```
SQL>SHUTDOWN IMMEDIATE;
```

```
SQL> SHUTDOWN IMMEDIATE;
ORA-01109: 数据库未打开


已经卸载数据库。
ORACLE 例程已经关闭。
```

如14.30　关闭数据库

```
SQL >STARTUP MOUNT;
```

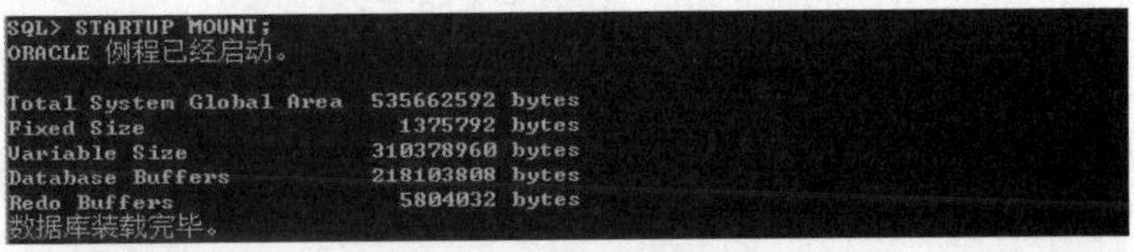

图14.31　启动数据库实例

```
SQL>ALTER DATABASE DATAFILE 'D:\ORADATA\ORCL\USERS01.DBF' OFFLINE DROP;
```

图14.32　修改数据库

```
SQL>ALTER DATABASE OPEN;
```

图14.33　更改数据库

Step 07 执行RESTORE命令，让RMAN确定最新的有效备份集，然后将文件复制到正确的位置，代码如下，结果如图14.34所示。

```
C:\> RMAN TARGET/;
RMAN>RUN{
ALLOCATE CHANNEL CH1 TYPE DISK;
RESTORE DATABASE;
}
```

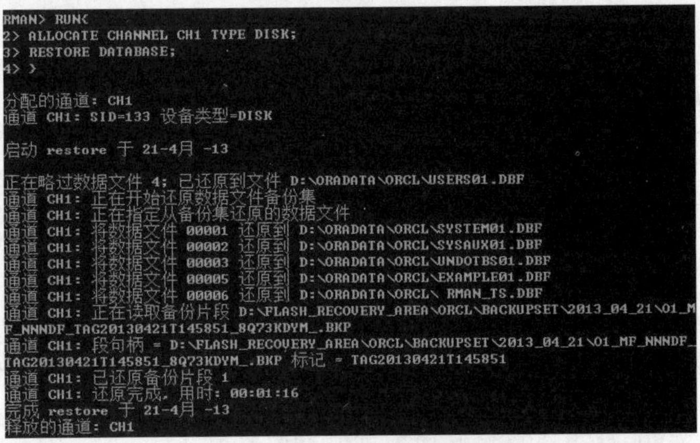

图14.34　数据库恢复

14.3.2 数据库归档恢复

与非归档模式的数据库恢复相比，使用数据库归档模式恢复的基本特点是归档重做日志文件的内容将应用到数据文件上。在恢复过程中，RMAN会自动确定恢复数据库需要哪些归档重做日志文件。

⚠️ 【例14.8】 数据库归档恢复

下面在归档模式下对数据库进行归档恢复。实现步骤如下：

Step 01 以SYSDBA身份登录到SQL*Plus后，确定数据库处于ARCHIVELOG模式。如果不是，则将模式切换为ARCHIVELOG。

Step 02 运行RMAN，连接到目标数据库。

Step 03 备份整个数据库。

Step 04 模拟介质故障，使用SHUTDOWN命令关闭数据库后，通过操作系统移动或删除表空间UERES对应的USERS01.DBF数据文件。

Step 05 执行下面的命令来恢复数据库，代码如下：

```
RMAN>RUN
{
ALLOCATE CHANNEL CH1 TYPE DISK;
RESTORE DATABASE;
SQL 'ALTER DATABASE MOUNT';
RECOVER DATABASE;
SQL 'ALTER DATABASE OPEN RESETLOGS';
RELEASE CHANNEL CH1;
}
```

Step 06 恢复数据库后，使用ALTER DATABASE OEPN命令打开数据库。

14.3.3 数据块恢复

当数据库中只有少量的块需要恢复时，RMAN可以执行介质块恢复。介质块恢复可以最小化重做日志应用程序的时间，并能极大地减少恢复所需的I/O数量。在执行介质块恢复时，受影响的数据文件仍可以联机供用户使用。

RMAN将损坏的块信息记录在视图V$database_block_corruption中，可以通过该视图查询损坏的数据块。为了实现数据块恢复，RMAN必须知道数据文件编号和数据文件内的块编号。根据视图中记录的这两个编号值，执行RECOVER语句，可以实现数据块恢复。

🔑 【TIPS】
> 出现数据块损坏后，用户跟踪文件alert_.log中会记录损坏块的信息。所以可以查看该文件，查询是否存在数据库损坏。

例如，查询V$database_block_corruption视图，查看已经损坏的数据块的信息，代码如下：

```
SQL>SELECT * FROM V$database_block_corruption;
```

从上述查询结果可知，文件编号为2，数据文件内的块编号为14，根据这两个编号值，执行数据块恢复语句，从备份集中将数据恢复，代码如下：

```
RMAN>RECOVER DATAFILE 2 BLOCK 14 FORM BACKUPSET;
```

本章小结

　　本章主要讲解了Oracle数据库的备份与恢复，重点讲解了Oraclede数据库恢复管理器RMAN，包括Oracle数据库如何进行数据库的备份，以及备份后如何进行恢复。

项目练习

项目练习1
首先创建一个用于数据库恢复的表空间。

项目练习2
通过RMAN工具对数据库进行完全备份。

项目练习3
使用BACKUP命令对数据库进行备份。

Chapter

15

闪回技术

本章概述

闪回查询是从Oracle 9i开始引入的功能。在Oracle Database 10g系统中，闪回操作得到了大大增强，甚至可以闪回整个数据库（Flashback Database）。Oracle Database 11g又引入了新的闪回技术——闪回数据归档（Flashback Data Archive）。使用Oracle闪回技术，可以实现数据的迅速恢复，而且不依赖于数据备份。本章介绍Oracle 11g闪回技术。

重点知识

● 认识闪回技术　　　　● 闪回查询技术　　　　● 闪回错误操作技术

15.1 认识闪回技术

> 要使用闪回技术，必须了解与闪回技术密切相关的闪回恢复区，下面对闪回恢复区进行详细的介绍。

15.1.1 闪回恢复区的作用

闪回恢复区是用来存储所有与数据库恢复相关的文件的空间。闪回恢复区可以放在以下几种存储形式下：

- 目录。
- 文件系统。
- 自动存储管理（ASM）磁盘组。

可以在闪回恢复区中存储如下几种文件：

- 控制文件。
- 归档的日志文件。
- 闪回日志。
- 控制文件和 SPFILE 自动备份。
- RMAN 备份集。
- 数据文件拷贝。

闪回恢复区为数据恢复提供了一个集中化的存储区域，这减少了管理的开销。另外，随着硬盘的存储容量越来越大，读写的速度越来越高，使自动基于磁盘备份与恢复技术的实现成为可能。而闪回恢复区正是基于磁盘备份与恢复的基础。

15.1.2 配置闪回恢复区

配置闪回恢复区是一个相当简单的过程。所要做的工作就是在初始化参数中指定恢复区的位置（DB_RECOVERY_FILE_DEST）和大小（DB_RECOVERY_FILE_DEST_SIZE）。可以通过两种方式实现：

- 在创建数据库时指定。
- 在使用DBCA创建数据库的过程中，会有一个专门的页面用来指定闪回恢复区的位置和大小，如图15.1所示。

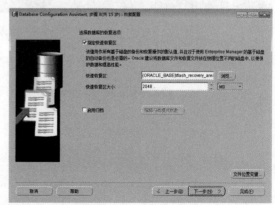

图15.1 设置闪回区

如果在创建数据库时没有指定快速闪回区的位置和大小，则可以在创建数据库之后，修改数据库的两个初始化参数来设置闪回恢复区：

- DB_RECOVERY_FILE_DEST
- DB_RECOVERY_FILE_DEST_SIZE

这两个参数分别用来指定闪回恢复区的位置与闪回恢复区的大小。

可以通过命令的方式来设置闪回恢复区的的大小，将闪回恢复区的大小设置为2G。代码如下，结果如图15.2所示。

```
SQL>ALTER SYSTEM SET DB_RECOVERY_FILE_DEST_SIZE=2G SCOPE=BOTH;
```

```
SQL> ALTER SYSTEM SET DB_RECOVERY_FILE_DEST_SIZE=2G SCOPE=BOTH;
系统已更改。
```

图15.2　修改闪回恢复区大小

参数设置后，可以通过命令方式查看修改后的参数是否有效，代码如下，结果如图15.3所示。

```
SQL>SHOW PARAMETER DB_RECOVERY_FILE_DEST;
```

```
SQL> SHOW PARAMETER DB_RECOVERY_FILE_DEST;

NAME                                 TYPE        VALUE
------------------------------------ ----------- ------------------------------
db_recovery_file_dest                string      D:\app\Administrator\flash_rec
                                                 overy_area
db_recovery_file_dest_size           big integer 2G
```

图15.3　查看修改后的参数

也可以使用专门的命令来修改闪回恢复区的大小，以及停用闪回恢复区。这些命令都使用ALTER SYSTEM语句来执行。

（1）将闪回恢复区的大小设置为3G。代码如下，结果如图15.4所示。

```
SQL>ALTER SYSTEM SET DB_RECOVERY_FILE_DEST_SIZE=3G SCOPE=BOTH;
```

```
SQL> ALTER SYSTEM SET DB_RECOVERY_FILE_DEST_SIZE=3G SCOPE=BOTH;
系统已更改。
```

图15.4　修改闪回恢复区为3G

（2）停用闪回恢复区，只需要把参数DB_RECOVERY_FILE_DEST置空即可。代码如下：

```
SQL>ALTER SYSTEM SET DB_RECOVERY_FILE_DEST ='';
```

15.2 闪回查询技术

> 闪回查询是指利用数据库回滚段存放的信息查看指定表中过去某个时间点的数据信息、过去某个时间段数据的变化情况、某个事务对该表的操作信息等。

15.2.1 闪回版本查询

Oracle的闪回版本查询功能（Flashback Version Query）提供了一个审计行改变的查询功能，它能找到所有已经提交了的行的记录。借助这个特殊功能，我们可以看到什么时间执行了什么操作，可以查看对应用系统进行什么样的操作。闪回版本查询主要针对INSERT、UPDATE、DELETE操作。闪回版本查询的语法形式如下：

```
SELECT COLUMN_NAME[..] FROM TABLE_NAME
VERSIONS
{BETWEEN SCN|TIMESTAMP EXPR|MINVALUE AND EXPR|MAXVALUE|AS OF SCN|TIMESTAMP EXPR
};
```

下面对参数进行说明。
- **COLUMN_NAME：** 列明。
- **TABLE_NAME：** 表名。
- **BETWEEN…AND：** 时间段或系统改变号段之间值。
- **SCN：** 系统改变号。
- **TIMESTAMP：** 时间戳。
- **MINVALUE：** 最小值。
- **MAXVALUE：** 最大值。
- **AS OF：** 表示恢复单个版本。
- **EXPR：** 一个值或表达式，表示某个时间点或系统改变号。

15.2.2 闪回事务查询

使用闪回版本查询可以了解某个表的各种操作，实际上是对表进行审计，但只能查看进行了什么样的操作，但无法对操作进行回滚。如果需要撤销已经提交的事务，可以使用闪回事务查询。闪回事务查询是对闪回版本查询的扩充。

在使用闪回版本查询时，闪回操作针对的是表，而闪回事务查询则针对flashback_transaction_query视图，该视图的结构如下：

```
SQL>DESC flashback_transaction_query
```

下面对字段进行说明。
- **Xid：** 事务标识。
- **start_scn：** 事务开始的系统改变号。

- **start_timestamp：** 事务起始时的时间戳。
- **commit_scn：** 事务提交时的系统改变号。
- **commit_timestamp：** 事务提交时的时间戳。
- **logon_user：** 提交该事务的登录用户。
- **undo_change#：** 撤销改变号。
- **operation：** 该事务所对应的操作。
- **table_name：** 表名。
- **table_owner：** 表的拥有者。
- **row_id：** 唯一的行标识。
- **undo_sql：** 用于撤销的SQL语句。

15.3 闪回错误操作技术

> 在设置闪回回复区后，就可以配置和启动闪回数据库的功能了。本节将详细介绍闪回数据库的配置和使用。闪回数据库是将数据库回退到过去的一个时间点SCN上，从而实现整个数据库的恢复，这种恢复不需要通过备份，所以应用起来方便快捷。

15.3.1 闪回数据库

启动闪回数据库功能需要使用如下的语法形式：

```
ALTER DATABASE FLASHBACK ON|OFF;
```

查询数据字典V$database中的flashback_on字段，可以了解闪回数据库功能是否已经启动。查询该数据字典需要数据库管理员身份。具体如下：

```
SQL>CONNECT SYS/XF123 AS SYSDBA
SQL>SELECT FLASHBACK_ON FROM V$database;
```

flashback_on字段的值为YES，表示已启用闪回数据库功能，为NO则表示未启用闪回功能。
要进行数据库的闪回还需要以下几点：

- 配置闪回恢复区。
- 数据库需要运行在归档模式下（ARCHIVELOG）。
- 在MOUNT状态下使用ALTER DATABASE FLASHBACK ON命令启动闪回数据库功能。

启用闪回数据库功能的步骤如下：

Step 01 登录系统。代码如下，结果如图15.5所示。

```
SQL>CONNECT SYS/XF123 AS SYSDBA
SQL>SHOW parameter db_recovery_file_dest;
SQL>SHOW parameter flashback;
```

```
SQL> SHOW parameter db_recovery_file_dest;

NAME                                 TYPE        VALUE
------------------------------------ ----------- ---------
db_recovery_file_dest                string
db_recovery_file_dest_size           big integer 3G
SQL> SHOW parameter flashback;

NAME                                 TYPE        VALUE
------------------------------------ ----------- ---------
db_flashback_retention_target        integer     1440
```

图15.5　显示闪回参数

Step 02 确认数据库是否为归档模式。代码如下，结果如图15.6所示。

```
SQL>archive log list;
```

```
SQL> archive log list;
数据库日志模式             非存档模式
自动存档                   禁用
存档终点                   D:\app\Administrator\product\11.1.0\db_1\RDBMS
最早的联机日志序列         158
当前日志序列               160
```

图15.6　查看归档模式

Step 03 将数据库改为归档模式下运行，并且打开flashback功能。代码如下，结果如图15.7所示。

```
SQL>shutdown immediate;
SQL>startup mount;
SQL>alter database archivelog;
```

```
SQL> shutdown immediate;
数据库已经关闭。
已经卸载数据库。
ORACLE 例程已经关闭。
SQL> startup mount;
ORACLE 例程已经启动。

Total System Global Area   535662592 bytes
Fixed Size                   1348508 bytes
Variable Size              230689892 bytes
Database Buffers           297795584 bytes
Redo Buffers                 5828608 bytes
数据库装载完毕。
SQL> alter database archivelog;

数据库已更改。
```

图15.7　修改数据库为归档模式

Step 04 启动闪回数据库，并将数据库置为OPEN状态。代码如下，结果如图15.8所示。

```
SQL>alter database flashback on;
SQL>alter database open;
```

```
SQL> alter database flashback on;

数据库已更改。

SQL> alter database open;

数据库已更改。
```

图15.8　启动闪回

Step 05 查看更改后的参数。代码如下，结果如图15.9所示。

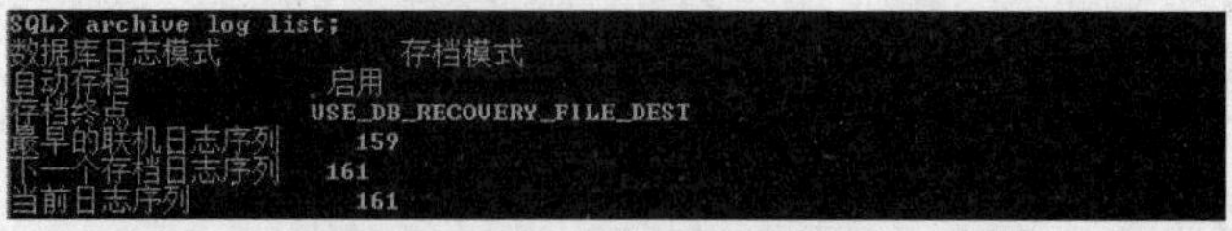

```
SQL>archive log list;
```

```
SQL> archive log list;
数据库日志模式              存档模式
自动存档                 启用
存档终点                 USE_DB_RECOVERY_FILE_DEST
最早的联机日志序列            159
下一个存档日志序列            161
当前日志序列               161
```

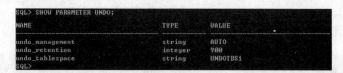

图15.9　查看更改后的参数

15.3.2 闪回表

闪回表技术用于恢复表中的数据，可以在线进行闪回表操作。闪回表实质上是将表中的数据恢复到指定的时间点（TIMESTAMP）或系统改变号（SCN），并自动恢复表的索引、触发器和约束等属性，同时数据库保持联机，从而增加整体的可用性。闪回表需要用到数据库中的撤销表空间，通过SHOW PARAMETER UNDO语句查看与撤销表空间相关的信息。

【例15.1】查看当前数据库中与撤销表空间相关的设置

代码如下：

```
SQL>CONNECT sys/xf123 as sysdba
SQL>SHOW PARAMETER UNDO;
```

```
SQL> SHOW PARAMETER UNDO;

NAME                                 TYPE        VALUE
------------------------------------ ----------- ------------------------------
undo_management                      string      AUTO
undo_retention                       integer     900
undo_tablespace                      string      UNDOTBS1
SQL>
```

图15.10

闪回表操作的语句结构如下：

```
Flashback table [schema.]<table_name>
To [before drop [rename to <表别名>]] | [scn | timestamp ] <expr>
[Enable | disable triggers];
```

下面对参数进行说明。

- **schema**：模式名。
- **table_name**：表名。
- **SCN**：系统的改变号。系统改变号一般难以理解，用户也不知道闪回到哪个SCN号，使用时间则容易理解得多，可以使用SCN_TO_TIMESTAMP函数将SCN转变为对应的时间。
- **timestamp**：时间戳，包括年、月、日。
- **expr**：指定一个值或表达式，用于表示时间点或SCN。
- **Enable triggers**：与表相关的触发器恢复后，默认为启用状态。
- **disable triggers**：与表相关的触发器恢复后，默认为禁用状态，默认情况下为此选项。

15.3.3 闪回回收站

在Windows系统中有个回收站，在删除某个文件时，该文件会被放到回收站中，在需要时可以从回收站中还原该文件，也可以从回收站彻底清除该文件，当然在删除文件时也可以选择直接彻底删除。

Oracle回收站将用户所进行的DROP语句的操作记录在一个系统表中，即将被删除的对象写入一个数据字典中，确定是不再需要的数据时，可以使用PURGE命令对回收站进行清空。

1. 禁用启用回收站

Oracle系统中的回收站在默认情况下是启用状态的，可以通过设置初始化参数recyclebin的值来修改回收站的状态，这需要使用ALTER SESSION语句，其语法如下：

```
ALTER SESSION SET RECYCLEBIN=ON|OFF;
```

设置回收站的启用和关闭，ON表示启用回收站，OFF表示关闭回收站。代码如下，结果如图15.10所示。

```
SQL> ALTER SESSION SET RECYCLEBIN=ON;
```

```
SQL> ALTER SESSION SET RECYCLEBIN=ON;
会话已更改。
```

图15.11 启用回收站

如果回收站处于禁用（OFF）状态，则被删除的数据库对象将无法保存到回收站中，数据将会被直接删除。

2. 闪回回收站中的对象

把删除的表从回收站中闪回的语法如下：

```
Flashback table [schema.]<table_name>
To [before drop [rename to <表别名>]] | [scn | timestamp ] <expr>;
```

闪回回收站中的对象这个操作，不能用管理员用户来执行。

3. 清除回收站中的对象

清除回收站中的对象使用PURGE命令，其语法形式如下：

```
PURGE{[TABLESPACE tablespace_name[USER user_name]]|TABLE table_name|INDEX
index_name}|[RECYCLEBIN|DBA_RECYCLEBIN]};
```

下面对参数进行说明。
- **TABLESPACE:** 指定清除的表空间。
- **USER:** 指定清除的的用户。
- **TABLE:** 指定清除的表。
- **INDEX:** 指定清除的索引。
- **RECYCLEBIN:** 普通用户使用的回收站。使用此选项，可以清除当前用户下的回收站中的所有对象。
- **DBA_RECYCLEBIN:** 拥有SYSDBA系统权限的用户才可以使用此选项，用于清除回收站中的所有对象。

本章小结

　　本章主要讲解了Oracle数据库的闪回技术，介绍了闪回的概念、闪回表、闪回回收站、闪回事务等。重点介绍了如何利用闪回对数据进行闪回操作，闪回丢失的数据。

项目练习

项目练习1

　　在数据库中创建一个新表NewTable，表中有职工号WNO、职工名Wname、职工年龄Wage。在此表中插入一些数据，然后删除一条数据，再使用闪回数据库方式闪回此数据。

项目练习2

　　通过闪回表的方式把表中的数据闪回。

项目练习3

　　把此表删除后，再用闪回回收站的方式闪回此表。

Chapter

16

Oracle数据库的连接

本章概述

　　本章介绍JAVA和.NET如何进行Oracle数据库的连接。首先介绍如何通过JAVA的JDBC和Oracle数据库建立连接,接着介绍ADO.NET的基础知识、ADO.NET的常用控件,以及如何使用绑定方式和代码方式访问Oracle数据库。通过对本章内容的学习,读者可以熟练地掌握在.NET和JAVA编程环境中连接Oracle数据库的各种常用操作。

重点知识

- JDBC简介
- JDBC的工作原理
- JDBC的操作
- ADO.NET简介
- ADO.NET中的对象

16.1 JDBC简介

数据库驱动,这里的驱动概念和平时听到的那种驱动概念是一样的。比如,平时购买的声卡、网卡直接插到计算机上是不能用的,必须要安装相应的驱动程序之后才能够使用声卡和网卡。同样的道理,安装好数据库之后,应用程序也是不能直接使用数据库的,必须要通过相应的数据库驱动程序和数据库打交道,如图16.1所示。

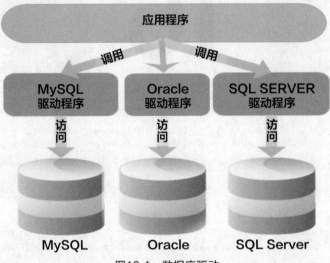

图16.1 数据库驱动

Sun公司为了简化、统一对数据库的操作定义了一套Java操作数据库的规范(接口),称为JDBC,如图16.2所示。这套接口由数据库厂商去实现,开发人员只需学习jdbc接口,并通过jdbc加载具体的驱动,就可以操作数据库了。

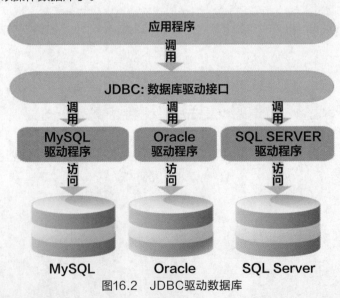

图16.2 JDBC驱动数据库

JDBC（Java DataBase Connectivity，Java 数据库连接技术）是Java 访问数据库资源的标准，JDBC 标准定义了一组 Java API，允许我们写出 SQL 语句，然后交给数据库。

有了JDBC，Java程序员用Java语言来编写完整的数据库方面的应用程序。另外，可以操作保存在多种不同的数据库管理系统中的数据，而且与数据库管理系统中数据存储格式无关。

同时Java语言与平台无关，不必在不同的系统平台编写不同的数据库应用程序。

JDBC可以说是最老的企业Java的规范之一，最早的起草日期要追溯到1996年。JDBC与微软开发的开放数据连接（OpenDatabaseConnectivity，ODBC）标准具有相同的功能，它提供一组通用的API，通过数据库特定的驱动程序来访问数据库。

如果没有JDBC或者ODBC，开发人员必须使用不同的API来访问不同的数据库，而利用JDBC或者ODBC，则只需要使用一组API，再加上数据库厂商提供的数据库驱动程序就可以了。所以，利用JDBC可以把同一个企业级Java应用移植到另一个数据库应用上。

微软的ODBC是用C语言编写的，而且只适用于Windows平台，无法实现跨平台地操作数据库。SQL语言尽管包含数据定义、数据操作、数据管理等功能，但它并不是一个完整的编程语言，而且不支持流控制，需要与其他编程语言相配合使用。

由于Java语言具有健壮性、安全、易使用并自动下载等方面的优点，因此如果采用Java语言来连接数据库，将能克服ODBC局限于某一系统平台的缺陷。将SQL语言与Java语言相互结合起来，可以连接不同的数据库系统。

JDBC是一种规范，它的最主要的目是让各个数据库开发商为Java程序员提供标准的数据库访问类和接口，使得独立于DBMS的Java应用程序的开发成为可能（数据库改变，驱动程序跟着改变，但应用程序不变）。

JDBC的主要功能。

- 创建与数据库的连接。
- 发送SQL语句到任何关系型数据库中。
- 处理数据并查询结果。

组成JDBC的两个包为java.sql和javax.sql。

开发JDBC应用需要以上两个包的支持外，还需要导入相应JDBC的数据库实现（即数据库驱动）。

16.2 JDBC的工作原理

JDBC的设计基于X/Open SQL CLI（调用级接口）这一模型。它通过定义出一组API对象和方法同数据库进行交互，如图16.3所示。

图16.3 JDBC交互

JDBC主要包含两部分：面向Java程序员的JDBC API和面向数据库厂商的JDBC Drive API。

（1）面向Java程序员的JDBC API

Java程序员通过调用此API实现连接数据库、执行SQL语句并返回结果集等编程数据库的能力，它主要是由一系列的接口定义所构成。

- **java.sql.DriveManager：** 该接口定义装载驱动程序，并且为创建新的数据库连接提供支持。
- **java.sql.Connection：** 该接口定义对某种指定数据库连接的功能。
- **java.sql.Statement：** 该接口定义在一个给定的连接中作为SQL语句执行声明的容器，以实现对数据库的操作。它包含两种子类型：java.sql.PreparedStatement定义用于执行带或不带IN参数的预编译SQL语句，java.sql.CallableStatement定义用于执行数据库的存储过程的调用。
- **java.sql.ResultSet：** 该接口定义用于执行对数据库的操作所返回的结果集。

（2）面向数据库厂商的JDBC Drive API

数据库厂商必须提供相应的驱动程序并实现JDBC API所要求的基本接口（如DriveManager、Connection、Statement、ResultSet等接口），从而最终保证Java程序员通过JDBC实现对不同数据库的操作。

16.3　JDBC的操作

在Java程序中，利用JDBC访问数据库的编程步骤如下：

Step 01 下载Oracle数据库驱动包，地址为http://www.oracle.com/technetwork/database/features/jdbc/index-091264.html 1，如图16.4所示。

图16.4　Oracle驱动包下载

Step 02 系统工程中导入驱动包。在java se工程的根目录下创建文件夹lib，如图16.5所示。

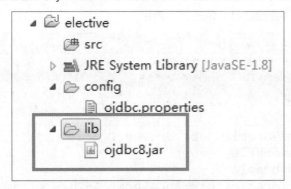

图16.5　创建驱动文件夹

在ojdbc8.jar文件上单击鼠标右键，执行"BuildPath→add to buildpath"命令，如图16.6所示，结果如图16.7所示。

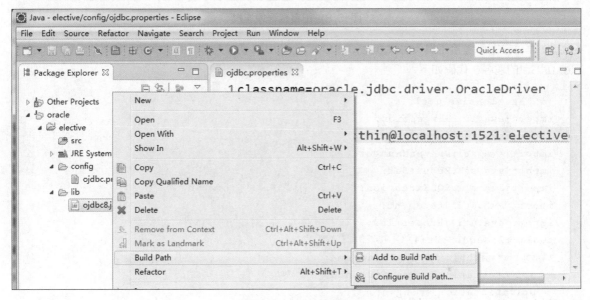

图16.6　导入驱动包1

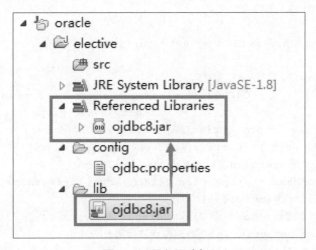

图16.7　导入驱动包2

Step 03 设置数据库配置信息。在工程中的config文件夹下新建数据库配置文件ojdbc.properties，在该文件中设置oracle数据库连接信息，如图16.8所示。

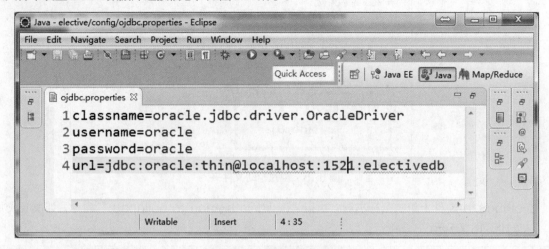

图16.8　配置数据库连接

Step 04 编写数据库连接工具类elective.util.OJDBCUtil，请注意Connection、DriverManager、ResultSet的包名。代码如下：

```
packageelective.util;
importjava.io.IOException;
importjava.sql.Connection;
importjava.sql.DriverManager;
importjava.sql.ResultSet;
importjava.sql.SQLException;
importjava.sql.Statement;
importjava.util.Properties;
publicclassOJDBCUtil {
   privatestatic String username;
   privatestatic String password;
   privatestatic String url;
   privatestatic String driverName;
   privateOJDBCUtil( ){}
   static{
       Properties properties = newProperties( );
       try {
           properties.load(
                       OJDBCUtil.class.getResourceAsStream(
                               "config/ojdbc.properties"));
           username = properties.getProperty("username");
           password = properties.getProperty("password");
           url = properties.getProperty("url");
           driverName = properties.getProperty("drivername");
           Class.forName(driverName);
       } catch (IOException | ClassNotFoundExceptione) {
           System.out.println(" 数据库连接异常 ");
           e.printStackTrace( );
```

```
            System.exit(0);
        }
    }
    publicstatic Connection getConnection() throwsSQLException{
        returnDriverManager.getConnection(url, username, password);
    }
    publicstaticvoid release(Connection conn
,Statementst
,ResultSetrs) throwsSQLException{
    if(rs!=null){
            rs.close();
    }
    if(st!=null){
            st.close();
    }
    if(conn!=null){
            conn.close();
    }
    }
}
```

16.4 ADO.NET简介

ADO.NET是.NET中最新连接数据库的接口。使用ADO.NET接口可以在.NET的开发环境中连接各种数据库,如Orcle数据库、SqlServer数据库、Mysql数据库等。ADO.NET是在ADO(ActiveX Data Objects)基础上发展的新一代数据接口存取技术,是微软.NET平台下提出的新的数据访问模型。ADO.NET设计了一系列对各类数据的访问形式,并提供了对应的类。类中提供了与对应数据交互的属性和方法,我们可以通过这些属性和方法对各种数据进行存取操作。ADO.NET统一了数据容器类编程接口,无论编写何种应用程序(Windows窗体、Web窗体、Web服务)都可以通过同一组类来处理数据。无论后端数据源是Oracle数据库、SQL Server数据库、其他数据库、XML文件或是一个文本文件,都可使用一样的方式来操作。

数据库访问方式经过一代代的发展,分别具有不同的特点。

● 最初数据库的连接接口采用ODBC(开发式数据互连)数据访问形式。这种访问方式的前提是,只要公司提供某个数据库的数据驱动程序,就可以在程序中对这个数据库操作。但是这种方式只能对结构化数据操作,对非结构化数据无能为力。由于这样的缺陷,因此发展了下一代数据访问方式OLE DB。

● 采用OLE DB数据访问形式。该方式设计了一个抽象层,由抽象层负责对不同类型的数据提供统一的形式,程序与数据源打交道时均经过抽象层。对结构化、非结构化数据均能按统一的方式进行操作。但这种操作方式还不是特别方便快捷,随后出现了ADO数据接口。

● 采用ADO数据访问模型。该模型在OLE DB的基础上重新设计了访问层,对高级语言编写的程序提供了统一的以"行"为操作目标的数据访问形式。由于其需要一直保持数据库的连接，随即出现了ADO.NET数据访问模型。
- 采用ADO.NET数据访问模型。该模型重新整合OLE DB和ADO，并在此基础上构造了新的对象模型。该模型既提供了保持连接的数据访问形式，又提供了松耦合的以DataSet对象为操作的断开连接的数据访问形式。

ADO.NET数据访问模型是目前普遍采用的数据访问接口模型。

16.5 ADO.NET中的对象

在常用的ADO.NET数据访问模型中，ADO.NET包含两大核心控件，分别是.NET Framework数据提供程序和DataSet数据集。.NET数据提供程序能够与数据源连接，并执行针对数据源的SQL命令。数据集（DataSet）与数据源断开，并且不需要知道所保持数据的来源。

NET Framework数据提供程序用于连接到数据库，执行命令和检索结果。NET Framework 提供了四个 .NET Framework 数据提供程序。
- SQL Server .NET Framework 数据提供程序。
- OLE DB .NET Framework 数据提供程序。
- ODBC .NET Framework 数据提供程序。
- Oracle .NET Framework 数据提供程序。

在所有的.NET Framework 数据提供程序中，.NET 数据提供程序提供了四个核心对象：
- **Connection对象：** 用于与特定的数据源建立连接。
- **Command对象：** 用于对数据源执行命令。
- **DataReader对象：** 用于从数据源中读取只向前的只读数据流，它是一个简易的数据集。
- **DataAdapter对象：** 用于把数据源的数据填充到 DataSet数据集并解析更新数据集。

与常用数据库的连接方式相比，区别主要在于引入不同的命名空间，以及在不同的命名空间中所使用的前缀不同。
- 使用SQL Server数据库需要引入using System.Data.SqlClient命名空间，在此命名空间中使用SqlConnection、SqlDataAdapter 等对象。
- 使用Oracle数据库需要引入using System.Data.OracleClient命名空间，在此命名空间中使用OracleConnection、OracleDataAdapter等对象。

在引用Oracle命名空间时，需要在.NET开发环境中添加命名空间的引用。

在.NET开发环境中执行"项目→添加引用"命令，如图16.9所示。在弹出的"添加引用"对话框中选择System.Data.OracleClient或System.Data.SqlClient，然后单击"确定"按钮，如图16.10所示。

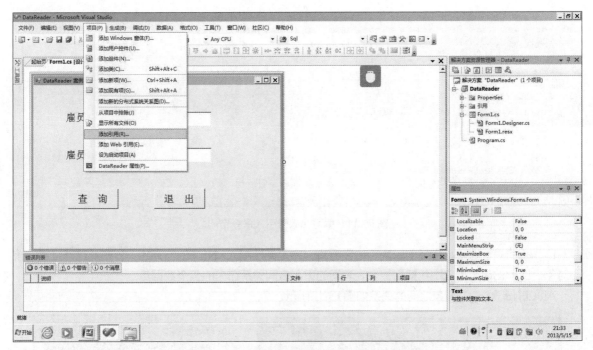

图16.9 "添加引用"命令

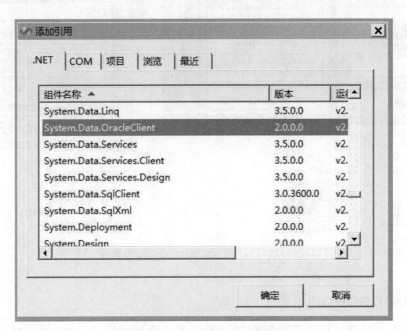

图16.10 "添加引用"对话框

在.NET开发环境中，需要编写数据库连接代码时，使用using System.Data.OracleClient引入需要的命名空间，如图16.11所示。

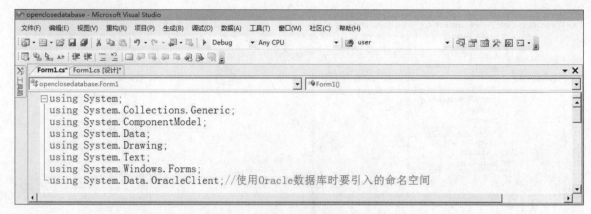

图16.11 编写代码时引入命令空间

DataSet是一个功能丰富的较复杂的数据集，它是支持ADO.NET的断开式、分布式数据方案的核心对象。DataSet数据集中包括相关表、表间约束和表间关系在内的整个数据集。

ADO.NET中的各对象之间的关系如图16.12所示。

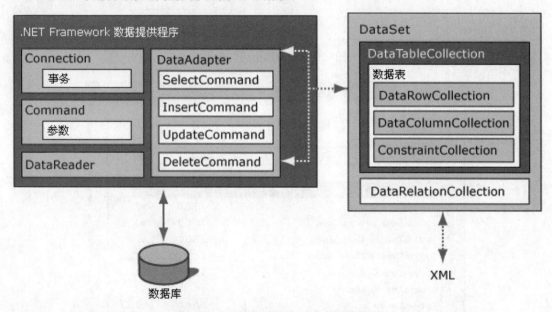

图16.12 ADO.NET中对象之间的关系

16.5.1 Connection对象

Connection对象主要用于根据提供的数据库连接字符串连接到相应的数据库对象上。Connection对象提供了打开数据库连接和关闭数据库连接的两个方法。其中，Open方法用于打开一个数据库连接，Close方法用于关闭数据库连接。

Connection对象的主要属性是ConnectionString，用于设置连接字符串。对于不同的Connection对象，其连接字符串也有所不同。

（1）连接SQL Server数据库

连接SQL Server数据库使用Connection对象中的SqlConnection对象，其典型的连接字符串可分为两种形式。

第一种是SQL Server中混合身份登录连接数据库方式。代码如下：

```
"server=localhost;database= 数据库名 ;uid= 用户名 ;pwd= 密码 "
```

下面对各参数的含义进行说明。
- **Server:** 服务器名，如果把本机作为服务器，可以用localhost指代本机服务器名。
- **Database:** 要连接的数据库名字。
- **uid:** 登录到连接数据库的用户名。
- **pwd:** 和uid用户名相对应的用户密码。

第二种是SQL Server中Windows身份登录连接数据库方式。代码如下:

```
"server=localhost;database= 数据库名 ; Integrated Security=SSPI"。
```

（2）链接Oracle数据库

连接Oracle数据库使用Connection对象中的OracleConnectio对象，其典型的连接字符串为:

```
"Data Source=orcl;uid=system;pwd= 密码 "
```

需要注意的是，OracleConnection对象需要引入命名空间SYStem.Data.OracleClient。
下面对各参数的含义进行说明。
- **Data Source:** 要连接的数据库名，如果没有单独为项目创建数据库，默认数据库为orcl。
- **uid:** 登录到要连接数据库的用户名（注意不能使用超级管理员用户SYS）。
- **pwd:** 和uid登录名相对应的用户密码。

⚠ 【例16.1】连接Oracle数据库

在.NET编程环境下，连接Oracle数据库Orcl，查看SCOTT用户下的表emp中的雇员人数。其界面如图16.13所示。

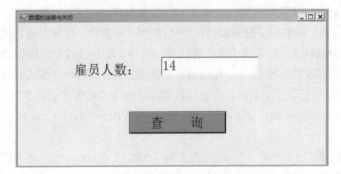

图16.13　数据库连接操作

"查询"按钮的代码如下:

```
private void button1_Click(object sender, EventArgs e)
  {
     string constr ="Data Source=orcl;uid=system;pwd= 密码 ";
      //Oracle 数据库连接字符串
     OracleConnection con = new OracleConnection(constr);
     //Oracle 数据库连接
      con.Open( );
      // 打开数据库连接
```

```
            string sqlstr ="select count(*) from scott.emp";
            //SQL 命令字符串
            OracleCommand cmd = new OracleCommand(sqlstr, con);
            // Oracle Command 对象执行 SQL 命令
            int count = Convert.ToInt32(cmd.ExecuteScalar());
            // 返回执行命令后的结果值
            textBox1.Text = count.ToString();
              // 把执行的结果转换为字符串类型赋给 textBox1 文本框的值。
            con.Close();
            // 关闭数据库连接
        }
```

16.5.2 Command对象

　　Command对象主要用来实现对数据库的操作，包括增加、删除、修改、查询等操作。和Connection对象一样，根据连接的数据库的不同，以及使用的命名空间的不同，Command对象的名字也有所区别。但是无论对哪种数据库中的数据进行操作，基本的SQL语句是一样的。例如，连接Oracle数据库要使用OracleCommand，连接SQL Server数据库要使用SqlCommand。

　　在保持连接的方式下操作数据库的一般步骤为：

Step 01 创建Connection的实例。

Step 02 创建Command的实例。

Step 03 打开数据库连接。

Step 04 执行数据库命令。

Step 05 关闭数据库连接。

　　下面介绍Command对象常用的属性。

- **CommandType：** 获取或设置Command对象要执行的命令的类型。
- **CommandText：** 获取或设置对数据源要执行的SQL语句、存储过程名或表名。
- **CommandTimeOut：** 获取或设置在终止对执行命令的尝试并生成错误之前的等待时间。
- **Connection：** 获取或设置此Command对象使用的Connetion对象的名称。

　　在Command对象中使用SQL语句，存储过程完成这些操作时需要设置属性。

- **使用存储过程：** CommandType属性设为 StoredProcedure，CommandText属性设为存储过程的名字。
- **使用SQL语句：** 把CommandType属性设为 Text，CommandText属性设为SQL语句。
- **直接访问整个数据表：** 把CommandType属性设为TableDirect，把CommandText属性设为数据表名称

　　在Command对象中，除了常用的属性以外，还有一些常用的方法，下面介绍主要方法。

- **ExecuteReader方法：** 执行返回数据集的Select语句，返回一个 DataReader 对象。
- **ExecuteScalar方法：** 该方法用于执行Select查询，得到的返回结果为一个值的情况，只返回结果集中第一行的第一列的值，常用于通过count函数求表中记录个数或者通过sum函数求和等。
- **ExecuteNonQuery方法：** 执行不返回结果的命令，常用于记录的插入、删除、更新等操作。

⚠ 【例16.2】Command对象查询

执行SQL语句查询SCOTT用户下的表dept的部门个数，用到了Command对象和Command对象下的方法ExecuteScalar。该查询的执行界面如图16.14所示。

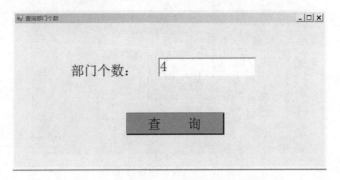

图16.14　查询部门个数

"查询"按钮的代码如下：

```
private void button1_Click(object sender, EventArgs e)
  {
string constr ='Data Source=orcl;uid=system;pwd=密码';
    OracleConnection con = new OracleConnection(constr);
    con.Open();
string sqlstr = 'select count(*) from dept';
    SqlCommand cmd = new SqlCommand(sqlstr, con);
    int count = Convert.ToInt32(cmd.ExecuteScalar());
    textBox1.Text = count.ToString();
    con.Close();

  }
```

⚠ 【例16.3】使用Command对象更新

执行SQL语句查询SCOTT用户下的表emp的雇员编号和姓名，查看后对其姓名进行更改。用到了Command对象和Command对象下的方法ExecuteNonQuery方法和ExecuteReader方法。

该查询的执行界面如图16.15和图16.16所示。

图16.15　查看数据

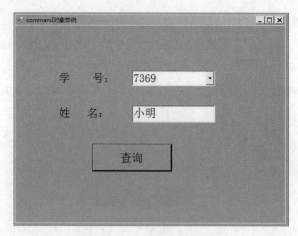

图16.16　查看更新后结果

上述查询的关键代码如下：

```
using System;
using System.Collections.Generic;
using System.ComponentModel;
using System.Data;
using System.Drawing;
using System.Text;
using System.Windows.Forms;
using System.Data.OracleClient;
// 引入 Oracle 的命名空间
namespace command
{
    public partial class Form1 : Form
    {
        public Form1( )
        {
            InitializeComponent( );
        }

        private void Form1_Load(object sender, EventArgs e)
        {
    OracleConnection con = new OracleConnection("Data
Source=orcl;uid=system;pwd=密码 ");
    con.Open( );
    OracleCommand cmd = new OracleCommand("select empno from scott.emp",
con);
    OracleDataReader sdr = cmd.ExecuteReader( );
    // 通过 ExecuteReader 方法生成数据集
    while (sdr.Read( ))
    // 数据集不空，一直读取其内容                comboBox1.Items.Add(sdr["empno"].
ToString( ));
    // 把读取的数据集的内容中的 empno 放在下拉列表框中
    con.Close( );
        }
```

```
private void button1_Click(object sender, EventArgs e)
{
OracleConnection con2 = new OracleConnection("Data
Source=orcl;uid=system;pwd=密码");
  con2.Open();
  OracleCommand cmd2 = new OracleCommand("update scott.emp set ename='" +
textBox1.Text + "'where empno='" + comboBox1.SelectedItem.ToString() + "'",
con2);
    // 根据下拉列表框中的雇员编号，修改雇员姓名
    cmd2.ExecuteNonQuery()
    MessageBox.Show("      更新成功      ");
    con2.Close();
    button1.Text = "查询";
        }

    private void comboBox1_SelectedIndexChanged_1(object sender, EventArgs e)
        {
        OracleConnection con1 = new OracleConnection("DataSource=orcl;uid=s
ystem;pwd=密码");
          con1.Open();
      OracleCommand cmd1 = new OracleCommand("select ename from scott.emp
where empno='" + comboBox1.SelectedItem.ToString() + "'", con1);
        OracleDataReader sdr1 = cmd1.ExecuteReader();
            while (sdr1.Read())
{
      textBox1.Text = sdr1["ename"].ToString();
}
          con1.Close();
        }
    }
}
```

16.5.3 DataReader对象

DataReader对象是数据读取对象，它的主要作用是接收Command命令查询得到的结果。DataReader 对象得到的是一个简单的数据集，用于从数据源中检索只读、只向前数据流。它通过Command对象的ExecuteReader方法创建。使用 DataReader 对象的 Read 方法可从查询结果中获取行，返回行的每一列值的方法有以下两种方式：

● 通过向 DataReader 传递列的名称或序号引用。

● 调用GetDateTime、GetDouble、GetGuid、GetInt32 等方法。

⚠ 【例16.4】使用DataReader对象

输入SCOTT.emp表中的雇员编号，调出其姓名。该查询的界面如图16.17和图16.18所示。

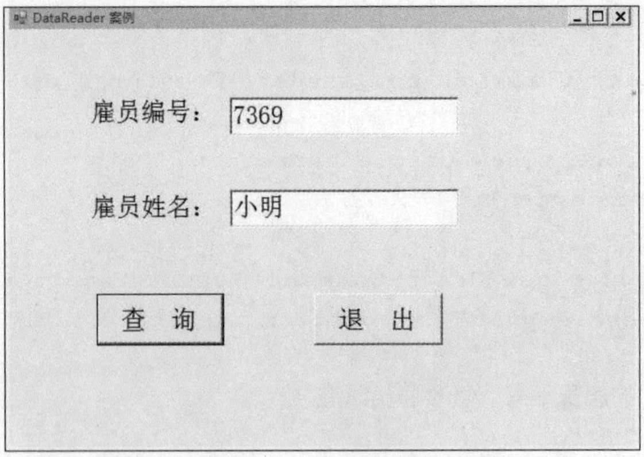

图16.17　查询结果1

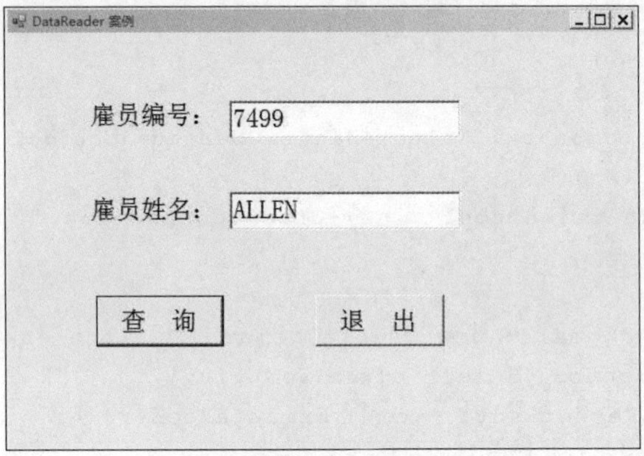

图16.18　查询结果2

其关键代码如下:

```
OracleConnection con = new OracleConnection("Data
Source=orcl;uid=system;pwd=密码");
    con.Open();
        string sql = "select * from scott.emp where empno='" + textBox1.Text
+ "'";
            OracleCommand com = new OracleCommand(sql, con);
            OracleDataReader sdr = com.ExecuteReader();
            while (sdr.Read())
            textBox2.Text = sdr["ename"].ToString();
            sdr.Close();
        con.Close();
```

16.5.4 DataAdapter对象

　　DataAdapter对象是数据集对象,是数据库中的虚拟表。把查询出来的数据通过DataAdapter数据适配器对象填充到DataSet数据集对象后,就可以对DataSet数据集中的数据进行增加、删除、修改以及查询操作了。此时,把数据库中的数据填充到数据集之后,数据集将与数据库断开连接,所以在对数据集中的数据进行操作后是不会改变数据库中的数据的。如果要改变数据库中的数据,需要在对数据集中的数据修改后,使用数据集的更新方法把数据更新到数据库中。这种使用DataSet来存放数据库中的查询结果,并对数据库中的数据进行更新操作的方法称为断开式数据连接。

SqlDataAdapter对象通过断开连接的方式完成数据库和本地DataSet之间的交互。通常的操作步骤如下:

Step 01 创建SqlConnection的实例。

Step 02 创建SqlDataAdapter的实例,需要的话,根据select语句生成其他SQL语句。

Step 03 创建DataSet的实例。

Step 04 使用Fill方法将数据库中的表填充到DataSet表中。

Step 05 利用DataGridView或者其他控件对象编辑或显示数据。

Step 06 根据需要,可以使用Update方法更新数据库。

SqlDataAdapter对象通过SelectCommand、InsertCommand、UpdateCommand和DeleteCommand属性为后台数据库提供对应的操作命令,并传递需要的参数。一般情况下,只需要提供SELECT语句和连接字符串创建SqlDataAdapter对象,然后利用SqlCommandBuilder对象生成InsertCommand、UpdateCommand和DeleteCommand属性,即可完成数据库需要的相关操作。

16.5.5 DataSet对象

DataSet对象是ADO.NET的核心,是实现离线访问技术的载体。DataAdapter对象是DataSet对象和数据存储之间的桥梁。DataSet对象包含主键、外部键、条件约束等信息。DataSet不维持和数据源的连接,其中的数据可以被存取、操作、更新或删除,并保持与数据源的一致。

由于DataSet对象是使用无连接传输模式访问数据源,因此在用户要求访问数据源时,不需要进行连接操作。同时,数据一旦从数据源读入DataSet对象,便关闭数据连接,解除数据库的锁定。这样就可以避免多个用户对数据源的争夺。

使用DataSet对象访问数据库的操作步骤如下:

Step 01 使用Connection对象创建数据连接。

Step 02 使用DataAdapter对象执行SQL命令并返回结果。

Step 03 使用DataSet对象访问数据库。

DataSet对象的创建方法如下:

```
DataSet ds=new DataSet(" ");
```

1. DataSet内部结构

DataSet对象由Tables、Relations和ExtendedProperties 三个集合组成。这三个部分组成了DataSet的关系数据结构。

2. DataAdapter对象

DataAdapter对象与DataSet对象配合以创建数据的内存表示。DataAdapter对象仅仅在需要填充DataSet对象时,才使用数据库连接,完成操作之后就释放所有的资源。

DataAdapter与DataSet配合提供一个分离数据的检索机制。DataAdapter负责处理数据的数据源格式与DataSet使用的格式之间的转换。每次从数据库检索数据来填充DataSet时,或者通过写DataSet来改变数据库时,DataAdapter都提供两种格式之间的转换。DataAdapter对象通过Fill方法把数据添加到DataSet对象中,在对数据完成添加、删除或修改操作后,再调用Update方法更新数据源。DataAdapter对象的创建示例如下:

```
SqlDataAdapter newDataAda=new SqlDataAdapter ( );
```

3. DataSet数据更新

ADO.NET提供了DataAdapter的Update方法来完成更新数据库的功能。此方法分析DataSet中的每个记录的RowState，并且调用适当的INSERT、UPDATE和DELETE语句。

在增加、删除和修改数据库的记录时，Fill方法为DataSet中的每个记录关联一个RowState值，初始值设置为Unchange。如果DataSet发生了改变，RowState的值就会发生改变。Added被赋值给新增加的行，Deleted被赋值给被删除的行，Detached被赋值给一个被移走的行，Modified被赋值给被更改过的行。

⚠ 【例16.5】使用DataSet对象

调用DataAdapter对象的Fill方法填充数据集DataSet，然后通过dataGridView来显示数据集中内容。该查询的显示结果如图16.19所示。

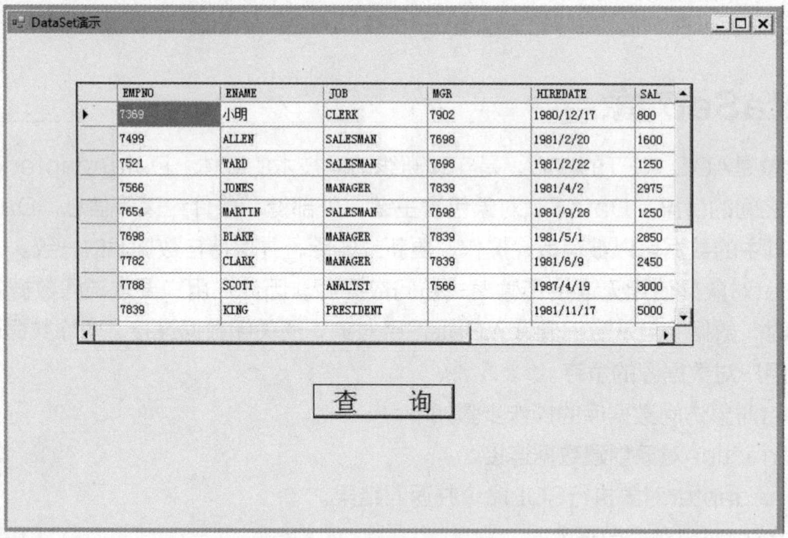

EMPNO	ENAME	JOB	MGR	HIREDATE	SAL
7369	小明	CLERK	7902	1980/12/17	800
7499	ALLEN	SALESMAN	7698	1981/2/20	1600
7521	WARD	SALESMAN	7698	1981/2/22	1250
7566	JONES	MANAGER	7839	1981/4/2	2975
7654	MARTIN	SALESMAN	7698	1981/9/28	1250
7698	BLAKE	MANAGER	7839	1981/5/1	2850
7782	CLARK	MANAGER	7839	1981/6/9	2450
7788	SCOTT	ANALYST	7566	1987/4/19	3000
7839	KING	PRESIDENT		1981/11/17	5000

查 询

图16.19 显示数据集内容

该查询的关键代码如下：

```
OracleConnection con = new OracleConnection("Data
Source=orcl;uid=system;pwd=密码 ");
    con.Open ( );
    OracleDataAdapter sdr = new OracleDataAdapter("select * from scott.emp",
con);
    // 定义适配器
DataSet ds = new DataSet ( );
// 定义数据集
sdr.Fill ( ds, "tb");
// 填充数据集
    dataGridView1.DataSource = ds.Tables[0];
    // 把数据集中的第一表作为 dataGridView1 的数据源
con.Close ( );
```

16.5.6 DataTable对象

ADO.NET可以在与数据库断开连接的方式下通过DataSet或DataTable对象进行数据处理，当需要更新数据时，才重新与数据源进行连接，并更新数据源。DataTable对象表示保存在本机内存中的表，它提供了对表中行列数据对象的各种操作。可以直接将数据从数据库填充到DataTable对象中，也可以将DataTable对象添加到现有的DataSet对象中。

⚠ 【例16.6】使用DataTable对象

将orcl数据库中的表SCOTT.dept表填充到DataTable对象中，并在DataGridView中显示表中数据。该查询的显示结果如图16.20所示。

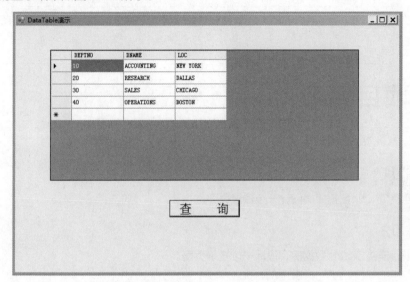

图16.20 查询DataTable对象的数据

该查询的关键代码如下：

```
OracleConnection con = new OracleConnection("Data
Source=orcl;uid=system;pwd=密码");
    con.Open();
    OracleDataAdapter sdr = new OracleDataAdapter("select * from scott.
dept", con);
    DataTable table = new DataTable();
    sdr.Fill(table);
    dataGridView1.DataSource = table;
```

本章小结

    本章首先介绍了开发工具连接Oracle数据库的基本信息，然后讲解了现在的主流开发工具JAVA和.NET如何与Oracle数据库进行连接，并针对不同的开发语言进行举例。读者可以结合自己所学语言进行项目的开发。

项目练习

项目练习1

JDBC连接Oracle数据库，设计一个登录页面。

项目练习2

ADO.NET连接Oracle数据库，设计一个登录页面。

学生选课管理系统开发案例

本章概述

　　学生选课管理系统是用于管理教学中的针对教师、学生和课程的一个简易系统。每学期由教学计划负责人导入教师信息、学生信息和教学计划，并对教学计划进行安排。基于以上需求，我们结合前面Oracle数据库的知识，通过JAVA语言进行教学计划管理系统的的开发。读者通过对本章的学习，可以掌握如何开发Oracle数据库，特别是在JAVA开发环境下如何结合Oracle进行数据库开发。为了便于初学者学习，本系统没有大规模地进行类的封装。在此基础上，读者可以自己开发一个适合自己的学生选课管理系统。

重点知识

- 需求分析
- 系统要求
- 系统数据库设计
- 系统设计与实现

17.1 需求分析

> 需求分析是数据库信息管理系统开发的第一步，也是最重要的一步。用户可以将需求分析分为两个过程，一是理解需求，二是分析需求。下面将从系统目标和用户类别两个方面进行介绍。

（1）系统目标

学生选课管理系统是教学管理中的一个重要内容。随着时代的进步，现在的教学安排和学生的课程选择都通过网络来完成。如何更好地安排好教学计划，包括教师、学生、课程等相关内容，成为教学管理中的一个大问题。在这种情况下，一个可以规范化的操作便捷的学生选课管理系统就显得非常必要。

最初的学生教学计划的管理都是靠人力来完成的。当学生比较少的时候，人力可以完成，随着学生、教师和课程越来越多，教学计划的安排和学生的选课等工作，通过原来的方式已经不太合适。

学生选课管理信息系统就是把原来独立的信息实行统一、集中、规范的管理。

（2）用户类别和特征

学生选课管理系统把用户分为三大类角色：教学计划负责人、教师和学生。

教学计划负责人的主要功能：导入教师信息、学生信息和教学计划安排表（包括课程信息与课程对应的授课教师）。

教师的主要功能：承担课程，按照课程管理学生，包括查询学生、学生成绩等。

学生的主要功能：课程和查看个人选修课程及成绩。

17.2 系统要求

本软件是一个简单的学生选课管理系统。每学期都需要对下一学期的教学计划进行统一安排。教学计划包括本学期的课程信息、课程承担教师、学生选修课程等信息的安排。教学计划负责人每学期会拿到如表17.1所示的教学计划安排表，包括课程名称、学分、年级、专业等。

教学计划负责人需要将每一条课程任务分配给指定的老师，安排完毕后，将教学计划安排表公布给学生，由学生根据自己本学期的安排选修相应课程。

现开发一个简易的教学计划管理系统，用于在当前的教学计划安排中完成学生的课程选修，以及课程结束教师给出学生成绩的教学管理流程。

表17.1 教学安排表

课程	学分	年级	专业	课程类别	行政班级	考核	学时
[RB7001005]RB数据库原理及应用	4.0	2016	软件工程（网络软件开发方向）（本科）	专业基础课	必修课	RB软工网161	考试	60

（续表）

课程	学分	年级	专业	课程类别		行政班级	考核	学时
[RB7001005]RB数据库原理及应用	4.0	2016	软件工程（网络软件开发方向）（本科）	专业基础课	必修课	RB软工网162	考试	60
[RB7001008]计算机组成原理	4.0	2015	软件工程（本科）	专业基础课	必修课	RB软工15级卓越班	考试	60
[RB7001008]计算机组成原理	4.0	2015	软件工程（网络软件开发方向）（本科）	专业基础课	必修课	RB软工网151	考试	60
[RB7001008]计算机组成原理	4.0	2015	软件工程（网络软件开发方向）（本科）	专业基础课	必修课	RB软工网152	考试	60

17.3 系统数据库设计

> 在一个信息管理系统中，数据库占有非常重要的地位，数据库结构设计的好坏将直接影响应用系统的效率。合理的数据库结构可以提高数据存储的效率，可以确保数据的完整性和一致性。

设置数据库系统时，应该首先了解用户的各方面需求，包括现有的以及将来可能增加的需求。数据库设计一般包括如下步骤：

Step 01 需求分析。
Step 02 概念结构设计。
Step 03 逻辑结构设计。
Step 04 物理设计。
Step 05 数据库实施。
Step 06 数据库运行和维护。

17.3.1 需求分析

需求分析是指开发人员要准确理解用户的要求，进行细致的调查分析，将用户非形式的需求陈述转化为完整的需求定义，再由需求定义转换到相应的形式功能规约（需求规格说明）的过程。需求分析虽处于软件开发过程的开始阶段，但它对整个软件开发过程以及软件产品质量是至关重要的。

需求分析的主要任务就是要通过软件开发人员与用户的交流和讨论，准确地获取用户对系统的具体要求。在正确理解用户需求的前提下，软件开发人员还需要将这些需求准确地以文档的形式表达出来，作为设计阶段的依据。需求阶段结束时需要提交的主要文档是软件规格说明书。

用户对系统的需求通常可分为如下两类：

（1）功能性需求

主要说明了待开发系统在功能上实际应做到什么，是用户最主要的需求。通常包括系统的输入、系统能完成的功能、系统的输出及其他反应。

（2）非功能性需求

从各个角度对所考虑的可能的解决方案的约束和限制。主要包括过程需求（如交付需求、实现方法需求等），产品需求（如可靠性需求、可移植性需求、安全保密性需求等）和外部需求（如法规需求、费用需求等）等。

软件需求阶段的工作，大致可分为如下几种：

（1）通过调查研究，获取用户的需求

软件开发人员通过认真细致的调查研究，获得进行系统分析的原始资料。需求信息的获取可来源于阅读描述系统需求的用户文档、对相关软件和技术的市场调查、对管理部门和用户的访问咨询、对工作现场的实际考察等。

（2）去除非本质因素，确定系统的真正需求

对于获取的原始需求，软件开发人员需要根据掌握的专业知识，运用抽象的逻辑思维，找出需求间的内在联系和矛盾，去除需求中不合理和非本质的部分，确定软件系统的真正需求。

（3）描述需求，建立系统的逻辑模型

建立软件需求模型是需求分析的核心工作，它通过建立需求的多种视图，揭示出需求的不正确、不一致、遗漏、冗余等更深层次的问题。

（4）书写需求说明书，进行需求复审

需求阶段应提交的主要文档包括需求规格说明书、初步的用户手册和修正后的开发计划。为了保证软件开发的质量，对软件需求阶段的工作要按照严格的规范进行复审，从不同的技术角度对该阶段工作做出综合性的评价。复审既要有用户参加，也要有管理部门和软件开发人员参加。

17.3.2 数据库概念结构设计

概念结构设计主要是根据数据库的需求分析画出数据库中的实体、属性、联系等。根据本系统的需求、实体之间的关系，进一步画出各个实体之间的关系等，如图17.1所示。

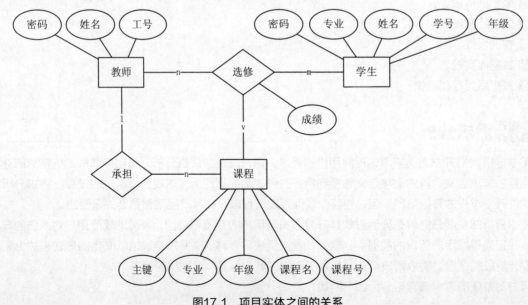

图17.1 项目实体之间的关系

17.3.3 数据库逻辑结构设计

逻辑结构设计就是把数据库的E-R模型转换为关系模式，并进行适当的优化处理。根据本系统的需要转化为以下表结构。

关系模式：

教师（<u>工号</u>，姓名，密码）

学生（<u>学号</u>，姓名，专业，年级，密码）

课程（<u>课程主键</u>，课程号，课程名，专业，年级，教师工号）

学生课程选修（<u>学号，课程主键，教师工号</u>，成绩）

17.3.4 数据库物理结构设计

本阶段的主要任务是在数据库中建立关系表，并在数据表的创建过程中建立并实现表主码、索引等。我们以管理员SYSTEM身份登录到SQL*Plus中，在默认的数据库orcl中创建表，如表17.2~表17.5所示。

表17.2 Teacher表

字段名	字段类型	约 束	备 注
tid	Varchar（8）	主键	教师工号
name	Varchar（8）	非空	教师姓名
password	Varchar（16）	非空	登录密码

表17.3 student表

字段名	字段类型	约 束	备 注
Sno	Varchar（15）	主键	学生学号
name	Varchar（8）	非空	学生姓名
password	Varchar（16）	非空	登录密码
major	Varchar（50）		专业
grade	Varchar（20）		年级

表17.4 course表

字段名	字段类型	约 束	备 注
id	int	主键，自增长	课程主键
cno	Varchar（15）	非空	课程编号
name	Varchar（8）	非空	课程名

（续表）

字段名	字段类型	约　束	备　注
tid	Varchar（8）		授课教师id
major	Varchar（50）		专业
grade	Varchar（20）		年级

表17.5　elective表

字段名	字段类型	约　束	备　注
sno	Varchar（15）	非空	学生学号
cid	int	非空	课程编号
tid	Varchar（8）	非空	教师id
score	flaot		学生课程成绩

17.4 系统设计与实现

" 本章节把主要的功能代码列出，读者通过这些代码可以了解数据库的连接和常见操作的过程等信息。 "

17.4.1 开发工具与语言

本系统的开发工具与语言如表17.6所示。

表17.6　开发工具与语言

操作系统	Microsoft Windows 7
数 据 库	Oracle 11g
编程语言	JAVA

17.4.2 关键代码

下面对各界面的设计以及实现代码进行详细的介绍。

教师端登录界面如图17.2所示。

图17.2　登录界面

代码实现如下：

```java
public Teacher login(String loginname, String loginpass) throws
SQLException {

        String sql = "select * from t_teacher where loginname=? and
loginpass = ?";
        Connection conn = OJDBCUtil.getConnection();;
        PreparedStatement ps = conn.prepareStatement(sql);
        ps.setString(1, loginname);
        ps.setString(2, loginpass);
        ResultSet rs = ps.executeQuery();
        if(rs.next()){
            Teacher t = new Teacher();
            t.setTid(rs.getString("tid"));
            t.setLoginname(rs.getString("loginname"));
            t.setLoginpass(rs.getString("loginpass"));
            t.setUsername(rs.getString("username"));
            return t;
        }
        OJDBCUtil.release(conn, ps, rs);
        return null;


    }
```

已登录教师查看自己教授的课程列表，如图17.3所示。

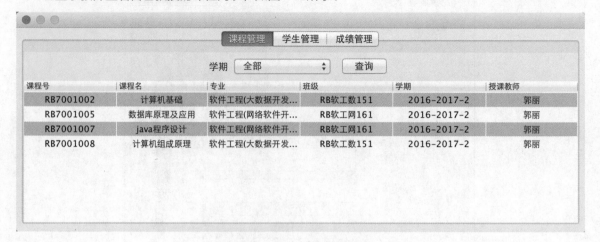

图17.3　查询所教授的课程

代码如下：

```
publicList<Course> findAllCourse(String tid) throws SQLException {
    List<Course>list = new ArrayList<Course>();

    String sql = "select * from t_course where tid = ?";
    Connection conn = OJDBCUtil.getConnection();
    PreparedStatement ps = conn.prepareStatement(sql);
    ps.setString(1, tid);
    ResultSet rs = ps.executeQuery();
    while (rs.next()) {
            Course c = new Course();
            c.setCid(rs.getString("cid"));
            c.setCname(rs.getString("cname"));
            c.setGrade(rs.getString("grade"));
            c.setMajor(rs.getString("major"));
            c.setClazz(rs.getString("class"));
            c.setTime(rs.getString("time"));
            list.add(c);
            System.out.println(rs.getString("cname"));
    }

    OJDBCUtil.release(conn, ps, rs);
    returnlist;
    }
```

教师查看所有学生，如图17.4所示。

图17.4　查询所教授的所有学生

代码如下：

```java
public List<SelectCourse> findAllStudent(String tid) throws SQLException {
    Connection conn = OJDBCUtil.getConnection();
    String sql = "select * from t_student,t_selectcourse,t_course "
                + "where t_course.cid=t_selectcourse.cid "
                + "and t_selectcourse.sid=t_student.sid "
                + "and t_selectcourse.tid=?";
    List<SelectCourse>listCourse = new ArrayList<SelectCourse>();

    PreparedStatement ps = conn.prepareStatement(sql);
    ps.setString(1, tid);
    //ps.setInt(2, cid);
    ResultSet rs = ps.executeQuery();

    while (rs.next()) {
            SelectCourse sc = new SelectCourse();
            Course c = new Course();
            c.setCid(rs.getString("cid"));
            c.setCname(rs.getString("cname"));
            c.setClazz(rs.getString("class"));
            c.setGrade(rs.getString("grade"));
            c.setMajor(rs.getString("major"));
            c.setTime(rs.getString("time"));
            Student s = new Student();
            s.setSid(rs.getString("sid"));
            s.setLoginname(rs.getString("loginname"));
            sc.setStudent(s);
            sc.setCourse(c);
            sc.setScore(Float.parseFloat(rs.getString("score")));
            listCourse.add(sc);
    }

    returnlistCourse;
    }
```

教师查询某门课程下的所有学生，如图17.5所示。

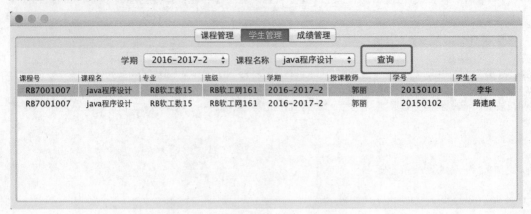

图17.5　查询某门课程下的所有学生

代码如下：

```
public List<SelectCourse> findAllSelectCourse(intcid, String tid) throws
SQLException {
    Connection conn = OJDBCUtil.getConnection();
    String sql = "select * from t_student,t_selectcourse,t_course where t_
course.cid=t_selectcourse.cid and t_selectcourse.sid=t_student.sid and t_
selectcourse.tid=? and t_selectcourse.cid=?";
    List<SelectCourse>listCourse = new ArrayList<SelectCourse>();

    PreparedStatement ps = conn.prepareStatement(sql);
    ps.setString(1, tid);
    ps.setInt(2, cid);
    ResultSet rs = ps.executeQuery();

    while (rs.next()) {
        SelectCourse sc = new SelectCourse();
        Course c = new Course();
        c.setCid(rs.getString("cid"));
        c.setCname(rs.getString("cname"));
        c.setClazz(rs.getString("class"));
        c.setGrade(rs.getString("grade"));
        c.setMajor(rs.getString("major"));
        c.setTime(rs.getString("time"));
        Student s = new Student();
        s.setSid(rs.getString("sid"));
        s.setLoginname(rs.getString("loginname"));
        sc.setStudent(s);
        sc.setCourse(c);
        sc.setScore(Float.parseFloat(rs.getString("score")));
        listCourse.add(sc);
    }

    returnlistCourse;
}
```

教师查询某门课程下所有学生的成绩，如图17.6所示。

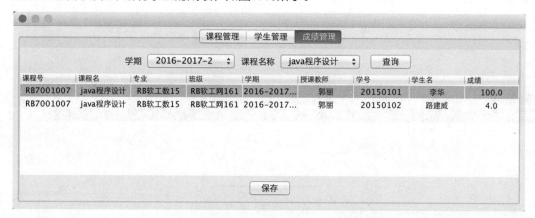

图17.6 查询某门课程下所有学生的成绩

代码如下:

```
public List<SelectCourse> findAllSelectCourse(intcid, String tid) throws
SQLException {
    Connection conn = OJDBCUtil.getConnection();
    String sql = "select * from t_student,t_selectcourse,t_course where t_
course.cid=t_selectcourse.cid and t_selectcourse.sid=t_student.sid and t_
selectcourse.tid=? and t_selectcourse.cid=?";
    List<SelectCourse>listCourse = new ArrayList<SelectCourse>();

    PreparedStatement ps = conn.prepareStatement(sql);
    ps.setString(1, tid);
    ps.setInt(2, cid);
    ResultSet rs = ps.executeQuery();

    while(rs.next()) {
        SelectCourse sc = new SelectCourse();
        Course c = new Course();
        c.setCid(rs.getString("cid"));
        c.setCname(rs.getString("cname"));
        c.setClazz(rs.getString("class"));
        c.setGrade(rs.getString("grade"));
        c.setMajor(rs.getString("major"));
        c.setTime(rs.getString("time"));
        Student s = new Student();
        s.setSid(rs.getString("sid"));
        s.setLoginname(rs.getString("loginname"));
        sc.setStudent(s);
        sc.setCourse(c);
        sc.setScore(Float.parseFloat(rs.getString("score")));
        listCourse.add(sc);
    }

    returnlistCourse;
}
```

教师批量保存学生成绩，如图17.7所示。

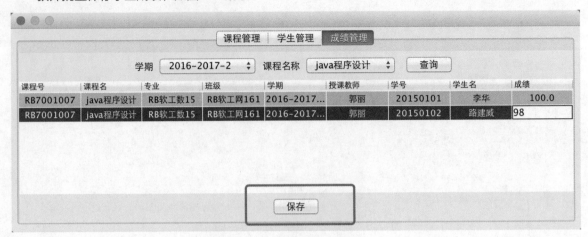

图17.7　批量保存学生成绩

学生查询可选报的课程，如图17.8所示。

课程号	课程名	专业	班级	学期	授课教师
RB7001001	java web程序设计	软件工程(网络软件开…	RB软工网161	2016-2017-2	徐飞
RB7001002	计算机基础	软件工程(大数据开发…	RB软工数151	2016-2017-2	郭丽
RB7001005	数据库原理及应用	软件工程(网络软件开…	RB软工网161	2016-2017-2	郭丽
RB7001007	java程序设计	软件工程(网络软件开…	RB软工网161	2016-2017-2	郭丽
RB7001008	计算机组成原理	软件工程(大数据开发…	RB软工数151	2016-2017-2	郭丽

图17.8　学生查询可选报课程

学生可以进行全部课程查询。代码如下：

```
public List<Course> getAllCourse( ) throws SQLException {
    List<Course>list = new ArrayList<Course>( );
    String sql="select * from t_course c,t_teacher t where c.tid=t.tid ";
    Connection conn = OJDBCUtil.getConnection( );
    PreparedStatement ps =null;
    ps = conn.prepareStatement(sql);
    ResultSet rs = ps.executeQuery( );
    while(rs.next( )){
            Course c = new Course( );
            c.setCid(rs.getString("cid"));
            c.setCname(rs.getString("cname"));
            c.setClazz(rs.getString("class"));
            c.setGrade(rs.getString("grade"));
```

```
                    c.setMajor(rs.getString("major"));
                    c.setTime(rs.getString("time"));
                    Teacher t = new Teacher();
                    t.setTid(rs.getString("tid"));
                    t.setUsername(rs.getString("username"));
                    t.setLoginname(rs.getString("loginname"));
                    c.setTeacher(t);
                    list.add(c);
              }
        returnlist;
    }
```

学生选择要选报的课程，单击"选报"按钮，可完成课程选报功能，如图17.9所示。

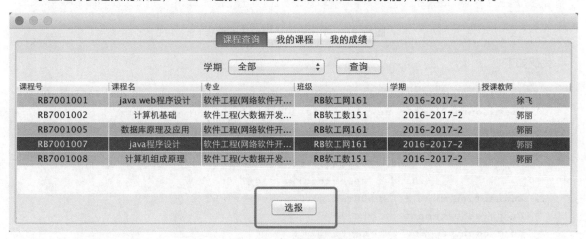

图17.9　学生选报课程

代码如下：

```
publicint selectCourse(String cid,String sid,String tid)throws
SQLException{
    Connection conn = OJDBCUtil.getConnection();

    String sql = "insert into t_selectcourse(cid,sid,tid)values(?,?,?)";
    PreparedStatement ps = conn.prepareStatement(sql);
    ps.setString(1, cid);
    ps.setString(2, sid);
    ps.setString(3, tid);
    returnps.executeUpdate();
}
```

学生查看已经选报成功的课程，如图17.10所示。

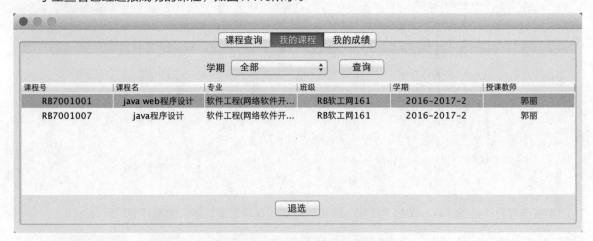

图17.10　学生查看选报成功的课程

代码如下：

```
public List<Course> findSelectedCourse(String sid) throws SQLException {
    List<Course>list = new ArrayList<Course>();
    String sql="select * from t_course,t_selectcourse,t_teacher where t_
course.cid = t_selectcourse.cid "
                + "and t_teacher.tid = t_selectcourse.tid "
                + "and t_selectcourse.sid=? ";
    Connection conn = OJDBCUtil.getConnection();
    PreparedStatement ps =null;
    ps = conn.prepareStatement(sql);
    ps.setString(1, sid);
    ResultSet rs = ps.executeQuery();
    while(rs.next()){
        Coursec = newCourse();
        c.setCid(rs.getString("cid"));
        c.setCname(rs.getString("cname"));
        c.setClazz(rs.getString("class"));
        c.setGrade(rs.getString("grade"));
        c.setMajor(rs.getString("major"));
        c.setTime(rs.getString("time"));
        Teacher t = new Teacher();
        t.setTid(rs.getString("tid"));
        t.setUsername(rs.getString("username"));
        t.setLoginname(rs.getString("loginname"));
        c.setTeacher(t);

        list.add(c);
    }
    returnlist;
}
```

学生可以退选课程，如图17.11所示。

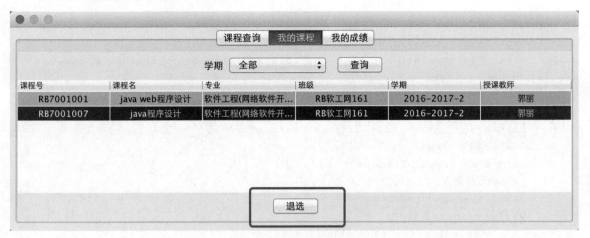

图17.11 学生退选课程

代码如下：

```
publicint cancelSelectCourse(String sid, String cid, String tid) throws
SQLException {
    Connection conn = OJDBCUtil.getConnection();

    String sql = "delete from t_selectcourse where cid=? and sid=? and
tid=?";
    PreparedStatement ps = conn.prepareStatement(sql);
    ps.setString(1, cid);
    ps.setString(2, sid);
    ps.setString(3, tid);
    returnps.executeUpdate();
}
```

学生可查看课程成绩，如图17.12所示。

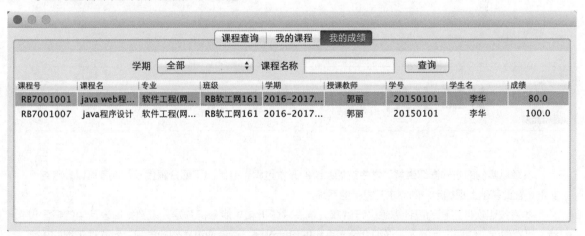

图17.12 学生查看课程成绩

代码如下:

```java
public List<SelectCourse> findCourseScore(String sid) throws SQLException {
    List<SelectCourse>list = new ArrayList<SelectCourse>();
    String sql="select * from t_course,t_selectcourse,t_teacher where t_course.cid = t_selectcourse.cid "
                    + "and t_teacher.tid = t_selectcourse.tid "
                    + "and t_selectcourse.sid=? ";
    Connection conn = OJDBCUtil.getConnection();
    PreparedStatement ps =null;
    ps = conn.prepareStatement(sql);
    ps.setString(1, sid);
    ResultSet rs = ps.executeQuery();
    while(rs.next()){
            SelectCourse sc = new SelectCourse();
            Course c = new Course();
            c.setCid(rs.getString("cid"));
            c.setCname(rs.getString("cname"));
            c.setClazz(rs.getString("class"));
            c.setGrade(rs.getString("grade"));
            c.setMajor(rs.getString("major"));
            c.setTime(rs.getString("time"));
            Teacher t = new Teacher();
            t.setTid(rs.getString("tid"));
            t.setUsername(rs.getString("username"));
            t.setLoginname(rs.getString("loginname"));
            c.setTeacher(t);
            sc.setCourse(c);
            sc.setScore(Float.parseFloat(rs.getString("score")));
            list.add(sc);
    }
    returnlist;
}
```

本章小结

　　本章以实例的方式详细讲解了学生选课系统的开发过程，并给出了部分源代码。读者可以参考这个实例，在此基础上根据用户的需求开发其他系统。

　　本章按照软件工程的设计思想进行讲解，从需求分析和功能分析开始，以数据库设计中的概念设计、逻辑设计、物理设计等为主详细介绍了系统的设计过程。读者通过本例的学习，对软件工程的思想会有进一步的了解，对JAVA中的数据库开发、Oracle 11g中数据库的设计等知识的理解进一步加深。

附录A | Oracle相关知识汇总

SQL Server和Oracle常用函数对比

1. 绝对值

SQL Server: select abs(-1) value

Oracle: select abs(-1) value from dual

2. 取整（大）

SQL Server: select ceiling(-1.12)

Oracle: select ceil(-1.12) value from dual

3. 取整（小）

SQL Server: select floor(-1.89)

Oracle: select floor(-1.89) value from dual

4. 取整（截取）

SQL Server: select cast(-1.23 as int)

Oracle: select trunc(-1.23) value from dual

5. 四舍五入

SQL Server: select round(1.23456,4)

Oracle: select round(1.23456,4) value from dual

6. 取e为底的幂

SQL Server: select Exp(1)

Oracle: select Exp(1) value from dual

7. 取e为底的对数

SQL Server: select log(2.7182818284590451)

Oracle: select ln(2.7182818284590451) value from dual;

8. 取10为底的对数

SQL Server: select log10(10)

Oracle: select log(10,10) value from dual;

9. 取平方

SQL Server: select SQUARE(4)

Oracle: select power(4,2) value from dual

10. 取平方根

SQL Server: select SQRT(4)

Oracle: select SQRT(4) value from dual

11. 求任意数为底的幂

SQL Server: select power(3,4)

Oracle: select power(3,4) value from dual

12. 取随机数

SQL Server: select rand()

Oracle: select sys.dbms_random.value(0,1) value from dual;

13. 取符号

SQL Server: select sign(-8)

Oracle: select sign(-8) value from dual

14. 求集合最大值

SQL Server: select max(value)

Oracle: select greatest(1,-2,4,3) from dual

15. 求集合最小值

SQL Server: select min(value)

Oracle: select least(1,-2,4,3) value from dual

16. 得到字符串的第一个字符的ASCII值

SQL Server: select char(97) value

Oracle: select chr(97) value from dual

17. 连接两个字符串

SQL Server: select '1'+'2'+'3'

Oracle: select CONCAT('1','2') from dual

18. 子串位置 --返回3

SQL Server: select CHARINDEX('s','sdsq',2)

Oracle: select INSTR('sdsq','s',2) from dual

19. 求子串

SQL Server: select substring('abcd',2,2)

Oracle: select substr('abcd',2,2) from dual

20. 子串替换

SQL Server: SELECT STUFF('abcdef', 2, 3, 'ijklmn')

Oracle: SELECT Replace('abcdef', 'bcd', 'ijklmn') value from dual

21. 左补空格（LPAD的第一个参数为空格则同space函数）

SQL Server: select space(10)+ 'abcd'

Oracle: select LPAD('abcd',14) value from dual

22. 右补空格（RPAD的第一个参数为空格则同space函数）

SQL Server: select 'abcd'+space(10) value

Oracle: select RPAD('abcd',14) value from dual

23. 系统时间

SQL Server：select getdate()

Oracle：select sysdate value from dual

24. 求日期

SQL Server：select convert(char(10),getdate(),20)

Oracle：select trunc(sysdate) value from dual

select to_char(sysdate,'yyyy-mm-dd') value from dual

25. 求时间

SQL Server：select convert(char(8),getdate(),108)

Oracle：select to_char(sysdate,' hh24:mm:ss') value from dual

Oracle常见疑难问题解答

Q：Oracle常用用户及初始密码是什么?

A：Oracle数据库中的3个主要用户。

超级管理员：sys/change_on_install

普通管理员：system/manager

普通用户：scott/tiger

Q：如何搜索出前N条记录?

A：代码如下。

```
SQL> SELECT * FROM emp WHERE ROWNUM < n ORDER BY empno;
```

Q：如何知道机器上的Oracle支持多少并发用户数?

A：代码如下。

```
SQL>conn internal;
SQL>show parameter processes;
```

Q：如何统计两个表的记录总数?

A：代码如下。

```
select (select count(id) from aa)+(select count(id) from bb) 总数
from dual;
```

Q：如何给现有的日期加上N年?

A：代码如下。

```
select add_months(sysdate,12*N) from dual;
```

Q: 如何返回当前月的最后一天?

A: 代码如下。

```
select LAST_DAY(SYSDATE) FROM DUAL;
```

Q: 如何配置使用序列Sequence?

A: 代码如下。

```
-- 建 sequence seq_custid
create sequence seq_custid start 1 incrememt by 1;
-- 建表时:
create table TEST
{ t_id smallint not null,
...}
--insert 时:
insert into table TEST
values( seq_cust.nextval, ...)
```

Q: 如何获取时间点的年份?

A: 代码如下。

```
SELECT TO_CHAR(SYSDATE,'YYYY') FROM DUAL
```

Q: 如何获取时间点的月份?

A: 代码如下。

```
SELECT TO_CHAR(SYSDATE, 'MM') FROM DUAL
```

Q: 如何获取时间点的日?

A: 代码如下。

```
SELECT TO_CHAR(SYSDATE, 'DD') FROM DUAL;
```

Q: 如何获取时间点的分?

A: 代码如下。

```
SELECT TO_CHAR(SYSDATE, 'MI') FROM DUAL
```

Q: 如何获取时间点的秒?

A: 代码如下。

```
SELECT TO_CHAR(SYSDATE, 'SS') FROM DUAL
```

Q: 如何获取时间点的小时?

A: 代码如下。

```
SELECT TO_CHAR(SYSDATE, 'HH') FROM DUAL;
```

Q：如何获取取时间点的时间？

A：代码如下。

```
SELECT TO_CHAR(SYSDATE, 'HH24:MI:SS') FROM DUAL
```

Q：忘记System和Sys密码后，怎么办？

A：用以下方法修改密码：

```
SQL>sqlplus
SQL>connect / as sysdba
SQL>alter user sys identified by 新的密码;
SQL>alter user system identified by 新的密码;
```

Q：Oracle安装完成后的初始口令是什么？

A：代码如下。

```
internal/oracle
sys/change_on_install
system/manager
scott/tiger
sysman/oem_temp
```

Q：如何查看系统被锁的事务时间？

A：代码如下。

```
select * from v$locked_object ;
```

Q：怎样获取有哪些用户在使用数据库？

A：代码如下。

```
select username from v$session;
```

Q：怎样查得数据库的SID？

A：代码如下。

```
SQL> select name from v$database;
也可以直接查看 init.ora 文件
```

Q：如何在Oracle服务器上通过SQLPLUS查看本机IP地址？

A：代码如下。

```
SQL> select sys_context(userenv,ip_address) from dual;
如果是登陆本机数据库，只能返回127.0.0.1
```

Q：如何查询每个用户的权限？

A：代码如下。

```
SELECT * FROM DBA_SYS_PRIVS;
```

Q：如何将表移动表空间？

A：代码如下。

```
ALTER TABLE TABLE_NAME MOVE TABLESPACE_NAME;
```

Q：如何将索引移动表空间？

A：代码如下。

```
ALTER INDEX INDEX_NAME REBUILD TABLESPACE TABLESPACE_NAME;
```

Q：如何才能得知系统当前的SCN号？

A：代码如下。

```
SQL> select max(ktuxescnw * power(2,32) + ktuxescnb) from x$ktuxe;
```

Q：如何使用scott用户？

A：Oracle提供了一个学习用的示例账户，那就是scott用户，默认密码为tiger。在使用时，打开sqlplus，使用scott/tiger登录，提示the account is locked，该账户是被锁定的，接着按下面步骤操作。

（1）需要先解锁。使用sys或system用户登录sqlplus。

（2）在sqlplus窗口，执行下面的语句：

```
SQL>alter user scott account unlock;
```

（3）再次使用scott/tiger登录，并修改密码。然后就可以scott用户登录了。scott用户下管理四张表，分别是emp、dept、bonus、salgrade。

Q：如何区分Oracle数据库中sys和system两个用户？

A：sys是Oracle数据库中权限最高的帐号，具有create database的权限，而system没有这个权限，sys的角色是sysdba，system的角色是sysoper。其余的就是这两个用户共有的权限了：

（1）startup/shutdown/dba两个用户都可以管理。

（2）平时用system来管理数据库就可以了。这个用户的权限对于普通的数据库管理来说已经足够权限了。

SYSDBA角色权限功能如下：

（1）数据库的启动和关闭：STARTUP and SHUTDOWN操作。

（2）修改数据库状态（ALTER DATABASE）open, mount, back up, or change

character set。

（3）创建数据库：CREATE DATABASE。

（4）创建配置文件：CREATE SPFILE。

（5）归档和恢复：ARCHIVELOG and RECOVERY。

SYSOPER角色权限功能：

（1）数据库的启动和关闭：STARTUP and SHUTDOWN操作。

（2）创建配置文件：CREATE SPFILE。

（3）修改数据库状态：ALTER DATABASE OPEN/MOUNT/BACKUP。

（4）归档和恢复：ARCHIVELOG and RECOVERY。

Q：如何处理数据库坏块？

A：当Oracle数据库出现坏块时，Oracle会在警告日志文件（alert_SID.log）中记录坏块的信息：

```
ORA-01578: ORACLE data block corrupted (file # 7, block # <BLOCK>)
ORA-01110: data file <AFN>: /oracle1/oradata/V920/oradata/V816/
users01.dbf
```

其中，<AFN>代表坏块所在数据文件的绝对文件号，<BLOCK>代表坏块是数据文件上的第几个数据块出现这种情况时，应该首先检查是否是硬件及操作系统上的故障导致Oracle数据库出现坏块。在排除了数据库以外的原因后，再对发生坏块的数据库对象进行处理。

（1）确定发生坏块的数据库对象

```
SELECT tablespace_name,
segment_type,
owner,
segment_name
FROM dba_extents
WHERE file_id = <AFN>
AND <BLOCK> between block_id AND block_id+blocks-1;
```

（2）决定修复方法

如果发生坏块的对象是一个索引，那么可以直接把索引DROP掉后，再根据表里的记录进行重建；如果发生坏块的表的记录可以根据其他表的记录生成的话，那么可以直接把这个表DROP掉后重建；如果有数据库的备份，则用恢复数据库的方法来进行修复；如果表里的记录没有其他办法恢复，那么坏块上的记录就丢失了，只能把表中其他数据块上的记录取出来，然后对这个表进行重建。

（3）用Oracle提供的DBMS_REPAIR包标记出坏块

```
exec DBMS_REPAIR.SKIP_CORRUPT_BLO
```

附录 B　Java开发Oracle项目知识准备

Java是一种可以编写跨平台应用程序的面向对象程序设计语言，它具有良好的通用性、高效性、平台移植性和安全性，广泛应用于个人计算机、数据中心、手机和互联网，现已成为最受欢迎和最有影响的编程语言之一，并拥有全球最大的开发者专业社群。

01 Java程序的运行机制

Java语言比较特殊，Java语言编写的程序需要经过编译步骤，但这个编译步骤不会产生特定平台的机器码，而是生成一种与平台无关的字节码（也就是.class文件）。这种字节码不是可执行性的，必须使用Java解释器来解释执行，也就是需要通过Java解释器转换为本地计算机的机器代码，然后交给本地计算机执行。

Java语言里负责解释执行字节码文件的是Java虚拟机，即Java Virtual Machine（JVM）。JVM是可以运行Java字节码文件的虚拟计算机。所有平台上的JVM向编译器提供相同的编程接口，而编译器只需要面向虚拟机，生成虚拟机能理解的代码，然后由虚拟机来解释执行。不同平台上的JVM都是不同的，但它们都提供了相同的接口。JVM是Java程序跨平台的关键部分，只要为不同的平台实现了相应的虚拟机，编译后的Java字节码就可以在该平台上运行。

Java虚拟机首先从后缀为".class"文件中加载字节码到内存中，接着在内存中检测代码的合法性和安全性，例如检测Java程序用到的数组是否越界、所要访问的内存地址是否合法等，然后解释执行通过检测的代码，并根据不同的计算机平台将字节码转化成为相应的计算机平台的机器代码，再交给相应的计算机执行。如果加载的代码不能通过合法性和安全性检测，则Java虚拟机执行相应的异常处理程序。Java虚拟机不停地执行这个过程直到程序执行结束。Java程序的运行机制和工作原理如图1所示。

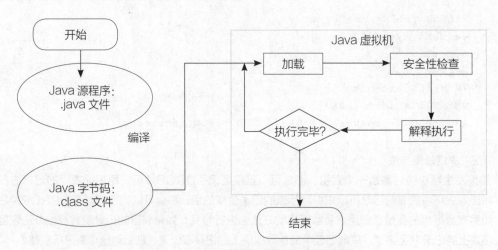

图 1　Java程序的运行机制和工作原理

02 Java开发环境的搭建

了解了Java语言的特点、运行机制后，下面详细介绍如何在本地计算机上搭建Java程序的开发环境。

JDK的安装

JDK（Java Development Kit）是Oracle公司发布的免费的Java开发工具，它提供了调试及运行一个Java程序所有必需的工具和类库。在正式开发Java程序前，需要先安装JDK。JDK的最新版本可以到http://www.oracle.com/technetwork/java/javase/downloads/index.html上免费下载。目前JDK最新版本是

Oracle公司于2017年1月发布的JDK 8u121正式版。根据运行时所对应的操作系统，JDK 8可以划分为for Windows、for Linux和for MacOS等不同版本。

　　说明：本书实例基于的Java SE平台是JDK 8 for Windows。

　　下面就以JDK 8 for Windows为例来介绍它的安装和配置。

Step 01 通过网址http://www.oracle.com/technetwork/java/javase/downloads/index.html进入"Java SE"下载页面，可以找到最新版本的JDK，如图2所示。

Step 02 单击"Java Platform（JDK）8u121"上方的"DOWNLOAD"按钮，打开"Java SE"下载列表页面，其中包括Windows、Solaris和Linux等平台的不同环境JDK的下载，如图3所示。

图2　"Java SE"下载页面

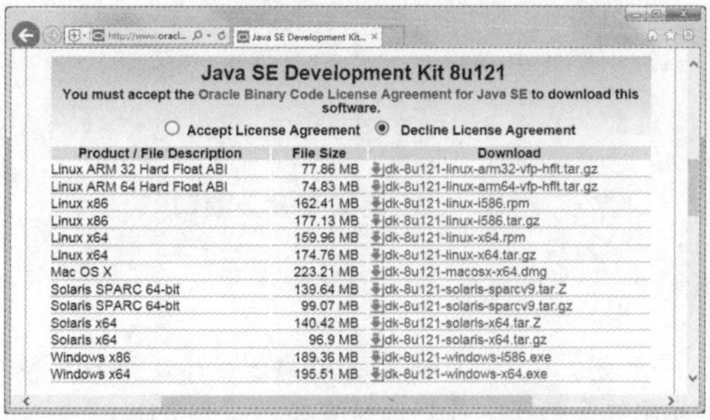

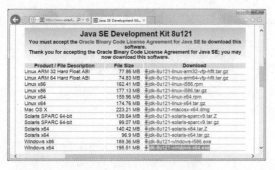

图3　"Java SE"下载列表页面

Step 03 在下载之前，选中"Accept License Agreement"单选钮，接受许可协议。由于本书中使用的是64位版本的Windows操作系统，因此需要选择与平台对应的Windows x64类型的jdk-8u121-windows-x64.exe超链接，进行JDK的下载，如图4所示。

图4　"JDK"下载页面

Step 04 下载完成后，在计算机硬盘中可以发现一个名称为jdk-8u121-windows-x64.exe的可执行文件，双击该文件，会出现"欢迎"窗口，如图5所示。

图5 "欢迎"窗口

Step 05 单击"下一步"按钮，进入如图6所示的"自定义安装"窗口。通过此窗口，可以选择要安装的模块和路径。

图6 "自定义安装"窗口

🔑 【TIPS】

在上述安装界面中，"开发工具"是必选的，"演示程序及样例"和"源代码"是给开发者做参考的，如果硬盘剩余空间比较多的话，最好选择安装。"公共JRE"是一个独立的Java运行时环境（Java Runtime Environment，JRE）。任何应用程序均可使用此JRE，它会向浏览器和系统注册Java插件和Java Web Start。如果不选择此项，IE浏览器可能会无法运行Java编写的Applet程序。安装路径默认的是C:\Program Files\Java\jdk1.8.0_121，如果需要更改安装路径，可以单击"更改"按钮，输入你想要的安装路径即可。

Step 06 单击"下一步"按钮，进入"正在安装"窗口，如图7所示。通过"安装进度"窗口，可以了解JDK安装进度。

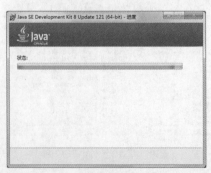

图7 "安装进度"窗口

Step 07 JDK安装完毕后，自动进入"自定义安装JRE"窗口，如图8所示。通过此窗口可以选择JRE的安装模块和路径，通常情况下，不需要用户修改这些默认选项。系统默认的安装路径是C:\Program Files\Java\jre1.8.0_121，也可以通过单击"更改"按钮进行修改。

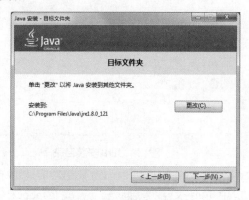

图8　"自定义安装JRE"窗口

Step 08 单击"下一步"按钮，开始JRE的安装，如图9所示。

图9　"安装JRE"窗口

Step 09 JRE安装结束后，自动进入"安装完成"窗口，如图10所示。单击"关闭"按钮，完成安装。单击"后续步骤"按钮，可以访问教程、API文档、开发人员指南等内容。在这里直接单击"关闭"按钮，完成JDK的安装。

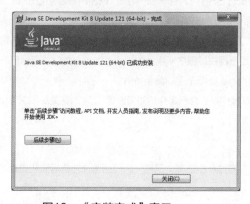

图10　"安装完成"窗口

JDK安装完成后，会在安装目录下多一个名称为jdk1.8.0_121的文件夹，打开该文件夹，如图11所示。

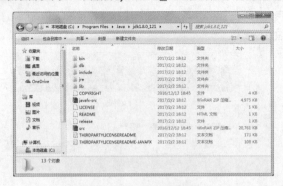

图11　JDK安装目录

安装目录下存在多个文件夹和文件，在此将对其中一些比较重要的目录和文件进行简单介绍。

–bin目录： JDK开发工具的可执行文件，包括java、javac、javadoc、appletviewer等可执行文件。

–lib目录： 开发工具需要的附加类库和支持文件。

–jre： Java运行时环境，包含Java虚拟机、类库及其他文件，可支持执行以Java语言编写的程序。

–demo： 带有源代码的Java平台编程示例。

–include： 存放用于本地访问的文件。

–src.zip： Java核心API类的源代码压缩文件。

 【 TIPS 】

　　和一般的Windows程序不同，JDK安装成功后不会在"开始"菜单和桌面生成快捷方式。这是因为bin文件夹下面的可执行程序都不是图形界面，它们必须在控制台中以命令行方式运行。另外，还需要用户手动配置一些环境变量才能方便地使用JDK。

系统环境变量的设置

　　环境变量是包含关于系统及当前登录用户的环境信息的字符串，一些程序使用此信息确定在何处放置和搜索文件。和JDK相关的环境变量主要有两个：path和classpath。其中，path变量记录的是可执行程序所在的路径，系统根据这个变量的值查找可执行程序，如果执行的可执行程序不在当前目录下，那就会依次搜索path变量中记录的路径；而Java的各种操作命令是在其安装路径中的bin目录下，所以在path中设置了JDK的安装目录后就不用再把Java文件的完整路径写出来了，它会自动去path中设置的路径中去找。classpath变量记录的是类搜索路径，系统根据这个变量的值查找编译或运行程序过程中所用到的类（.class）文件。通常情况下，需要把JDK安装目录下的lib子目录中的两个核心包dt.jar和tools.jar设置到classpath中。

　　下面我们以Windows 7操作系统为例来介绍如何设置和Java有关的系统环境变量，假设JDK安装在系统默认目录下。

　　path

Step 01 选中"我的电脑"，右键单击选择"属性"，然后选择左侧导航栏里面的"高级系统设置"，进入"系统属性"窗口，如图12所示。

图12 "系统属性"窗口

Step 02 单击"环境变量"按钮，会弹出"环境变量"窗口，选中系统变量中的path变量，如图13所示。

图13 "环境变量"窗口

Step 03 单击系统变量下方的"编辑"按钮，对环境变量path进行修改，如图14所示。

图14 "编辑环境变量path"窗口

在path变量值的尾部添加"；C:\Program Files\Java\jdk1.8.0_121\bin；"，然后单击"确定"按钮，完成对path环境变量的设置。

classpath

Step 01 在图13中，单击系统变量下方的"新建"按钮，弹出"新建系统变量"窗口，如图15所示。

图15 "新建系统变量"窗口

Step 02 输入变量名为classpath、变量值为" C:\Program Files\Java\jdk1.8.0_121\lib\dt.jar; C:\Program Files\Java\jdk1.8.0_121\lib\tools.jar; "，结果如图16所示。

图16 "新建系统变量classpath"窗口

Step 03 单击"确定"按钮，完成对classpath环境变量的设置。

Step 04 单击图13中的"确定"按钮，保存对path和classpath变量的设置。

测试环境变量配置是否成功

Step 01 按下快捷键Win+R，在弹出的运行窗口中输入cmd，如图17所示。

图17 "运行"窗口

Step 02 单击"确定"按钮，弹出dos命令行窗口，输入javac命令，然后按Enter键，出现如图18所示的信息，表示环境变量配置成功。

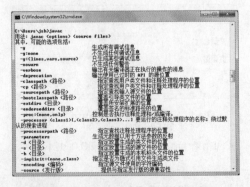

图18 "javac命令"执行结果窗口

03 熟悉Eclipse开发环境

Eclipse是目前最流行的Java集成开发环境，其集成的JDT（Java development tools）即Java编写、编译、调试环境，在易用性、便捷性及效率方面都具有明显的优势。Eclipse是开源的，Java开发人员可以轻易获得Eclipse，且不用支付任何使用费用，这使得Eclipse在Java开发中得到了程序员的偏爱和追捧。Eclipse最初是由IBM公司开发的用于替代商业软件Visual Age for Java的下一代IDE。2001年11月，IBM公司将Eclipse作为一个开放源代码的项目发布，将其贡献给开源社区。现在它由非营利软件供应商联盟Eclipse基金会（Eclipse Foundation）管理。

Eclipse只是一个框架和一组服务，它通过各种插件来构建开发环境。Eclipse最初主要用于Java语言开发，但现在可以通过安装不同的插件使Eclipse可以支持不同的计算机语言，比如C++和Python等开发语言。

Eclipse下载

读者可以到Eclipse的官方网站下载最新版本的Eclipse软件，具体步骤如下。

Step 01 打开浏览器在地址栏中输入http://www.eclipse.org/downloads/，按Enter键进入Eclipse官方网站的下载页面，如图19所示。

图19　Eclipse下载页面

Step 02 单击"DOWNLOAD 64 BIT"按钮，下载页面会根据客户所在的地理位置，分配合理的下载镜像站点，如图20所示。

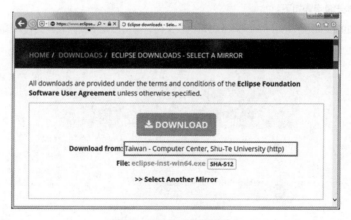

图20　选择下载镜像站点

Step 03 单击"DOWNLOAD"按钮，开始进行软件下载，读者只需耐心等待下载完成即可，如图21所示。

图21　软件下载进度报告页面

Step 04 下载完成后，在本地计算机中会出现一个eclipse-inst-win64.exe可执行文件，如图22所示。

图22　下载到本地的可执行文件

Eclipse安装

Eclipse是基于Java的可扩展开发平台，所以读者在安装Eclipse前要确保自己的计算机上已安装JDK。

我们的计算机上已安装的JDK是64位的jdk-8u121-windows-x64正式版。该JDK和我们已下载的64位的eclipse-inst-win64是完全兼容的。

Eclipse的具体安装步骤如下。

Step 01 双击已下载的eclipse-inst-win64.exe可执行文件，等待出现下载列表界面，如图23所示。

图23　Eclipse下载列表

在下载列表中列出了不同语言的Eclipse IDE，其中第一个是Java开发IDE，第二个是Java EE开发IDE，第三个是C/C++开发IDE，第四个是java web开发IDE，第五个是PHP开发IDE。本书使用的是第一个版本，即Java开发IDE。

Step 02 单击超链接Eclipse IDE for Java Developers，弹出选择安装路径界面，如图24所示。

图24　选择安装路径

选择安装路径，建议不要安装在C盘，路径下面的两个选项分别是创建开始菜单和创建桌面快捷方式，读者可根据需要自行选择。

Step 03 单击"INSTALL"按钮开始安装Eclipse，在安装过程中会出现安装协议，如图25所示。

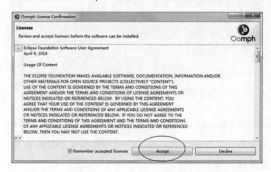

图25　Eclipse安装协议

Step 04 单击"Accept"按钮，耐心等待安装即可。安装完成后会出现如图26所示的界面。

图26　Eclipse安装完成

关闭窗口，安装过程结束。

Eclipse配置与启动

Eclipse安装结束后，可以按照如下步骤启动Eclipse。

Step 01 在eclipse的安装目录D:\eclipse_neon\下找到eclipse目录下的eclipse图标，如图27所示。

图27　Eclipse的安装文件夹

Step 02 双击eclipse图标，启动eclipse，弹出"选择工作空间"对话框，如图28所示。

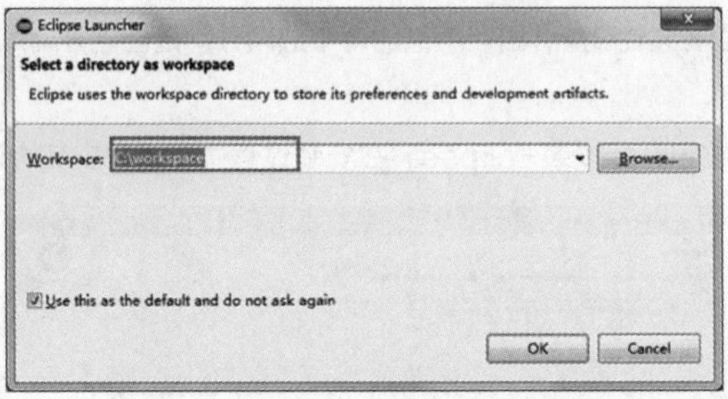

图28　"选择工作空间"对话框

第一次打开Eclipse需要设置Eclipse的工作空间（用于保存Eclipse建立的项目和相关设置），读者可以使用默认的工作空间，或者选择新的工作空间，我们的工作空间是c:\workspace，并且将其设置为默认工作空间，下次启动时就无需再配置工作空间了。

Step 03 单击"OK"按钮，即可启动Eclipse，如图29所示。

Eclipse首次启动时会显示欢迎页面，其中包括Eclipse概述、新增内容、示例、教程、创建新工程、导入工程等相关按钮。

图29　Eclipse欢迎界面

Step 04 关闭欢迎界面，将显示Eclipse的工作台，如图30所示。

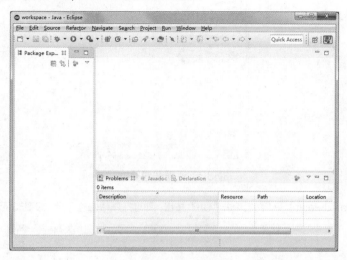

图30　Eclipse工作台

Eclipse工作台是程序开发人员开发程序的主要场所。

04 Eclipse开发Java应用程序

开发前的一切工作都已经准备就绪，本节将通过一个实例来与读者一起体验一下使用Eclipse开发Java应用程序的便捷性。

选择透视图性

透视图是为了定义Eclipse在窗口里显示的最初的设计和布局。透视图主要控制在菜单和工具上显示什么内容。比如，一个Java透视图包括常用的编辑Java源程序的视图，而用于调试的透视图则包括调试Java程序时要用到的视图。读者可以转换透视图，但是必须为一个工作区设置好初始的透视图。

打开Java透视图的具体步骤如下。

Step 01 通过"Window"菜单，选择"Open Perspective"子菜单中的"Other"，如图31所示，即可打开透视图对话框，如图32所示。

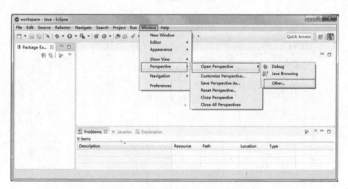

图31　"Other"菜单界面

图32 透视图对话框

Step 02 选择"Java（default）"，然后单击"OK"按钮，即可打开Java透视图，如图33所示。

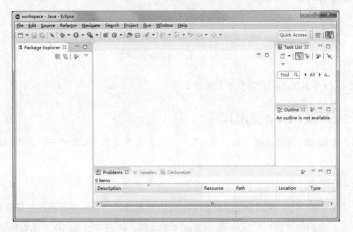

图33 Java透视图

新建Java项目

通过新建Java项目向导可以很容易地创建Java项目。

Step 01 执行"File→New→Java Project"命令，如图34所示。

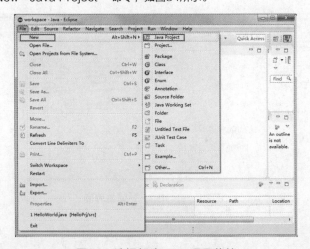

图34 选择新建Java项目菜单

Step 02 在弹出的新建Java项目窗口中，读者需要输入项目名称、选择JRE版本和项目布局。通常情况下，读者只需要输入名称，其他内容直接采用默认值即可，如图35所示。

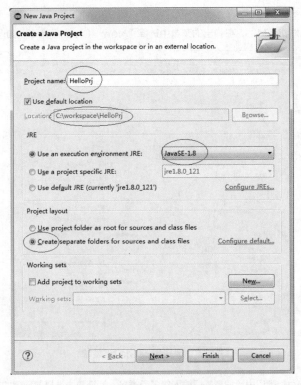

图35　"创建Java项目"窗口

Step 03 单击"Next"按钮，进入Java构建路径设置窗口，在该窗口中可以修改Java构建路径等信息。对于初学者而言，可以直接单击"Finish"按钮完成项目的创建，新建项目会自动出现在包浏览器中，如图36所示。

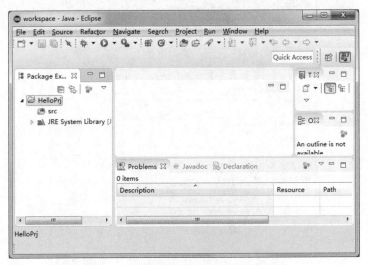

图36　查看新建的Java项目HelloPrj

编写Java代码

上一小节中创建的项目还只是一个空的项目，没有实际的源程序。现在我们就建立一个Java源程序文件，体验一下在Eclipse中编写代码的乐趣。

Step 01 右键单击项目"HelloPrj"，在弹出的菜单中选择"New→Class"命令，如图37所示。

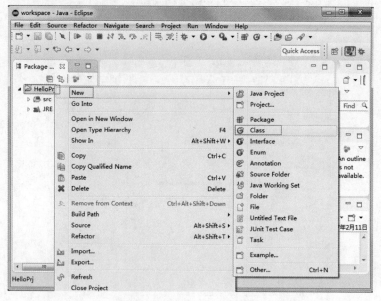

图37 选择新建Class菜单

Step 02 在弹出的新建Java类窗口中，读者需要输入包名、类名、修饰符、选择要创建的方法等内容。在这里，我们输入了类名，并选择了创建main方法，具体情况如图38所示。

图38 新建Class菜单对话框

Step 03 单击"Finish"按钮，系统将创建一个Java文件HelloWorld.java，如图39所示。

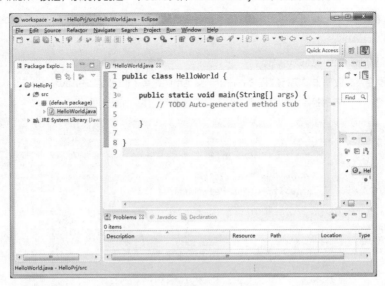

图39　"编辑Java类"窗口

Step 04 编辑Java源程序文件。

在源程序的main方法中添加下面的语句：

```
System.out.println('Hello World!');
```

【TIPS】

在编写代码的过程中，代码帮助工具会自动为你提示，帮助你完成代码的编写。比如，当你在System后面键入点（.）后，Eclipse就会显示一个上下文菜单来帮你完成代码的编写，如图40所示。你可以从Eclipse提供的下拉菜单中选择合适的选项来完成代码。

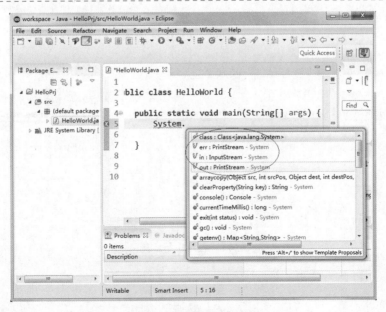

图40　"代码提示"窗口

编译和执行程序

编译Java源程序，这一步不用手工来做，Eclipse会自动编译。如果源程序有错误，Eclipse会自动给出相应的提示信息。

运行程序前要确保程序已经成功编译。

运行Java程序，右键单击要执行的程序，在上下文菜单中选择"Run As→Java Application"命令，如图41所示。稍等一会，在下方的控制台窗格中可以看到程序的执行结果，如图42所示。

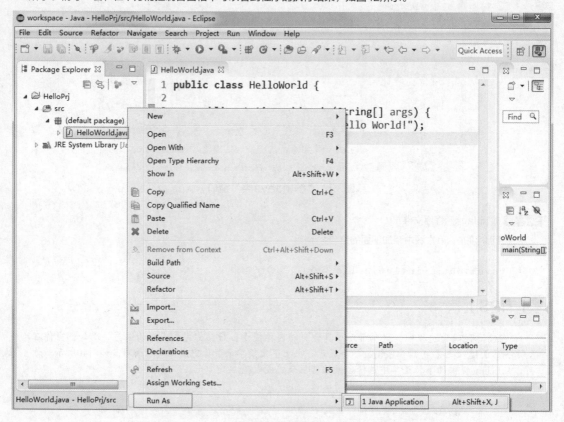

图41　执行程序

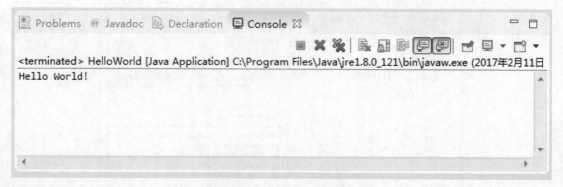

图42　程序执行结果

调试程序

Eclipse还集成了程序调试工具，读者不用离开集成开发环境就能通过Eclipse调试器的帮助找到程序的错误。

Eclipse调试器提供了断点设置的功能，使读者可以一行一行地执行程序。在程序执行的同时，读者可以查看变量的值，研究哪个方法被调用了，并且知道程序将要发生什么事件。

我们通过一个简单的例子，介绍一下如何使用Eclipse调试器来调试程序。

```
public class DebugTest {
  public static void main(String[] args) {
    int sum =0;
    for(int i=1;i<=5;i++){
            sum=sum +i;
    }
    System.out.println(sum);
  }
}
```

上述代码的核心功能是：计算1~5之间的所有整数之和，并输出计算结果，即sum的值。但对于初学者来说，可能对sum的值的变化过程不是非常了解，接下来我们通过Eclipse调试器来了解sum的变化过程。

Step 01 设置断点。双击要插入断点的语句前面的蓝色区域，这时该行最前面会出现一个蓝色的圆点，这就是断点，如图43所示。如果要取消该断点，直接双击断点处即可。

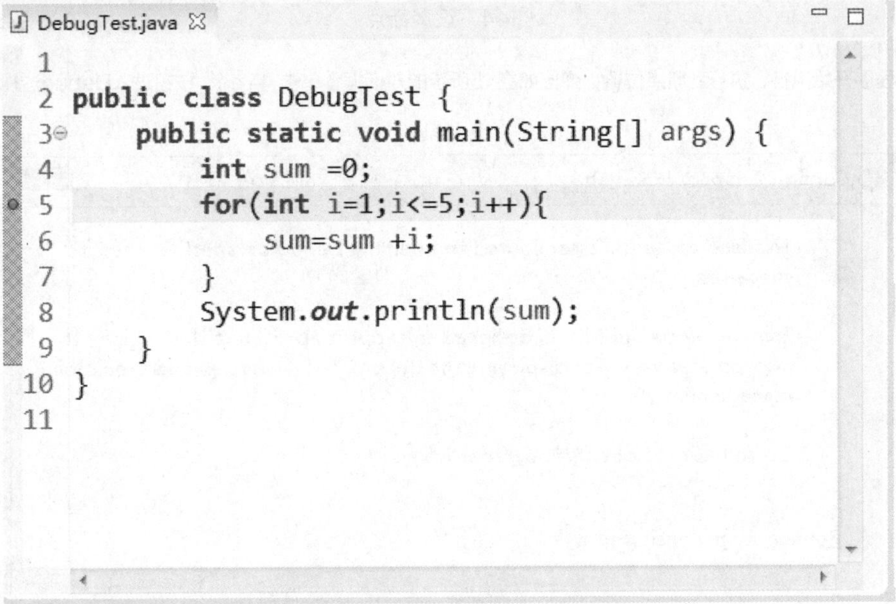

图43　设置断点

断点是放置在源程序中告诉调试器到这一行暂停的标志。调试器依次运行程序直到遇到断点停止，所以读者可以追踪设置断点的那部分程序。

Step 02 调试程序。右键单击要调试的程序，在上下文菜单中选择"Debug As"的级联菜单中"Java Application"命令，如图44所示。

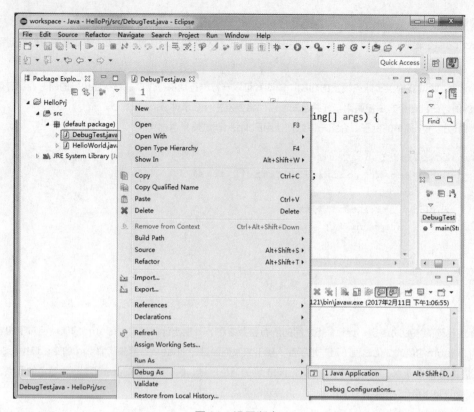

图44　设置断点

程序开始执行，执行到断点位置，弹出如图45所示的对话框，单击"Yes"按钮进入Debug透视图模式，如图46所示。

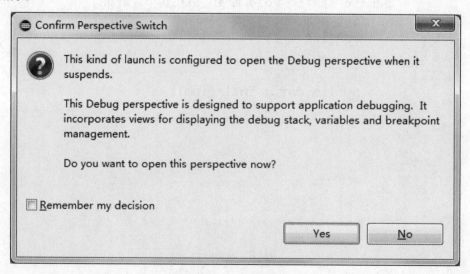

图45　设置断点

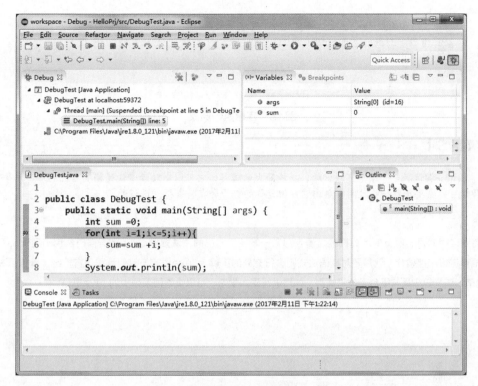

图46　Debug透视图

从图中可以发现，设置了断点的语句已经被绿色光带覆盖。

Step 04 逐行执行代码。单击Run下面的Step Over，或者直接按F6键，程序开始单步执行，这时可以看到Variable窗口中sum的值是0，然后继续执行，这时读者会发现会重新回到for循环开始的位置，准备下一次的执行了。

Step 05 继续执行程序。读者会发现sum的值变成了1，且在Variable窗口中sum所在行被黄色光带覆盖，如图47所示。

图47　Variable透视图

Step 06 继续按F6键，程序继续执行，直到程序执行完毕。在此过程中，读者会发现sum的值从1依次变成3、6、10、15，然后程序执行结束，并在控制台输出sum的值15，如图48所示。

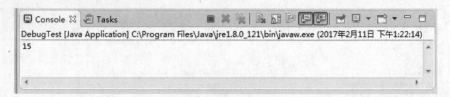

图48　程序执行结果

【TIPS】

　　Eclipse调试器是一个不可缺少的、功能强大的工具，它可以帮助读者快速提高自己的编程水平。一开始可能需要花费一些时间去熟悉它，但是你的努力会在将来得到很好的回报。

　　需要说明的是，所有的计算机编程语言都有一套属于自己的语法规则，Java语言自然也不例外。要使用Java语言进行程序设计，就需要对其语法规则进行充分的了解。Java语言与其他编程语言相比，具有语法规则比较简单、歧义较少且与平台无关等优点。如需进行深入学习，可以查看同系列中的Java书籍。